Risiko Wetter

Springer-Verlag Berlin Heidelberg GmbH

Helmut Kraus · Ulrich Ebel

Risiko Wetter

Die Entstehung von Stürmen und anderen atmosphärischen Gefahren

Mit 126 Abbildungen

 Springer

Autoren:

Helmut Kraus

Meteorologisches Institut
der Universität Bonn,
Auf dem Hügel 20,
53121 Bonn

Ulrich Ebel

Swiss Re Germany AG,
85773 Unterföhring bei München

ISBN 978-3-642-62428-5   ISBN 978-3-642-55547-3 (eBook)
DOI 10.1007/978-3-642-55547-3

Die Deutsche Bibliothek - CIP-Einheitsaufnahme

Bibliografische Information Der Deutschen Bibliothek
Die Deutsche Bibliothek verzeichnet diese Publikation in der Deutschen Nationalbibliografie;
detaillierte bibliografische Daten sind im Internet über <http://dnb.ddb.de> abrufbar.

Das Titelbild zeigt den Hurrikan Andrew am 24. August 1992 um 20.40 Uhr UTC über dem
Golf von Mexiko. Zwischen 9.00 und 13.00 Uhr UTC des gleichen Tages überquerte der
Kern des Sturmes die südlichsten Landesteile Floridas. Dabei traten mittlere Windstärken
(1 min-Mittelwerte in 10 m Höhe über der Erdoberfläche) bis zu 230 km h^{-1} und Böen bis
zu 280 km h^{-1} auf, was zu großen Verwüstungen führte. Der Sturm schlug dann einen nordwestlichen Kurs ein und erreichte am 26. August gegen 8.00 Uhr UTC die Südküste des Staa-
tes Louisiana, wo er weitere Schäden anrichtete. Der gesamte durch Hurrikan Andrew verursachte Schaden betrug mehr als 30 Milliarden US-$ (s. dazu auch Tabelle 5.4). Sechsund-
zwanzig Menschen starben durch direkte Einwirkung des Sturmes. Mehr über diesen Hurrikan findet man unter www.nhc.noaa.gov/1992andrew.html. Das hier gezeigte Satellitenbild
ist aus den Aufnahmen im sichtbaren und infraroten Kanal des Satelliten NOAA 11 zusam-
mengesetzt. Quelle: NOAA Operational Significant Event Imagery (www.osei.noaa.gov).

Diese Publikation wurde finanziell unterstützt durch Swiss Re Germany AG, München.

http://www.springer.de
© Springer-Verlag Berlin Heidelberg 2003
Ursprünglich erschienen bei Springer-Verlag Berlin Heidelberg 2003
Softcover reprint of the hardcover 1st edition 2003

Umschlaggestaltung: Erich Kirchner, Heidelberg
Datenkonvertierung und Satz: Klaus Häringer · Büro Stasch, Bayreuth

Gedruckt auf säurefreiem Papier - 30/3140 - 5 4 3 2 1 0

Vorwort

Dieses Buch will einen Beitrag dazu leisten, komplexe Vorgänge in der Natur verständlich zu machen. Es geht hier um das Verstehen atmosphärischer Prozesse, die zu ernsthaften Gefahren für Leben und Güter werden können. Das sind vor allem Stürme, Hagel, Blitz, flutartige Regengüsse, große Schneefälle, Blizzards, grimmige Kälte, Hitze und Nebel. Das Verstehen dieser Erscheinungen kann dabei helfen, die Angst vor ihnen zu nehmen, Beobachtungen richtig zu deuten, entsprechende Verhaltensweisen zu entwickeln und Vorsichtsmaßnahmen zu planen. In diesem Sinne besitzt dieses Buch einen ausgeprägten Anwendungsbezug.

Das Buch erklärt mit Hilfe von Worten und vielen Bildern. Unter diesen gibt es zahlreiche einfache Skizzen, die mit Absicht *nicht* mit allen Mittel der Computer-Graphik aufgepeppt sind. Sie sollen – ähnlich wie Tafelskizzen bei einem Vortrag oder einer Vorlesung – in ihrer Einfachheit das Wesentliche so deutlich machen, dass man es versteht und sich merken kann. Sie sollen zeigen, dass oft wenige Striche genügen, um etwas zu verdeutlichen. Daneben gibt es auch Farbbilder, die den ganzen Reichtum einer Erscheinung vor Augen führen.

Wichtig erschien auch, einige Bilder aufzunehmen, die die Kraft und die Gewalt eines Ereignisses zeigen. Das zentrale Anliegen bei der Auswahl der Bilder war aber immer, dass sie mithelfen, die in der Atmosphäre ablaufenden Prozesse leichter zu verstehen.

Wenn man jemandem etwas erklärt, kann das auf sehr unterschiedliche Weise und mit der Annahme sehr verschiedener Grundlagen geschehen. Extrem unterschiedliche Wege sind dabei der streng wissenschaftliche einerseits und der um jeden Preis populäre andererseits. Ersterer liefert zwar für den im Fach Bewanderten das tiefste und klarste Verständnis, kann aber den Außenstehenden kaum berühren. Der zweite Weg – vielfach praktiziert in den öffentlichen Medien – ist meist mit einem nur sehr oberflächlichen Erkenntnisgewinn beim Leser oder Zuhörer verbunden, weil diesem viele Grundlagen des Verständnisses fehlen, das zu Erklärende ohne Fundament vermittelt wird und so im leeren Raum verweht.

In dem hier vorliegenden Buch wird ein wissenschaftlich saube-
rer Weg des Erklärens und Erläuterns versucht, der allerdings auf Formeln (mathematisch-physikalische Gleichungen) verzichtet und auf
Fundamenten aufbaut, die in den Kapiteln 2 und 3 gelegt werden. Dieser „sanfte" Weg führt aber nur dann zum Erkenntnisgewinn, wenn
der Leser auch bereit ist, sich in die Materie hineinzudenken. Diese
vom Leser aufzubringende Mühe sollte das Interesse an diesem Buch
nicht schmälern.

Der Leserkreis ist damit bereits umrissen: Angesprochen ist einerseits jeder an der Natur Interessierte, den die intensiven Wettererscheinungen faszinieren und der eine fundierte Information sucht.
Damit sind vor allem wirklich interessierte Laien und natürlich auch
Studierende der Umweltwissenschaften, der Meteorologie, der Geo-
graphie oder anderer naturwissenschaftlicher Fächer gemeint. Dieses Buch wendet sich andererseits an solche Leser, die mit dem Risiko oder den Gefahren des Wetters beruflich befasst sind; das sind z. B.
Angehörige von Versicherungsgesellschaften und der Rettungsdien-
ste, die über den technischen Umgang mit den Schäden hinaus mehr
über deren Ursachen wissen möchten.

Dank gilt dem Vorstand der Swiss Re Germany für seine Unterstüt-
zung bei der Ausstattung des Buches. Große Hilfe wurde uns zuteil
durch Herrn Dr. Thomas Burkhardt, Frau Dipl.-Met. Birgit Drüen,
Frau Dr. Sabine Haase-Straub und Frau Helga Kraus durch sorgfälti-
ges Lesen und viele kritische und anregende Bemerkungen. Bedan-
ken möchten wir uns auch bei allen, die beim Entwurf und der Gestaltung einzelner Bilder (siehe die entsprechenden Hinweise in den
Legenden), bei der Literaturbeschaffung oder anderweitig geholfen
haben.

Bonn/München, im Januar 2003

Helmut Kraus
Ulrich Ebel

Inhalt

1 Einleitung

Jede populäre Darstellung einer Wissenschaft [...] soll die Probe bestehen, den Fachgenossen nicht zu langweilen oder zu ärgern, soll ihn vielmehr auf eine angenehme Weise zu unterhalten geeignet sein; sie soll dem Laien einen neuen Schatz werthvollen Wissens erschließen, jedoch nicht mit dem nachgemachten Schlüssel einer (ihm) fremden Wissenschaft, sondern durch weise Benutzung jenes wirksamen Hauptschlüssels, den alle Bildung als solche in sich trägt.

(Joseph Helmes: „Das Wetter und die Wetterprophezeiung. Ein Cyklus meteorologischer Vorträge für Gebildete", Hannover 1858, Seiten V/VI).

1.1
WETTER: FASZINATION UND GEFAHR

„Das Wetter ist immer schön, nur anders". Dieser Satz wird ursprünglich dem heiligen Franz von Assisi (1181–1226) zugesprochen, dessen Zuneigung zu Tieren und Pflanzen und allgemein zur Natur ja wohlbekannt ist. Jemand, der eng verbunden mit seiner natürlichen Umwelt lebt, freut sich an den Natur- und Wettererscheinungen. Er genießt z. B. das Schauspiel eines aufziehenden und sich später entladenden Gewitters, freut sich an den unterschiedlichen Wolkenformen und -stimmungen, interessiert sich für den Ablauf der Ereignisse bei einem durchziehenden Regengebiet, findet inneren Frieden beim Spaziergang durch einen herbstlichen Nebelwald. Für ihn ist die Natur einfach immer schön und interessant, und „schlechtes" Wetter gibt es für einen in dieser Weise positiv eingestellten Menschen nicht.

Dennoch sollte bei aller Naturbegeisterung nicht unterdrückt werden, dass im Wetter auch Gefahren lauern. Ein starkes Gewitter bringt Blitzschlag, Sturmböen, Hagel und flutartigen Regen. In manchen Teilen der Erde sind große Gewitter häufig mit Tornados verbunden, das sind Wirbelstürme von recht kleinem Durchmesser (kleiner als 1 km), aber ungeheuren Wirkungen auf der schmalen Bahn des wandernden Wirbels. Neben diesen Gewittern, die im Englischen „severe local storms" – also übersetzt „heftige lokale Stürme" – genannt werden, gibt es auch Stürme, die gleichzeitig in großen Gebieten – z. B. in ganz

Norddeutschland – wüten. Sie stehen in Verbindung mit den großen Tiefdruckwirbeln (Zyklonen) der Mittelbreiten, die einen Durchmesser von 1 000 km und mehr besitzen. Dies sind nur Beispiele von atmosphärischen Prozessen, die zwar den Naturforscher und -liebhaber faszinieren, aber dem Menschen und seinem Schaffen gefährlich werden können.

Wir sprechen deshalb vom „Risiko Wetter". Risiko ist ein etwas schillerndes Wort und bedeutet Gefahr, Wagnis, gewagtes Unternehmen, Verlustmöglichkeit, Ungewissheit des Erfolges. Wir benutzen es hier in seiner Bedeutung *Gefahr*. Das vorliegende Buch befasst sich also mit den „Atmosphärischen Gefahren". Es möchte in Wort und Bild zusammentragen und erklären, welche Naturvorgänge (Prozesse) bei „gefährlichem Wetter" am Werke sind. Versteht man eine Situation, so kann man ihr besser vorbereitet ins Auge sehen und sich leichter auf sie einstellen. Allgemein gilt ja, dass Verstehen einen Teil des Schreckens nimmt. Das Unbekannte ist es, was Angst einflößt.

Eines der Ziele dieses Buches ist es, Verständnis für „gefährliches Wetter" zu wecken. Dabei soll die Freude an den Wettervorgängen und die Faszination, die von den gewaltigen Ereignissen in der Atmosphäre ausgeht, immer wieder durch die Zeilen hindurch leuchten. Im Vordergrund aller Betrachtungen stehen hier also die atmosphärischen Prozesse, die Risiken, d. h. Gefahren, für den Menschen, seinen Besitz und sein Tun beinhalten.

Eines der Ziele dieses Buches ist es, Verständnis für „gefährliches Wetter" zu wecken.

1.2
Kann man das Wetter leicht verstehen?

Wenn hier versucht wird, die Entstehung einer Vielzahl von atmosphärischen Erscheinungen mit einfachen Mitteln zu erklären, dann ist das gleichbedeutend mit der Entfaltung einer einfachen Theorie für jeden der behandelten Prozesse. Dabei sollte sich der Leser aber darüber im Klaren sein, was Sir Napier Shaw in Band I (S. 123) seines Handbuchs der Meteorologie (1932) schreibt: *Jede Theorie über den Ablauf von Naturereignissen beruht zwangsläufig auf irgendeiner Vereinfachung der Erscheinungen und ist deshalb bis zu einem gewissen Grade ein Märchen.* " Das Wort „Märchen" will hier im positiven Sinne verstanden werden als eine Erzählung, die auf leicht verständlichem Wege einen tiefen Wahrheitsgehalt vermittelt.

Atmosphärische Prozesse sind generell sehr komplex. Bei einigen muss selbst die moderne Wissenschaft mit ihren sehr leistungsfähigen abstrakten Methoden zugeben, sie nicht völlig zu verstehen. Das gilt z. B. für Tornados und die ganz großen Gewitter. Eine Erklärung mit einfachen Mitteln baut dann auf den nicht ganz vollständigen wissenschaftlichen Erkenntnissen auf. In manchen Fällen – so bei der Entstehung von Mittelbreitentiefs – besitzt die Wissenschaft zwar sehr große Klarheit über die Entstehungsprozesse, aber diese sind so komplex und vielfältig verflochten, dass eine Erklärung mit einfachen Mitteln höchst unbefriedigend bleiben muss. Hier bedarf es einer Betrachtung der dreidimensionalen Verteilung von verschiedenen meteorologischen Größen, nicht nur von Luftdruck, Lufttemperatur, Luftfeuchtigkeit und Windgeschwindigkeit, sondern z. B. auch von Strahlung, Wolken, Vertikalwind und der Stärke des sich bildenden Wirbels. Dabei spielen die Veränderungen dieser Verteilungen mit der Zeit und auch Transporte von Wärme, Feuchte, Impuls und Wirbelstärke eine wichtige Rolle. Unser Vorstellungsvermögen ist da hoffnungslos überfordert. Allerdings kommt hier die Stärke der oben erwähnten abstrakten Methoden zum Tragen. Mit Hilfe von mathematisch-physikalischen Gleichungssystemen lässt sich das dreidimensionale und zeitliche Miteinander der vielen bei dem entsprechenden Prozess wichtigen Größen beschreiben und mit Hilfe von Computern auch berechnen. Das sind also Prozesse, die zu kompliziert sind, um sie mit einfachen Mitteln befriedigend zu erklären. Man findet dazu in der Erzählung von Salman Rushdie „Haroun and the Sea of Stories" einen sehr schönen Ausdruck. Dort ist die Rede von einem „P2C2E", einem „Process Too Complicated To Explain".

1.3
UNWETTER

Dieses Buch möchte auf der einen Seite die atmosphärischen Prozesse, die Wetterrisiken in sich bergen, verständlich machen. Ein weiteres Anliegen ist es, die Gefahren und die Schäden deutlich werden zu lassen. Im Sprachgebrauch gibt es den Begriff des „Unwetters". Im allgemeinen bedeutet die Vorsilbe „un" soviel wie „nicht", z. B. bei untreu = nicht treu. Mit Unwetter meint man aber das Gegenteil, da ist erst richtig wildes Wetter am Werke, was natürlich höchste Gefahren beinhaltet. Dies betrifft vor allem den Wind in Form von Sturm und Orkan und die Niederschläge in Form von horrenden Wasser- oder Eismassen, die auf die Erde stürzen. Tabelle 1.1 zeigt, wie Unwetter im Deutschen Wetterdienst über Schwellenwerte definiert wird. Ergibt die Wettervorhersage größere Werte als diese, dann wird eine Unwetterwarnung ausgegeben.

> Dieses Buch will auch die Gefahren und die Schäden durch Unwetter verdeutlichen.

Man sollte sich auch vorstellen können, welche Szenarien hinter den einzelnen Zeilen von Tabelle 1.1 stehen. Eine nüchterne Warnung, der Wind würde in Bodennähe eine Geschwindigkeit von 90 km h^{-1} erreichen, könnte bei manchem Zeitgenossen die Assoziation wek-

Erscheinung	Schwellenwert
10 min-Mittel der Windstärke	>75 km h^{-1} = 21 m s^{-1} = Beaufort 9
verbreitet und häufig auftretende Windböen	>103 km h^{-1} = 29 m s^{-1}
Hagelschlag	Korngröße: >5 mm Durchmesser; Menge: eine Schicht am Boden bildend
Glatteis	in einem größeren Gebiet
Schneefall (u. U. mit Verwehungen)	>15 cm/12 h
Starkregen	>25 mm/6 h
Dauerregen (besonders gefährlich bei gefrorenem Boden)	>20 mm/12 h
Tauwetter mit verbreitet ergiebigen Regenfällen bei einer mehr als 15 cm dicken Schneedecke	

TABELLE 1.1.
Unwetterkriterien des Deutschen Wetterdienstes in Bezug auf den bodennahen Wind (Standardmesshöhe ist 10 m über der Erdoberfläche) und auf verschiedene Niederschlagsszenarien

ken, dass dies bei der Fahrt auf der Autobahn eine eher mäßige Geschwindigkeit sei und man die Unwetterwarnung doch nicht so ernst nehmen müsse. Wenn dann aber bei dem „schweren Sturm" mit 90 km h^{-1} Dachziegel herumfliegen und Bäume umbrechen, dann wird derselbe Zeitgenosse vielleicht meinen, „das hätte man uns doch sagen müssen". Um solche Missverständnisse zu vermeiden, soll hier ein wenig an die Phantasie des Lesers in Bezug auf die Schwellenwerte der Unwetterwarnungen appelliert werden.

Eine *mittlere bodennahe Windstärke von größer als 75 km h^{-1}* (> 21 m s^{-1}, das ist Windstärke 9 der Beaufort-Skala oder mehr, s. Tabelle 2.2 in Abschn. 2.4) bedeutet, dass der Wind im Mittel – nicht nur in einzelnen Windstößen – eine solche Stärke aufweist und kleine Teile an Häusern (z. B. Dachziegel) gelöst und davongetragen werden können. Dies bedeutet auch, dass es zahlreiche *Böen* mit größerer Windstärke gibt und dass einzelne Böen Orkanstärke aufweisen können. Bereits bei Windstärke 10 werden Bäume entwurzelt, und es treten große Schäden an allen über die Erdoberfläche hinaus ragenden Gegenständen (Häusern, Strommasten usf.) auf. Bei Windstärke 11 treten verbreitet Sturmschäden auf, und bei 12 gibt es Verwüstungen aller Art. Auf Seen und auf dem Meer beobachtet man bereits bei Windstärke 6 die Bildung und das Brechen großer Wellen und das Auftreten von Gischt. Um ganze Autos wegzutragen, bedarf es extrem starker Windböen. Selbst große Lastwagen sind von Tornado-Winden einfach „davongeweht" worden. Nähere Informationen zur Wind-

Die mit Hilfe der Beaufort-Skala angegebenen Windstärken sind zeitliche Mittelwerte, im Allgemeinen 10 min-Mittel.

stärkenskala (Beaufort-Skala) und zu dem Unterschied zwischen mittlerer Windstärke und der von Böen findet der Leser in Tabelle 2.2 und in dem Text in Abschn. 2.4.

Hagel löst bereits bei relativ kleinen Körnern ein beunruhigendes Geklapper auf allen Dächern aus, vor allem, wenn diese aus Glas oder Blech sind. Je größer die Hagelkörner sind, umso mehr kinetische Energie besitzen sie beim Aufprall. Es ist nicht verwunderlich, dass dann die Autodächer tiefe Dellen bekommen, das Glasdach zersplittert und die Dachziegel zerschlagen werden. Wie die Vegetation (z. B. ein blühender Garten oder ein Getreidefeld) nach einem schweren Hagelschlag aussieht (nämlich in kürzester Zeit entlaubt und niedergewalzt), haben viele Gartenfreunde und Landwirte schon mit Entsetzen beobachtet.

Bei plötzlich einsetzendem Regen auf gefrorenen Boden kommt es zu *Glatteis* (zur Definition s. Abschn. 7.4), einem ganz gleichmäßigen Eisüberzug, der bereits bei einem Bruchteil der Stärke von 1 mm so glatt ist, dass die Reifen eines Autos keinen Halt mehr finden und Fußgänger sich nur noch mit Tricks fortbewegen können. Es ist ein eigenartiges Erlebnis, wenn bei einem solchen Glatteisregen der Verkehr oft in wenigen Minuten zum Erliegen kommt mit der Aussicht, dass es 24 Stunden oder sogar noch länger dauern kann, bis der Eisüberzug schmilzt. Natürlich besteht in der Zivilisation die Hoffnung, dass ein hilfreicher Streudienst nach kürzerer Zeit zur Stelle ist, wobei aber Salz oder Splitt auf dem blanken Eis das Problem oft nur unzureichend lösen.

> Glatteis ist die gefährlichste Art von Straßenglätte. Man muss deutlich unterscheiden zwischen Glatteis, Eisglätte, Schneeglätte und Reifglätte.

Große Schneefälle sind für den, der sich unabhängig auf Schusters Rappen bewegt, ein erhabenes Erlebnis, aber für den modernen Verkehr vor allem dann ein Hindernis, wenn es in kurzer Zeit sehr viel schneit und zudem noch der Wind große Schneewälle (Schneewehen) aufhäuft. Das geht oft schneller, als irgendein Räumdienst arbeiten kann.

Starkniederschläge führen zu Überflutungen und Bodenrutschungen. Dem Verkehr nehmen sie die Sicht und bedingen das gefürchtete Aquaplaning. Treten stärkere Niederschläge verbreitet und länger anhaltend auf, dann besteht Hochwassergefahr auch bei größeren Gerinnen und Flüssen. Starkes Tauwetter bei einer vorhandenen relativ dicken Schneedecke kann ebenfalls zu Überflutungen und zu Hochwasser führen.

Wenn irgendein Wetterereignis aufzieht, gleich ob wir es selber kommen sehen oder ob wir gewarnt werden, führt vorausschauende Phantasie der Bedrohten oft zur rettenden Idee. Wissen oder Ahnen, was auf uns zukommt, vermeidet, dass wir hinterher sagen: „Ich habe mir nicht vorstellen können, dass es so ein Wetter gibt".

1.4
NEHMEN DIE ATMOSPHÄRISCHEN GEFAHREN ZU?

Gleich zu Beginn dieses Buches soll auch die Frage, ob die atmosphärischen Gefahren, ob Häufigkeit und Stärke extremer Wettererscheinungen in unserer Zeit zunehmen, kurz erörtert werden. Davon ist oft die Rede, da die Gefahren einer Klimaveränderung von vielen sehr ernst genommen werden. Mit einer Erwärmung der Atmosphäre – es sind global betrachtet in Bodennähe etwa 0,6 °C in den letzten 100 Jahren – kann auch der Wasserdampfgehalt zunehmen, und man könnte erwarten, dass sich damit der hydrologische Zyklus intensiviert und es zu mehr und stärkeren Niederschlägen kommt. Ob sich solche Folgen wirklich einstellen und wie sich die Erwärmung auf die Stürme auswirkt, lässt sich selbst durch sehr komplexe Modellrechnungen nicht zuverlässig herausfinden. Anhand von Messdaten (z. B. langen, mehr als 100-jährigen Messreihen) kann man derartige Auswirkungen derzeit nicht beweisen, weil die vorhandenen Daten teilweise spärlich und zudem inhomogen sind. Besonders gravierend erweist sich, dass es bei allen Erscheinungen – also z. B. bei der Häufigkeit schwerer Stürme – enorme *natürliche* Schwankungen von Jahr zu Jahr, von Jahrzehnt (Dekade) zu Jahrzehnt und selbst mit Perioden von mehreren Dekaden (bei letzteren spricht man von Multidekadenschwankungen) gibt. Im Vergleich zur Größe dieser Schwankungen erweist sich in allen untersuchten Fällen der gesuchte Effekt, ein möglicher Trend in den letzten 100 Jahren, als recht klein. Näheres darüber wird in den Abschnitten 5.3 und 6.4.1 berichtet.

Es besteht kein Zweifel, dass die *Schäden* durch Wetterereignisse in den letzten Jahrzehnten enorm zugenommen haben. Das liegt primär daran, dass die Menschheit wächst, dass sie teilweise wohlhabender wird und sich vieler komplizierter technischer Systeme bedient. Die Versicherungsindustrie ist an dieser Frage existentiell interessiert. Will man versuchen, die Problematik ausgewogen und kritisch zu behandeln, so muss man deutlich unterscheiden zwischen

Wegen der zunehmenden Weltbevölkerung und der enormen Vermehrung von hochempfindlichen Sachwerten ist auch in Zukunft mit einer Zunahme der *Schäden* infolge von Naturereignissen zu rechnen.

- grundlegenden Veränderungen in der Atmosphäre, z. B. um wieviel die globale Mitteltemperatur zunimmt oder ob und um wieviel die Häufigkeit von Hurrikanen sich ändert;
- Änderungen in der Gesamtheit der Schäden, unabhängig ob versichert oder nicht;
- Änderung der Aufwendungen der Versicherungen für entstandene Schäden.

Oft wird nämlich so getan, als ob eine Erhöhung der Versicherungsaufwendungen Beweis genug für grundlegende Änderungen in der Atmosphäre seien. Dies ist natürlich nicht richtig. Genauso wenig ist auch ein Anwachsen der Gesamtheit der Schäden ein Anzeichen für eine Verstärkung oder eine größere Häufigkeit der die Schäden verursachenden Wettersysteme.

Ein Vergleich von geldwerten Schäden durch atmosphärische Prozesse zu verschiedenen Zeiten (meist werden die Schäden der letzten 100 Jahre in ihrer zeitlichen Entwicklung studiert) erfordern natürlich zunächst eine Korrektur der Daten entsprechend der allgemeinen Geldentwertung. Die so inflationsbereinigten Schadensummen für ein bestimmtes Gebiet sind dann sehr stark abhängig davon, was in dem Gebiet in dem Zeitintervall der Untersuchung vor sich gegangen ist. Wichtig ist vor allem, in welchem Maße die *Bevölkerung*, der *Wohlstand* des einzelnen, der *Wert der technischen Installationen* und *deren Empfindlichkeit* gegen Unwetter dort gewachsen sind. Alles dies ist in weiten Teilen der Erde der Fall, so dass die Schäden enorm zunehmen mussten, selbst wenn sich in der Atmosphäre nichts geändert hätte.

Will man Schadensummen zu verschiedenen Zeiten vergleichen, so kann man die inflationsbereinigten Daten mit der Bevölkerungsdichte, dem Wohlstand, dem Wert der technischen Installationen und deren Unwetterempfindlichkeit normieren. Man erhält dann im wesentlichen die Abhängigkeit von den bei der Normierung nicht berücksichtigten Einflüssen, das sind z. B. die die Schäden mindernden Schutzmaßnahmen und die Veränderung der atmosphärischen Einflüsse. Man sollte sich aber davor hüten, dies Ergebnis unkritisch zu glauben, denn die Art der Normierung ist ein höchst problematisches Unterfangen, und die meist linearen Ansätze dafür sind nur Näherungen für den wirklichen Einfluss der betreffenden Größe. Auch sollte man sich überlegen, ob man alle Einflüsse wirklich erfasst hat, z. B. die Erhöhung der Schäden durch Sorglosigkeit, zu der ein Versicherungsschutz verleitet. Eine Information über Veränderungen der Gefahr bringenden atmosphärischen Prozesse und ihrer Häufigkeit lässt sich also aus Schadendaten nicht ableiten.

Die Wirtschaftsräume des Menschen expandieren immer mehr in Gefahrenbereiche – z. B. in die natürlichen Überschwemmungsgebiete von Flüssen. So schafft der Mensch selber – nicht die von alters her bekannten Naturvorgänge – das wachsende Schadenpotential.

Beispiele dafür, in welchem Maße bei unveränderten atmosphärischen Einflüssen (also z. B. gleichbleibender Häufigkeit und Stärke der die Schäden bringenden Wettersysteme) deutlich größere Schäden durch Zunahme von Bevölkerungsdichte, Wohlstand und immer empfindlicheren technischen Installationen zu verzeichnen sind, liegen auf der Hand. Tropische Wirbelstürme, die vom Ozean aufs Land übertreten, finden dort heute weit mehr Menschen mit mehr Wohlstand und mehr technischen Hilfsmitteln als vor 100 Jahren vor. Lawinen, die in früher einsame Alpendörfer einbrechen, finden dort heute Herden von Touristen. Viele Alpenbewohner haben in den letzten Jahrzehnten auch dort gebaut, wo man es sich früher nicht getraut hat, weil man an diesen Stellen Lawinen- und Murenabgänge mit Recht befürchten musste. Siedlungsflächen dehnen sich immer mehr in gefährdete Gebiete aus, nicht nur in den Alpen, sondern z. B. auch an der so wohlhabenden Küste von Florida, in den Überschwemmungsräumen der großen Ströme Mitteleuropas und natürlich noch intensiver in den vom Bevölkerungswachstum stark betroffenen Gebieten der Dritten Welt wie in Bangladesh. Eklatant ist die Zunahme von Hagelschäden an Kraftfahrzeugen, weil deren Anzahl und Dichte ungeheuer zugenommen hat – oder möchte jemand behaupten, das läge an der Zunahme von Hagelunwettern?

Weltweit laufen viele und umfangreiche Untersuchungen darüber, wie und ob sich die Stärke und Häufigkeit Gefahr bringender extremer Wettersituationen im 20. Jahrhundert verändert haben könnten. Diese Bemühungen beziehen sich auf Tropische Zyklonen, extratropische Stürme (vor allem Mittelbreitenzyklonen), schwere Gewitter, Tornados, Hagel und Überflutungen. Das Intergovernmental Panel on Climate Change (IPCC), ein internationales Forum von Wissenschaftlern, das von der World Meteorological Organization (WMO) und dem United Nations Environment Programme (UNEP) 1988 gegründet wurde, fasst die Erkenntnisse über mögliche Klimaänderungen in umfangreichen Berichten zusammen, von denen bisher drei (1990, 1996 und 2001) erschienen sind. Was die extremen Wetterereignisse angeht, kommen die Untersuchungen zu dem Schluß (Nicholls et al. 1996, in IPCC 1996), „dass es keine Beweise dafür gibt, dass die extremen Wetterereignisse oder die Variabilität des Klimas global betrachtet im 20. Jahrhundert zugenommen hätten". Es finden sich allerdings deutliche Hinweise auf *regionale* Änderungen von Extremen und Schwankungen. Letztere haben in einigen Regionen zugenommen und in anderen abgenommen, ein Spiel, das man auch bei natürlichen Änderungen immer wieder beobachtet. Insbesondere

Es gibt keine Beweise dafür, dass die extremen Wetterereignisse – global betrachtet – im 20. Jahrhundert zugenommen hätten.

- wurde kein Trend festgestellt bei den Hurrikanen, die seit 1900 an der Küste der Vereinigten Staaten von Amerika aufs Land übergetreten sind (s. dazu auch Abschn. 5.3);
- gibt es keine schlüssigen Beweise für Änderungen bei den Mittelbreitenzyklonen;
- konnten keine Beweise für die Zunahme von Tornados, Gewittern und Staubstürmen gefunden werden.

Auch der IPCC-Report 2001 (IPCC 2001) kommt zu ähnlichen Aussagen:

- Intensität und Häufigkeit tropischer und extratropischer Stürme zeigen deutliche Schwankungen innerhalb einzelner oder mehrerer Dekaden, aber im 20. Jahrhundert keine signifikanten Trends.

● Es lassen sich keine systematischen Änderungen in der Häufigkeit von Tornados, Tagen mit Gewittern oder Hagelereignissen erkennen.

● Bei der Frage, ob intensive Niederschlagsereignisse in der 2. Hälfte des 20. Jahrhunderts zugenommen hätten, sieht der Bericht eine mehr als 90%ige Wahrscheinlichkeit in vielen Gebieten mittlerer und hoher Breiten der Nordhalbkugel.

● An vielen Stellen weist der Bericht darauf hin, wie schwierig es ist, Trends bei extremen Wettererscheinungen zu entdecken und nachzuweisen. Der Grund dafür ist ihre geringe Häufigkeit, die großen regionalen Unterschiede des Auftretens, die sehr variablen Erscheinungsformen der Wettersysteme und vor allem die bei diesen Gegebenheiten zu geringe Anzahl der Beobachtungen. Die wenigen vorhandenen Daten sind teilweise schwer vergleichbar, da räumlich und zeitlich inhomogen. Das heißt, Beobachtungstechniken und Kriterien änderten sich mit der Zeit und sind oft auch von Region zu Region verschieden.

Der Nachweis von Trends bei extremen Wettererscheinungen (z. B. für die letzten 100 Jahre) wird durch inadäquate und fehlende Daten enorm erschwert.

Auf dieses Thema kommen wir in den Abschnitten 4.2.5, 5.3 und 6.4 wieder zurück. Weitere Literatur findet man z. B. bei Changnon (1999), Folland et al. (2002), Karl und Easterling (1999), Landsea et al. (1999) oder Pielke und Landsea (1998).

In ihrer von großer Sorge getragenen „Stellungnahme zu Klimaänderungen" (vom 26. März 2001) äußert sich die Deutsche Meteorologische Gesellschaft (DMG) auch zu der Veränderung des Auftretens von Extremereignissen. Die DMG stellt fest, dass es fraglich sei, ob die Sturmhäufigkeit langfristig zugenommen habe, „denn tropisch wie außertropisch scheinen bisher eher Fluktuationen überwogen zu haben, so dass systematische und signifikante Trends im 20. Jahrhundert kaum erkennbar sind. Dies zeigt, dass gerade die Problematik der Extremereignisse, hinsichtlich der zeitlichen und regional-jahreszeitlichen Struktur ihres Auftretens, neben der Erfassung von Trends und Fluktuationen noch besonderer Forschungsanstrengungen bedarf". Dies gelte nicht nur für Stürme (Mittelbreitenzyklonen, Tropische Wirbelstürme, Tornados), sondern auch für andere extreme Wetterereignisse wie Hitzewellen, extreme Kälte, Starkniederschläge, Hagel, Dürren usw.

Sicher hören viele Leute solche nüchternen Aussagen nicht gerne, kann man doch mit Katastrophenmeldungen viel mehr Aufmerksamkeit auf sich lenken. Unsere Katastrophen-Medienwelt demonstriert uns dies täglich, ungeachtet dessen, dass es auch Leser bzw. Hörer oder Zuschauer gibt, die wissen möchten, wie sich die Dinge *wirklich* verhalten.

2 Einige Grundlagen aus der Meteorologie

Das Wahre, mit dem Göttlichen identisch, läßt sich niemals von uns direkt erkennen: wir schauen es nur im Abglanz, im Beispiel, Symbol, in einzelnen und verwandten Erscheinungen; wir werden es gewahr als unbegreifliches Leben und können dem Wunsch nicht entsagen, es dennoch zu begreifen.

Dies gilt von allen Phänomenen der faßlichen Welt, wir aber wollen diesmal nur von der schwer zu fassenden Witterungslehre sprechen.

(Johann Wolfgang Goethe, 1825, einleitend in seinem „Versuch einer Witterungslehre")

Die Meteorologie gliedert sich in zwei bedeutende Zweige, die Physik und die Chemie der Atmosphäre.

Wir befassen uns in diesem Buch mit gefährlichem Wetter. Unter dem Begriff *Wetter* verstehen wir die zeitlich und räumlich höchst variablen Zustände und Vorgänge in der Lufthülle der Erde, der Atmosphäre. Die Wissenschaft von der Atmosphäre nennt man *Meteorologie*. Wenn wir das Wetter und seine Gefahren verstehen wollen, dann brauchen wir einige wissenschaftliche Grundlagen; nur auf einer gesunden Basis kann man Wissen und Verstehen aufbauen. Der Leser, der über die hier dargebotenen Grundlagen hinaus gehen will, sei auf die Lehrbücher der Meteorologie verwiesen, z. B. auf die Einführung in dieses Wissensgebiet von H. Kraus (2001) mit dem Titel „Die Atmosphäre der Erde".

2.1
DIE ZUSAMMENSETZUNG DER LUFT

Die Erde besitzt eine Lufthülle, die Atmosphäre. Sie ist ein Gemisch von einer Reihe verschiedener unsichtbarer Gase. Fünf von ihnen, nämlich Stickstoff, Sauerstoff, Argon, Kohlendioxyd und Wasserdampf, sind die Hauptbestandteile, die bis auf weniger als 0,003 % die Gesamtheit der atmosphärischen Masse ausmachen. Die restlichen Gase, z. B. die Edelgase Neon, Helium, Krypton und Xenon, das Methan, Wasserstoff, Stickoxydul, Kohlenmonoxyd und das Ozon, werden deshalb als Spurengase bezeichnet. Ihr geringes Vorkommen bedeutet aber nicht, dass sie unwichtig wären und man sie außer Betracht lassen könnte. Im Gegenteil: einige von ihnen besitzen eine

Gas	chemisches Symbol	Druckanteil in %
Stickstoff	N_2	78,08
Sauerstoff	O_2	20,95
Argon	Ar	0,93
Kohlendioxyd	CO_2	0,04
wasserdampffreie Luft		100,00
Spurengase		<0,003

TABELLE 2.1.
Zusammensetzung der wasserdampffreien Luft in Anteilen, die jedes der Gase zum Gesamtluftdruck beisteuert

herausragende Bedeutung für unser Leben, einige im positiven, andere aber im negativen Sinne.

Zwischen dem Wasserdampf und den vier anderen Hauptgasen besteht der Unterschied, dass letztere bis in sehr große Höhen von fast 90 km in konstanten Druckanteilen (s. Tabelle 2.1) vorkommen, während der Wasserdampfgehalt in höchstem Maße variabel ist. Er kann einen Anteil von bis zu 4 % annehmen, aber in extrem trockener Luft auch fast vollständig fehlen. Außerdem besitzt er als einziges atmosphärisches Gas die Eigenschaft, dass er in der Atmosphäre in die beiden anderen Aggregatzustände (*fest*, z. B. als Schneekristall oder Hagelkorn, und *flüssig*, als Wolken- oder Regentröpfchen) übergehen kann. Dabei ist wichtig, dass bei diesen Übergängen viel Energie gebraucht oder frei wird, dass also z. B. bei der Kondensation des Wasserdampfes zu flüssigem Wasser bei der Wolkenbildung sehr viel Wärme frei wird, die zum Anfachen weiterer Prozesse führt. Wegen der großen Variabilität des Wasserdampfgehaltes gibt man die Zusammensetzung der Atmosphäre immer nur für den „konstanten" Anteil an, also für die „wasserdampffreie Luft" und erhält so die Tabelle 2.1.

Wasser ist der einzige Bestandteil der Atmosphäre, der in ihr in allen drei Aggregatzuständen vorkommt.

Der Vollständigkeit halber sei noch erwähnt, dass die Atmosphäre natürlich generell auch feste und flüssige Teilchen enthält, wie vom Boden aufgewirbelter Staub, Teilchen aus Verbrennungs- und Industrieprozessen und Wolken- und Niederschlagsteilchen.

Das Gasgemisch der Atmosphäre ist eine *unserer wesentlichen Lebensgrundlagen*:

- Wir atmen diese Luft ein, benötigen den in ihr enthaltenen *Sauerstoff* zur „Verbrennung" der als Nahrung aufgenommenen Kohlenhydrate und stellen so den Energie- und Wärmehaushalt unseres Körpers sicher.
- Die Pflanzenwelt bedient sich des *Kohlendioxyds*, um zusammen mit dem aus dem Boden kommenden Wasser und der von der

Sonne stammenden Energie im Assimilations- und Photosyntheseprozess die Pflanzenmasse aufzubauen. Dabei wird Sauerstoff frei. Beim umgekehrten Prozess, der Respiration, wird der Sauerstoff zum Verbrennen der Kohlenhydrate benutzt, und es wird Kohlendioxyd und Energie frei.

- Der *Wasserdampf* ist Teil des Wasserhaushaltes und Wasserkreislaufes auf der Erde. Aus ihm entsteht über den Kondensationsprozess der Niederschlag, ohne den es keine Wasserversorgung der Lebewesen auf den Landmassen der Erde gäbe.

- Das *Ozon* (vor allem seine hohe Konzentration in der Stratosphäre) dient als Schutzschild gegen die von der Sonne kommende ultraviolette Strahlung, die die Zellen aller Lebewesen in höchstem Maße schädigen kann. Die vom Menschen in die Atmosphäre gebrachten *Fluorchlorkohlenwasserstoffe* (FCKW) tragen zur Zerstörung dieser wichtigen Ozonschicht bei.

- Als extrem wichtige Folge der Atmosphäre ist der *Treibhauseffekt* zu erwähnen. Er sorgt dafür, dass die global gemittelte Lufttemperatur an der Erdoberfläche bei 15 °C anstatt bei –18 °C (ohne Atmosphäre) liegt. Hier sind es vor allem der im Gasgemisch vorhandene *Wasserdampf* und zu einem deutlich geringeren Anteil das *Kohlendioxyd*, die diesen das Leben in der heutigen Form gewährleistenden *ganz natürlichen Effekt* bewirken. Die viel diskutierte *anthropogene Modifikation des Treibhauseffektes* um derzeit etwa +0,6 °C wird vor allem durch die aus der Verbrennung von fossilen Energieträgern (Kohle, Erdöl, Gas) resultierende Zunahme des Kohlendioxyd, aber auch durch die anthropogenen Gase Methan, Stickoxydul und FCKW und eine Zunahme des Wasserdampfes in der Atmosphäre bewirkt.

Man unterscheidet zwischen natürlichem Treibhauseffekt und dessen anthropogener Modifikation.

Das atmosphärische Gasgemisch unterliegt den Gesetzen der Physik und der Chemie. Es kann so durch physikalische und chemische Größen und Gesetze beschrieben werden. Wir wollen die Luftchemie hier nicht behandeln, sondern nur die physikalischen Größen und Prozesse, da sich die Physik zentral mit Kräften und Energien beschäftigt und die gewaltigen Kräfte und Energien der Wettervorgänge ja die Gefahren darstellen, von denen hier die Rede sein soll. Dabei sei nicht verschwiegen, dass auch aus den chemischen Prozessen große Gefahren erwachsen, so durch die schädlichen atmosphärischen Spurengase und Spurenstoffe und den anthropogenen Abbau der Ozonschicht. Doch dies ist nicht das Thema dieses Buches, denn der Abbau der Ozonschicht spielt sich in der Stratosphäre ab, also (s. Abschn. 2.6) weit oberhalb der uns hier interessierenden Wettervorgänge.

2.2
ATMOSPHÄRISCHE BEWEGUNGSSYSTEME

Physikalische atmosphärische Größen, die im folgenden eine Rolle spielen, sind der *Luftdruck*, die *Lufttemperatur*, die *Luftfeuchtigkeit*, die *Dichte* der Luft, die Strömungsgeschwindigkeit oder *Windgeschwindigkeit*, *Wolkenparameter* (z. B. der Bedeckungsgrad des Himmels und die Art der Wolken) und die *Strahlung*. Alle diese Größen sind von Ort zu Ort verschieden und ändern sich überdies noch mit der Zeit. Man spricht von einer vierdimensionalen Abhängigkeit, also von Änderungen mit den drei Raumkoordinaten und mit der Zeit.

Die von der Sonne kommende kurzwellige Strahlung stellt den primären Energie-Input in die Atmosphäre dar. Ein Teil dieser Strahlung durchdringt die Atmosphäre. Ihre Energie wird an der Erdoberfläche in verschiedene Anteile umgesetzt: in die an der Oberfläche reflektierte kurzwellige Strahlung, die vom Boden weg fließende langwellige Strahlung, die Erwärmung des Bodens, die Verdunstung und die Erwärmung der über dem Boden liegenden Luft. So erfolgt eine Versorgung der Atmosphäre mit Wasserdampf (durch die Verdunstung) und Wärme teilweise von unten her. Der gesamte Energiehaushalt der Atmosphäre ist sehr komplex und kann hier nicht im Detail erörtert werden. Die Heizung erfolgt keineswegs gleichmäßig über die gesamte Erdkugel hinweg. Im Gegenteil: wegen der Drehung der Erde, der sehr unterschiedlichen Sonnenhöhe zu verschiedenen Zeiten und in verschiedenen Breiten, der unterschiedlichen Erdoberflächenbeschaffenheit (Land-Wasser-Verteilung, unterschiedliche Vegetation, unterschiedliche Böden usf.) und der unterschiedlichen Durchlässigkeit der Atmosphäre für die solare Strahlung ergibt sich eine räumlich und zeitlich sehr unterschiedliche Heizung. Stellt man sich nun die riesige Atmosphäre vor, wie sie recht unterschiedlich geheizt wird, dann versteht man sehr gut, wie es in diesem Fluidum (im Englischen bezeichnet man als „fluid" Flüssigkeiten und Gase, die ähnlichen dynamischen Gesetzen unterliegen) „brodelt" und dass die Lufthülle unseres Planeten Erde keineswegs ein friedlich um die Erde herum angeordnetes Gasgemisch ist. Das „Brodeln" äußert sich in einer Vielzahl von Wirbeln, Wellen und Konvektionszellen von sehr unterschiedlicher Größe, also verschiedener Wellenlängen oder unterschiedlicher Durchmesser. Diese *atmosphärischen Bewegungssysteme* lassen sich so auch nach ihrer Größe ordnen (*Skalenbetrachtung*, s. Kasten 2.1), aber auch nach der Physik ihrer Entstehung. Diese Bewegungssysteme sind teilweise mit intensiven Wettererscheinungen wie starken Winden und großen Niederschlägen verbunden und deshalb interessant für uns, wenn wir uns hier mit den atmosphärischen Gefahren befassen.

Die von der Sonne stammende Strahlungsenergie ist der Antrieb für die atmosphärischen Bewegungsvorgänge.

Kasten 2.1. Skala
Maßstab, Größe, Größenordnung

Zeitskala T:
a) die Zeit, die ein System benötigt, um über einen Beobachter hinweg zu ziehen, oder
b) die Lebenszeit eines Systems.

Raumskala L_x, L_y, L_z: die Größe des Systems in einer bestimmten Raumrichtung x, y oder z, wobei x und y *horizontale* Koordinaten sind und z die *vertikale* Koordinate ist.

Die charakteristischen Werte von Länge L und Zeit T sind wegen $U = L/T$ über die charakteristische Geschwindigkeit U miteinander verbunden. Mit dem Wort „charakteristisch" meint man „typisch" für das betreffende System. Die angegebenen Werte von Länge, Zeit oder Geschwindigkeit beschreiben so die Größenordnung.

Beispiel: Ein Tiefdruckgebiet, das bis in eine Höhe von 10 km reicht, einen Durchmesser von 1000 km besitzt und sich insgesamt mit einer Geschwindigkeit von 10 m s^{-1} verlagert (die angegebenen Zahlen sind Größenordnungen), besitzt die Längenskalen $L_x \sim 1000$ km, $L_y \sim 1000$ km, $L_z \sim 10$ km, die Geschwindigkeitsskala $U \sim 10$ m s^{-1} und die Zeitskala $T = L_x/U \sim 100\,000$ s $= 28$ h.

Eine grobe, in der Meteorologie gebräuchliche Skaleneinteilung orientiert sich an der horizontalen Raumskala L. Man unterscheidet die

- *Makro-Skala* (auch *Globale Skala*) mit $L > 2000$ km, z. B. lange Wellen, große Mittelbreitentiefs (-zyklonen), ausgedehnte Hochs (Antizyklonen);
- *Meso-Skala* mit 2000 km $> L > 2$ km, z. B. kleinere Mittelbreitentiefs, Mesozyklonen, Zwischenhochs, Fronten, Tropische Zyklonen, Cloud Cluster, Gewitter;
- die *Mikro-Skala* mit $L < 2$ km, z. B. Tornados, Cumulus-Wolken, Mikroturbulenz.

Hier sollen nun in den Bildern 2.1a–f einige typische Bewegungssysteme vorgestellt werden. In Bild 2.2 wird gezeigt, welchen Raum- und Zeitskalen diese zuzuordnen sind.

Die atmosphärischen Bewegungssysteme weisen charakteristische Felder (vierdimensionale Verteilungen) der oben erwähnten physikalischen Größen auf. Sehr aufschlußreich sind die Wolkenfelder, die man auf Satellitenaufnahmen erkennt. Hier werden als Beispiele die Bilder 2.3a,b etwas ausführlicher besprochen, besonders, um auf die verschiedenartigen Bewegungsformen (z. B. Wellen, Wirbel, Konvektionszellen, Wolkenbänder) und auf ihre Größenskalen aufmerksam zu machen.

Auf der Infrarot-Aufnahme (Bild 2.3a) erscheinen die mit hoher Temperatur strahlenden Flächen dunkel und die mit niedriger Temperatur strahlenden hell. So sehen wir den heißen Boden der Sahara schwarz, aber die kalten hohen Wolken in Äquatornähe weiß. Die Grautöne kennzeichnen dazwischen liegende mittlere Temperaturen der strahlenden Wolkenobergrenzen. Die bis etwa 16 km hohen blendend weißen Wolken in den inneren Tropen besitzen die Struktur einzelner Haufen von einigen 100 km Durchmesser. Ein Band dieser Wolken zieht sich wie ein Gürtel um die ganze Erde. Es sind konvektive (wie die uns bekannten Haufenwolken oder Gewitter) Wolken-Cluster *(Cloud Cluster)*. Dieses Band markiert die *Innertropische Konvergenzzone* (ITCZ, Näheres s. in Abschn. 2.3 im Zusammenhang mit den Erläuterungen von Bild 2.6 und in Kap. 3). Es dehnt sich über dem heißen afrikanischen Kontinent weit nach Süden aus, ist aber über

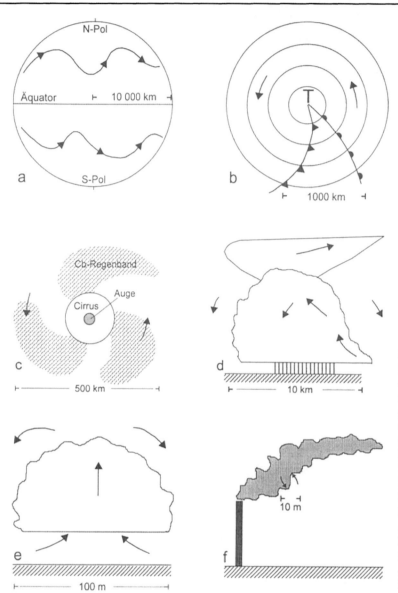

BILD 2.1.
Schematische Skizzen typischer atmosphärischer Bewegungssysteme unterschiedlicher Skala. Die *dick ausgezogenen Pfeile* deuten die Strömung an.
a lange Wellen in der Höhenströmung über beiden Erdhemisphären;
b Mittelbreitenzyklone, ein Tief mit Warmfront und Kaltfront; **c** Tropische Zyklone mit spiralförmigen Regenbändern, einem großen inneren Cirrus-Schirm und dem zentralen Auge; **d** Cumulonimbus (Gewitterwolke) mit Cirrus-Schirm (Amboss) und Niederschlagsgebiet am Erdboden;
e einzelner Cumulus (Haufenwolke);
f Mikroturbulenz in einer Rauchfahne

dem Atlantik deutlich schmaler. Nördlich und südlich dieser äquatorialen Region schließen sich die *Subtropen* an. In unserem Satellitenbild zeichnen sie sich dadurch aus, dass es nahezu keine hohen kalten Wolken gibt. Man erkennt nur graue, also deutlich wärmere, nahe über dem Ozean (der ein wenig wärmer ist) liegende Wolkenfelder. Das sind die etwa 1 000 m hohen Stratus- oder Stratocumulus-Wolken der *Passatregionen*. Erst in den mittleren Breiten gibt es wieder hohe kalte Wolken. Besonders auf der winterlichen Südhalbkugel mar

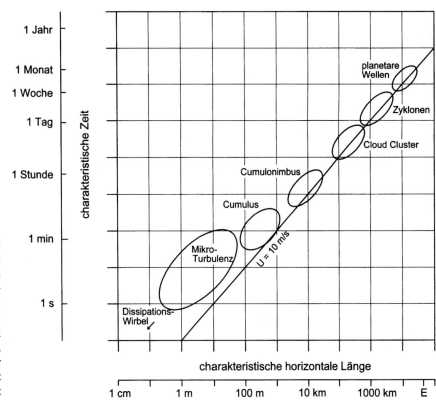

BILD 2.2.
Skalendiagramm atmosphärischer Bewegungsformen. Die Abszisse stellt die horizontale Raumskala $L_x = L_y$, die Ordinate die Zeitskala T dar. E auf der Abszisse bedeutet die Länge des Erdumfangs. Die Kernbereiche der Bewegungsformen sind durch die ovalen Gebiete gekennzeichnet. Sie ordnen sich entlang einer Geraden, die der charakteristischen Geschwindigkeit $U = L_x/T$ von $10\,\mathrm{m\,s^{-1}}$ entspricht

kieren hochreichende gekrümmte Wolkenbänder zwei große Wirbel mit Durchmessern von jeweils mehr als 3 000 km. Eine solche *Mittelbreitenzyklone* erkennt man auch auf der Nordhalbkugel mit einem Kern westlich der Britischen Inseln. Nach Osten und Süden erscheint sie von Wolkenbändern begrenzt. Ein solches Band verläuft von Irland nach Frankreich mit einem Ausläufer über Spanien. Dieser setzt sich dann nach Westen in ein Band fort, das bis weit über den Atlantik hinaus führt. Insgesamt handelt es sich um ein großes Frontensystem, das an mehreren Stellen recht dicke Wolken besitzt. Letztere zeigen an, wo sich an diesem Band kleine Zyklonen – das sind Mesozyklonen mit Durchmessern von weniger als 1 000 km – befinden.

Die große Zyklone über der Nordhalbkugel sieht man noch besser auf dem im sichtbaren Spektralbereich aufgenommenen Satellitenbild 2.3b. Ihre Wolkenfelder erstrecken sich von Mitteleuropa bis zum Bildrand ganz oben links, das sind mehr als 3 000 km. Dies „sichtbare" Bild gibt uns in etwa den Eindruck wieder, den ein menschliches Auge hätte, wenn es vom 36 000 km hohen Satelliten hinunterschauen könnte. Der Sand der Sahara erscheint hell, die Ozeanoberfläche dunkel. Die Wolken erscheinen jetzt umso heller, je dichter sie

BILD **2.3a.**
Die Erde, wie sie der geostationäre Satellit Meteosat 7 aus 36 000 km Höhe
im infraroten Spektralbereich sieht.
Zeit der Aufnahme 2. August 1999,
12.00 Uhr UTC. Copyright EUMETSAT

BILD 2.3b.
Die Erde, wie sie der geostationäre Satellit Meteosat 7 aus 36 000 km Höhe
im sichtbaren Spektralbereich sieht.
Zeit der Aufnahme 2. August 1999,
12.00 Uhr UTC. Copyright EUMETSAT

sind. Besonders weiße Wolken erkennt man so in den Zentren der Cloud Cluster der Innertropischen Konvergenzzone und in der Mesozyklone über Südfrankreich. Vertieft man sich weiter in dieses Bild, so sieht man, dass die ITCZ eine wellenförmige Struktur besitzt mit einer Wellenlänge von vielen tausend Kilometern, dass die tiefen, wärmeren Wolken über den Ozeanen aus vielen kleinen konvektiven Elementen bestehen, die aber immerhin Skalen bis zu einigen 10 km aufweisen. Ein Fischgräten-Wolkenmuster liegt in der Mitte des Südatlantik. Östlich davon gibt es ein Gebilde, das einer Fledermaus gleicht; das sind sehr flache und strukturlose Stratus-Wolken über dem kalten Wasser des Benguela-Stromes. Weiter nördlich liegt ein noch viel größeres Gebiet eines solchen „Hochnebels". Über den Küsten Südarabiens sieht man Wolken, die aus der Seewind- und Hangzirkulation entstanden sind. Ähnliches erkennt man auf der West-, Nord- und Ostseite des Viktoria-Sees. Es gibt also bei solchen „Blicken von oben in die Erdatmosphäre" sehr viel zu entdecken, viele Zirkulationssysteme von sehr unterschiedlicher Skala. Hier sei nur noch auf den gewaltigen antarktischen Kaltluftausbruch auf der Rückseite des südlich von Afrika liegenden großen Tiefs hingewiesen. Man sieht (vor allem auf Bild 2.3b) eine düsenartige, nach Norden gerichtete Strömung, die von zwei dicken, lang gezogenen Wolkenwülsten begrenzt wird. Das ganze Phänomen ist in West-Ost-Richtung etwa 600 km breit.

2.3
DER LUFTDRUCK

Wir beschäftigen uns jetzt mit dem Luftdruck, der in einem äußerst engen Zusammenhang mit dem oben bereits ausführlich benutzten Begriff der Luftbewegung steht.

Druck ist Kraft pro Flächeneinheit. Wirkt die gleiche Kraft, z. B. ein bestimmtes Gewicht, auf zwei verschieden große Flächen, dann ist der Druck auf der kleineren Fläche größer als der auf der größeren. Steht eine Frau auf bloßen Füßen, dann übt sie einen kleineren Druck aus als stünde sie auf Pfennigabsätzen.

Druck ist Kraft pro Fläche.

Ein Kubus Wasser mit dem Volumen $V = 1\,\mathrm{m}^3$ und der Masse $M = 1\,\mathrm{t} = 1000\,\mathrm{kg}$ übt auf seine Unterlage eine Kraft K aus, weil er der Schwerebeschleunigung der Erde $g = 9{,}81\,\mathrm{m\,s^{-2}}$ unterliegt. Diese Kraft (man spricht von der Schwerkraft) errechnet sich aus dem Produkt aus der Masse M multipliziert mit der Beschleunigung g, also

$$K = Mg = 1000\,\mathrm{kg} \cdot 9{,}81\,\frac{\mathrm{m}}{\mathrm{s}^2} = 9810\,\mathrm{kg}\,\frac{\mathrm{m}}{\mathrm{s}^2} = 9810\,\mathrm{N}$$

Diese Kraft nennen wir auch das Gewicht. In der Physik wird die Kraft-Einheit $\mathrm{kg\,m\,s^{-2}}$ mit $\mathrm{N} = \mathrm{Newton}$ bezeichnet.

Der Zusammenhang von Masse M, Dichte ρ und Volumen V lässt sich durch $M = \rho V$ beschreiben. Zum Beispiel besitzt Wasser die Dichte $\rho = M/V = 1000\ \mathrm{kg\,m^{-3}}$.

Nun errechnen wir den Druck p des Kubus Wasser auf seine Unterlage als Kraft K dividiert durch die Auflagefläche F zu

$$p = \frac{K}{F} = \frac{9810\ \mathrm{kg}\frac{\mathrm{m}}{\mathrm{s^2}}}{1\ \mathrm{m^2}} = 9810\ \frac{\mathrm{kg}}{\mathrm{m s^2}} = 9810\ \mathrm{Pa}$$

In der Physik wird die Druck-Einheit $\mathrm{kg\,m^{-1}\,s^{-2}}$ mit Pa = Pascal bezeichnet.

Mit der Dichte ρ und der Höhe h des Kubus können wir auch schreiben

$$p = \frac{\rho V g}{F} = \rho g h = \frac{1000\ \mathrm{kg}}{\mathrm{m^3}} \cdot 9{,}81\ \frac{\mathrm{m}}{\mathrm{s^2}} \cdot 1\ \mathrm{m} = 9810\ \mathrm{Pa}$$

Die Formulierung $p = \rho g h$ ist unabhängig davon, wie groß die Auflagefläche ist (die Bezugsfläche steckt natürlich in $\rho h = (M/V)h = M/F$). Sie sagt, dass der Druck einer Flüssigkeitssäule auf ihre Unterlage von der Höhe der Flüssigkeit h, ihrer Dichte ρ und natürlich der Schwerebeschleunigung g abhängt, s. auch Bild 2.4.

Damit lässt sich nun leicht der Druck einer Luftsäule von $h = 10$ m auf ihre Unterlage ausrechnen. Mit der Dichte der Luft in Bodennähe (d. i. $\rho_{\text{Luft in Bodennähe}} \approx 1\ \mathrm{kg\,m^{-3}}$, das ist nur ein Tausendstel der Dichte des Wassers), erhalten wir

$$p = \rho g h = \frac{1\ \mathrm{kg}}{\mathrm{m^3}} \cdot 9{,}81\ \frac{\mathrm{m}}{\mathrm{s^2}} \cdot 10\ \mathrm{m} = 98{,}10\ \mathrm{Pa} = 0{,}981\ \mathrm{hPa} \approx 1\ \mathrm{hPa}$$

(h = hekto; 1 hPa = 100 Pa). Die Angaben des Luftdruckes in hPa kennen wir aus dem Wetterbericht und der Wetterkarte.

Hier wurde das im Vorwort gegebene Versprechen, auf Formeln zu verzichten, gebrochen. Dieses Beispiel möge aber veranschaulichen, welche großen Vorteile von Klarheit und Einfachheit die Formelsprache gegenüber langen verbalen Erklärungen besitzt.

Der Luftdruck an der Erdoberfläche ist der Druck, den die gesamte Luftsäule auf ihre Unterlage ausübt, das sind etwa 1000 hPa. Der genaue Mittelwert (gemittelt über die ganze Erdoberfläche) des Luftdruckes in Meeresniveau (man sagt auch in Normal-Null = NN) beträgt 1013,25 hPa. Wäre die Dichte der Atmosphäre in allen Höhen konstant und so groß wie die in Bodennähe, dann wäre die Atmosphäre nach oben scharf begrenzt und etwa 10 km hoch. Die Dichte nimmt aber mit der Höhe ab. In 5 km Höhe beträgt sie nur noch etwa 0,7 kg m^{-3}, in 10 km 0,4 kg m^{-3}. Für den Luftdruck in 5 km Höhe kann man als Faustwert 500 hPa, in 10 km 250 hPa angeben. Also: vom

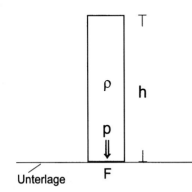

BILD 2.4.
Zur Erläuterung des Druckes, den eine Flüssigkeits- oder eine Gassäule infolge der Schwerkraft auf ihre Unterlage ausübt.
F = Querschnittsfläche der Säule
h = Höhe der Säule
V = Fh = Volumen der Säule
ρ = Dichte der Flüssigkeit bzw. des Gases
M = ρV = gesamte Masse der Säule
g = Schwerebeschleunigung der Erde
Mg = Schwerkraft der Säule
= ihr Gewicht.
Der Druck auf die Unterseite ist

$$p = \frac{Mg}{F} = \rho g \frac{V}{F} = \rho g h$$

Bodenwert von 1 000 hPa ausgehend, nimmt der Luftdruck etwa alle 5 000 m um die Hälfte ab. Wir sollten noch betonen, dass wir zwar hier ein Verständnis für den Luftdruck aus der auf die Unterlage einer vertikalen Luftsäule wirkenden Kraft aufbauen, dass aber der Luftdruck eine nicht nur nach unten wirkende Kraft pro Flächeneinheit ist, sondern in alle Richtungen wirkt wie z. B. der Druck in einem Luftreifen.

Für die Änderung des Luftdrucks mit der Höhe z wurden oben bereits grobe Werte für $z = 5$ km und $z = 10$ km genannt. Der Luftdruck erfährt eine Änderung Δp, wenn man um ein Höhenintervall Δz nach oben geht. Er nimmt mit der Höhe ab. Nach den obigen Überlegungen gilt einfach $\Delta p = -\rho g \Delta z$.

Eine unmittelbare Anwendung der hier eingeführten physikalischen Größe Luftdruck finden wir täglich im Wetterbericht und in den Wetterkarten. Bild 2.5 zeigt ein Beispiel einer Boden- und einer Höhenwetterkarte. In der Bodenwetterkarte (Bild 2.5 unten) sind Linien gleichen Luftdrucks, in der Fachsprache *Isobaren* genannt, eingezeichnet und mit Zahlenwerten des Druckes in hPa versehen. Die Druckwerte einer Bodenwetterkarte gelten immer für NN = Normal-Null; das ist die mittlere Höhe des Meeresniveaus, im Englischen Mean Sea Level = MSL. Dort, wo man nicht in NN messen kann, weil die Erdoberfläche höher liegt, sind die Werte mit einer der obigen Formel für Δp ähnlichen Beziehung auf NN herunter gerechnet, man sagt „reduziert". Nur durch diese Methode des Bezugs auf NN erhält man ein für die jeweilige Wetterlage aussagekräftiges Bild, wie wir es auf der Karte sehen. Würde man die an der wirklichen Erdoberfläche – die ja sehr unterschiedlich hoch liegen kann – gemessenen Luftdruckwerte verwenden, dann ergäbe sich eine sehr stark vom Relief der Erdoberfläche dominierte Darstellung. Das ist aber nicht erwünscht.

In der Bodenwetterkarte erkennt man ein Tief mit einem Kerndruck von weniger als 975 hPa südöstlich von Island. Hoher Luftdruck erstreckt sich von den Azoren bis zum Schwarzen Meer mit Kerndrucken von über 1 030 hPa. Eine Warmfront (runde Symbole) verläuft von der Nordsee bis in den Nordosten Deutschlands, eine Kaltfront (spitze Symbole) folgt über den Britischen Inseln nach. Bei engem Isobarenabstand herrschen im Seegebiet zwischen den Britischen Inseln und Island weiträumig mittlere (10 min-Mittel) Windstärken zwischen 15 und 25 m s^{-1}, das entspricht nach Tabelle 2.2 stürmischem Wind und Sturm der Beaufort-Grade 8 und 9. In Böen kann die Windstärke noch deutlich über diesen Werten liegen. Im Gegensatz zu diesem Sturmtief sorgt das Hoch über Mitteleuropa für ruhiges Wetter. Allerdings gibt es ein weiteres, wenn auch nicht besonders wetterwirksames Tief im westlichen Mittelmeer; es ist durch keine Isobare in der Bodenwetterkarte des unteren Bildes belegt, erscheint in der Höhenwetterkarte aber sehr deutlich.

BILD 2.5. ▶
Die Wetterlage vom 13. 06. 2000, 00.00 Uhr UTC. *Unten:* Bodenwetterkarte; *oben:* Höhenwetterkarte. Die Wetterlage zeigt einen Tiefdruckkern (T) über dem Seegebiet zwischen Island und Schottland und eine Hochdruckbrücke mit einigen Hochdruckkernen (H), die sich von den Azoren bis zum Schwarzen Meer erstreckt. Die *ausgezogenen Linien* in der Bodenwetterkarte sind Isobaren (im Abstand von 5 hPa gezeichnet) in NN = Normal Null = MSL = Mean Sea Level, in der Höhenwetterkarte Isolinien der Höhe der 500 hPa-Fläche über NN in m. Die *gestrichelten Linien* der Höhenwetterkarte sind Linien gleicher Temperatur (Isothermen) in °C. In der Bodenwetterkarte erkennt man dick ausgezogen „Fronten" (Näheres s. Abschn. 2.8.3); runde Symbole kennzeichnen Warmfronten, hier dringt wärmere gegen kältere Luft vor; spitze Symbole kennzeichnen Kaltfronten, an denen kältere gegen wärmere Luft vordringt. Weitere Informationen zu diesen Frontensymbolen findet der Leser in Abschn. 6.2. Die unterschiedlichen Schattierungen zeigen, wo es abhängig von der Stärke des Luftdruckgefälles unterschiedlich starke Winde in der Nähe der Erdoberfläche gibt. Die Grauskala an der rechten Seite des unteren Bildes gibt Wertebereiche der mittleren Windstärke (10 min-Mittel) in m s^{-1} an. Bilder: K. Born (Meteor. Inst. Univ. Bonn) aus Analysen mit dem globalen Modell des Deutschen Wetterdienstes

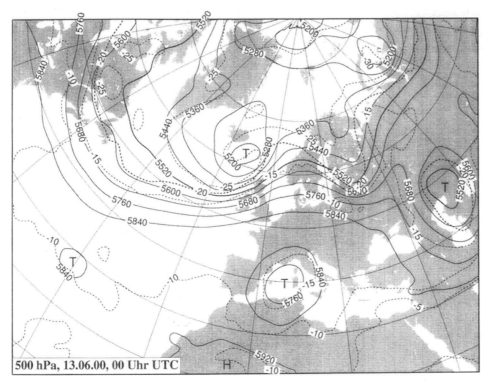

500 hPa, 13.06.00, 00 Uhr UTC

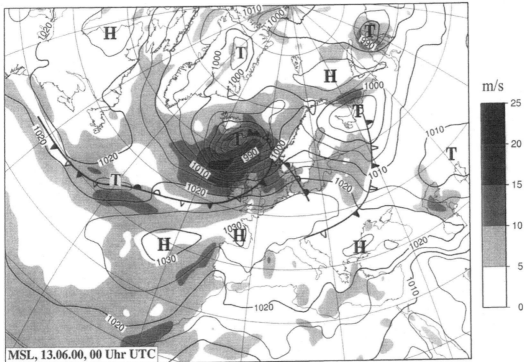

MSL, 13.06.00, 00 Uhr UTC

m/s

25

20

15

10

5

0

Allgemein gilt, je stärker das Druckgefälle ist, d. h., je enger die Isobaren auf der Wetterkarte zusammen liegen, umso stärker weht dort der Wind. In Abschn. 2.5 wird dies näher erklärt. Die Richtung des Windes in der Bodenwetterkarte verläuft etwa parallel zu den Isobaren mit einer über dem Meer kleinen, über Land aber größeren Komponente zum tieferen Luftdruck hin. Dabei wird auf der Nordhalbkugel ein Tief im Gegenuhrzeigersinn, ein Hoch aber im Uhrzeigersinn umströmt. Das bedeutet z. B. vorherrschenden Westwind im Süden eines Tiefs und im Norden eines Hochs.

Die hier sichtbaren Druckunterschiede sind schon recht beachtlich, aber noch weit weg von den Extremwerten, die in NN vorkommen können. In Extremfällen kann ein winterliches Mittelbreitentief (s. Kap. 6) einen Kerndruck von nur 910 hPa aufweisen, eine Tropische Zyklone (s. Kap. 5) sogar Werte von deutlich unter 900 hPa erreichen. Dies sind dann Sturmwirbel, die große Gefahren bringen. Im winterlichen Kältehoch Innerasiens können Kerndrucke in NN von bis zu 1085 hPa beobachtet werden. Man sieht, welche gewaltigen Druckunterschiede in der Atmosphäre möglich sind.

Die Isolinien in der Höhenwetterkarte des Bildes 2.5 (oben) sind keine Isobaren, sondern Höhenlinien – wie auf einer Landkarte, wo solche Linien gleicher Höhe angeben, wie hoch die Landoberfläche über NN liegt. Die Isolinien der Höhenwetterkarte kennzeichnen die Höhe über NN in m, in der der Luftdruck 500 hPa beträgt. Wir sprechen deshalb von einer 500 hPa-Höhenwetterkarte. Sie gibt die Verhältnisse in etwa 5000 m Höhe wieder. Die Zahl 5520 in Bild 2.5 (oben) kennzeichnet so die Höhe von 5520 m. Man kann diese Karte aber auch so lesen, als ob die Isolinien Isobaren wären. Denn dort, wo in der Karte eine große Höhe der 500 hPa-Fläche angegeben wird, ist der Luftdruck in 5000 m hoch, wo eine niedrige Höhe der Druckfläche verzeichnet wird, ist er niedrig. Die Druckgebilde der Bodenwetterkarte von Bild 2.5 (unten) sind auch in der Höhenkarte von Bild 2.5 (oben) zu erkennen. In ihr sieht man aber vor allem eine breite, von WSW kommende Strömung zwischen dem Islandtief und dem Azorenhoch. Sie verläuft parallel zu den eben erklärten Höhenlinien der 500 hPa-Fläche.

Es interessiert auch, wie der Luftdruck in NN *im zeitlichen Mittel* auf der Erde verteilt ist. Um eine Karte des langjährig gemittelten Luftdruckes in NN z. B. für den Monat Januar zu erhalten, mittelt man für jede Station die Luftdruck-Werte aller Januartage von 40 aufeinander folgenden Jahren, man addiert also die 31 × 40 Werte und dividiert das Ergebnis durch 1240. Das ergibt, wie Bild 2.6a zeigt, ein charakteristisches Verteilungsmuster hohen und tiefen Luftdrucks. In

Bild 2.6b wird dasselbe für den Monat Juli gezeigt. So sehen wir hier Darstellungen des mittleren (man sagt auch klimatologischen) Bodenluftdrucks für Januar (Winter der Nordhalbkugel und Sommer der Südhalbkugel) und Juli (Sommer der Nordhalbkugel und Winter der Südhalbkugel). Zusätzlich zu den Isobaren sind auch Windpfeile eingezeichnet. In Abschn. 2.5 wird erläutert, wie die Windgeschwindigkeit (ihre Richtung und Stärke) mit dem Verlauf der Isobaren zusammenhängt, genauer mit dem Druckgefälle oder dem Druckgradienten. Die unmittelbare Vorstellung, dass der Wind direkt vom hohen zum tiefen Luftdruck weht, ist auf der sich drehenden Erde nicht richtig. Wegen der Erdrotation kommt die *Corioliskraft* ins Spiel. Dadurch weht der Wind in der Freien Atmosphäre (frei von den Reibungseinflüssen in der Nähe der Erdoberfläche) in guter Näherung parallel zu den Isobaren und zwar so, dass die Hochs auf der Nordhalbkugel im Uhrzeigersinn, die Tiefs im Gegenuhrzeigersinn umströmt werden. Auf der Südhalbkugel ist es genau umgekehrt. In der Reibungsschicht der Atmosphäre (etwa die untersten 1 000 m; die Reibung ist umso größer, je näher man zum Erdboden kommt) erhält der isobarenparallele Wind dann eine Komponente aus dem Hoch heraus und ins Tief hinein. Gerade dies sehen wir sehr deutlich an den Windpfeilen (gültig für eine Höhe von 10 m) der beiden gezeigten Karten.

Der mittlere Luftdruck nahe der Erdoberfläche zeigt eine sehr deutliche Abhängigkeit von der geographischen Breite, die man besonders auf der Südhalbkugel erkennt, wo es weniger Störungen durch die Land-Wasser-Verteilung gibt.

In beiden Bildern 2.6a und 2.6b sehen wir die für die bodennahe Atmosphäre typische Abfolge hohen und tiefen Luftdrucks mit der geographischen Breite: relativ niedriger Luftdruck am Äquator, hoher Luftdruck in den Subtropen (bei etwa 30° Breite), dann tiefer Luftdruck in den Mittelbreiten (bei etwa 60°) und wieder höherer Luftdruck an den Polen. Auf der Südhalbkugel erstrecken sich diese Zonen mehr bandartig um die ganze Erde, die Bänder sind leicht gestört durch die Kontinente Südamerika, Südafrika und Australien. Auch die Antarktis sorgt für einige Unregelmäßigkeiten. Auf der Nordhalbkugel gibt es viel mehr Land als auf der Südhalbkugel. So drückt dort die Land-Wasser-Verteilung beiden Bildern deutliche Stempel auf. Besonders eindrucksvoll erscheinen die Gebiete hohen Luftdruckes über den Landmassen im Winter; im Sommer findet sich dort tiefer Luftdruck. Das sind Kältehochs (z. B. über dem winterlichen Sibirien) und Hitzetiefs. Das Tiefdruckband der Mittelbreiten erscheint im Winter der Nordhalbkugel degeneriert zu zwei Tiefdruckkernen, die man Islandtief und Aleutentief nennt. Bei den Hochdruckgebieten der Nordhalbkugel gibt es im Winter drei Zellen. Das sind die über dem asiatischen und nordamerikanischen Kontinent und das Azorenhoch.

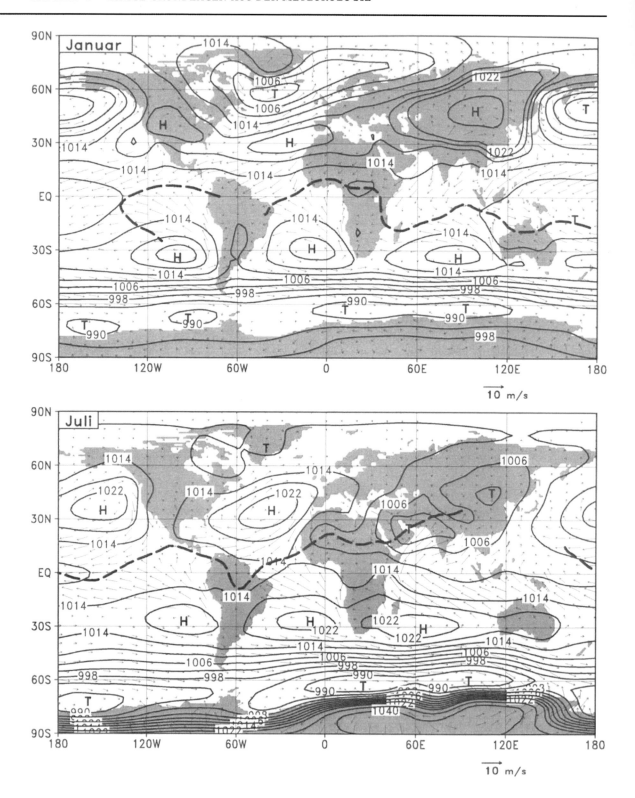

Bei der Windverteilung lassen sich in beiden Bildern 2.6a und 2.6b sehr schön die aus dem südatlantischen Hoch zum Äquator ausströmenden Süd-Ost-Winde (SO-Winde) und die aus dem Azorenhoch ebenfalls zum Äquator ausströmenden NO-Winde erkennen. Diese Winde nennt man SO-Passat und NO-Passat. Sie treffen in der Nähe des Äquators aufeinander, sie konvergieren. Als Folge davon wird die Luft zum Aufsteigen gezwungen. Die Konvergenzzone ist in den Bildern dick gestrichelt. Sie heißt Innertropische Konvergenzzone (ITCZ). Sie erstreckt sich im Prinzip um die ganze Erde, was auch für die NO- und SO-Passate gilt. Allerdings ist das Schema durch die Land-Wasser-Verteilung an einigen Stellen stark modifiziert, so vor allem im Sommer im südlichen Teil Asiens. Dort erscheint die ITCZ bis über den 30. Breitengrad nach Norden verschoben, und über dem Indischen Ozean gibt es einen breiten, von SW kommenden Luftstrom mit großer Windstärke, der auf seinem weiteren Weg den indischen Subkontinent überflutet. Das ist der indische Sommermonsun. Im Winter findet sich dort ein deutlich schwächerer NO-Wind, der indische Winter-Monsun an der Südseite des mächtigen asiatischen Kältehochs. Das Wort Monsun bedeutet Wind mit jahreszeitlichem Wechsel; wir sehen, wie ausgeprägt dieser hier vorliegt. Zwei weitere sehr bekannte Monsungebiete sind die im südlichen Teil von Westafrika (SW-Wind im Sommer und NO-Wind im Winter) und in Ostasien. Der ostasiatische Wintermonsun auf der Ostseite des großen asiatischen Kältehochs ist eine starke, kalte NW-Strömung, der ostasiatische Sommermonsun auf der Ostseite des asiatischen Hitzetiefs ist eine deutlich schwächere südliche Strömung. Der Leser möge noch mehr interessante Gegebenheiten auf diesen klimatologischen Luftdruck- und Windkarten entdecken und versuchen, sie zu verstehen. Er kann auch die Beziehung zu Bild 2.3 herstellen. Letzteres ist eine Momentaufnahme, auf der man teilweise erkennt, wie sich die klimatologischen Zustände in der Einzelsituation widerspiegeln.

2.4
DER WIND UND SEINE AUSWIRKUNGEN

Die *Windgeschwindigkeit* ist die Geschwindigkeit, mit der sich die Luft bewegt. Wir haben es hier mit einer gerichteten Größe zu tun, einem Vektor, mit Richtung und Stärke. In diesem Sinne unterscheiden wir beim *Vektor Windgeschwindigkeit* (er wird dargestellt durch einen Pfeil) die Begriffe *Windstärke* (repräsentiert durch die Länge des Pfeils) und *Windrichtung* (Pfeilrichtung). Als Richtung gibt man diejenige an, aus der der Wind kommt; z. B. nennt man den von Westen kommenden Wind Westwind und den vom Meer aufs Land wehenden Seewind.

◀ BILD 2.6.
Langjährige Monatsmittel der Luftdruckverteilung auf der Erde in NN (a) für Januar und (b) für Juli. Außer den Isobaren zeigen die Bilder auch die langjährigen Monatsmittel der bodennahen Windgeschwindigkeit in 10 m Höhe und *(fett gestrichelt)* die mittlere Lage der Innertropischen Konvergenzzone (ITCZ) in den betreffenden Monaten. Ein Maßstab für die Pfeillänge, die einer Windstärke von 10 m s^{-1} entspricht, ist unter den beiden Teilbildern dargestellt. Die Daten stammen aus den für die 40 Jahre von 1957 bis 1996 durchgeführten Re-Analysen von Kalnay et al. (1996). Bild: H. Mächel (Meteor. Inst. Univ. Bonn)

Der Vektor Windgeschwindigkeit wird häufig durch das Symbol $\vec{v}$ gekennzeichnet. Der über dem v stehende kleine Pfeil zeigt, dass ein Vektor gemeint ist. Wir können den Vektor Windgeschwindigkeit in seine Komponenten zerlegen, z. B. in eine W→E, eine S→N und eine nach oben gerichtete. Die beiden ersteren bilden zusammen den Horizontalwind. Bei letzterer sprechen wir vom Vertikalwind. Dieser ist in allen Wettersystemen von sehr großer Bedeutung, weil beim Aufsteigen der Luft Wolken und Niederschlag entstehen und weil durch ihn die Atmosphäre vertikal verzahnt wird. Die Zerlegung in Vektor-Komponenten ist in Bild 2.7 erläutert. Die Einheit, in der wir die Windstärke angeben, ist m s^{-1} oder km h^{-1} oder Knoten = Seemeilen h^{-1}.

Der Horizontalwind wirkt mit dem ihm innewohnenden Winddruck auf alle ihm ausgesetzten Gegenstände; über Wasser ist er maßgeblich beteiligt an der Gestaltung der Wellen. Winddruck und Wellenhöhe nehmen mit zunehmender Windstärke zu. Die horizontale Windstärke kann so über ihre Auswirkungen geschätzt werden. Eine derartige Schätzskala hat der englische Admiral Beaufort aufgestellt. Sie ist in Tabelle 2.2 wiedergegeben. Natürlich mißt man heute die Windstärke an vielen Orten, die Standardmesshöhe ist 10 m über der Erdoberfläche. Deshalb lässt sich jedem Beaufort-Grad auch ein Intervall der horizontalen Windstärke *in 10 m Höhe* in den gängigen Geschwindigkeitseinheiten (z. B. in m s^{-1} oder km h^{-1}) zuordnen, wie das auch in Tabelle 2.2 geschehen ist. Es muss hier betont werden, dass

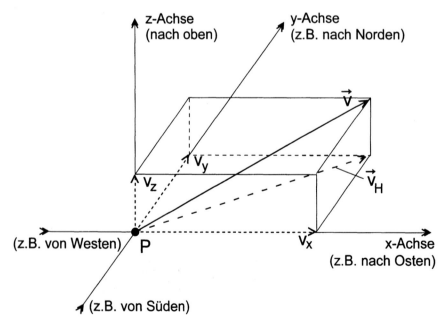

BILD 2.7.
Der in *Punkt P* vorhandene Windvektor $\vec{v}$ *(dick ausgezogen)* und seine drei Komponenten in x-, y- und z-Richtung, das sind v_x, v_y, und v_z. Man kann sich z. B. die x-Richtung als West→Ost-Richtung, die y-Richtung als Süd→Nord-Richtung und die z-Richtung genau nach oben vorstellen. Der *lang gestrichelte Vektor* ist der Horizontalwind $\vec{v}_\mathrm{H}$ mit den Komponenten v_x und v_y

TABELLE 2.2. *Die Beaufort-Skala:* 12-teilige Skala für die horizontale Windstärke nach dem Vorschlag des englischen Admirals und Hydrographen Sir Francis Beaufort (1774–1857) aus dem Jahre 1806. Die Grade 13 bis 17 wurden erst in neuerer Zeit zur Unterteilung der Orkanstufe eingeführt, die ursprüngliche Beaufort-Skala umfasst nur die Grade 0 bis 12. Beaufort hat seine Grade über die Auswirkung der Windstärke auf eine vollgetakelte Fregatte seiner Zeit definiert. Mit der Veränderung der Schiffe ging man dazu über, sie mit den Auswirkungen des Windes auf See zu vergleichen; Beziehungen zu den Auswirkungen auf Land wurden erst später aufgestellt. Die Zuordnung zu bestimmten horizontalen Windstärken erfolgte erst, als man diese zuverlässig messen konnte. Die Auswirkungen auf See beurteilt man nach der Größe und Höhe der Wellen, dem Auftreten von Gischt und anderen Erscheinungen. Dabei wird angenommen, dass die Beobachtung über dem offenen Meer erfolgt und der Wind lange genug geweht hat, um den entsprechenden Zustand des Meeres zu bewirken. Deshalb macht es auch nur Sinn, diesen Zustand des Meeres mit einem zeitlichen Mittel der Windstärke zu korrelieren. In der Praxis der Wetterdienste sind das *10 min-Mittel.* Hier werden nur kurz die Auswirkungen auf Land dargestellt, ebenso die zugeordneten mittleren Windstärken in 10 m Höhe in $m\,s^{-1}$ und $km\,h^{-1}$. Die Umrechnung dieser Werte in Knoten erfolgt nach der Beziehung $1\,m\,s^{-1} = 3{,}6\,km\,h^{-1} = 1{,}94$ Knoten

Beaufort-Grad	Bezeichnung	Auswirkungen des Windes über Land	mittlere Windstärke	
			$m\,s^{-1}$	$km\,h^{-1}$
0	Windstille	Rauch steigt gerade empor	0 – 0,2	0 – 1
1	leiser Zug	Wind durch Zug des Rauches angezeigt	0,3 – 1,5	1 – 5
2	leichte Brise	Wind am Gesicht fühlbar, Blätter säuseln	1,6 – 3,3	6 – 11
3	schwache Brise	Blätter und dünne Zweige bewegen sich	3,4 – 5,4	12 – 19
4	mäßige Brise	Wind hebt Staub und loses Papier, bewegt Zweige und dünne Äste	5,5 – 7,9	20 – 28
5	frische Brise	kleine Laubbäume beginnen zu schwanken	8,0 – 10,7	29 – 38
6	starker Wind	starke Äste in Bewegung, Schwierigkeiten bei der Benutzung von Regenschirmen	10,8 – 13,8	39 – 49
7	steifer Wind	ganze Bäume in Bewegung, fühlbare Hemmung beim Gehen gegen den Wind	13,9 – 17,1	50 – 61
8	stürmischer Wind	bricht Zweige von den Bäumen, erschwert erheblich das Gehen gegen den Wind	17,2 – 20,7	62 – 74
9	Sturm	kleinere Schäden an Häusern, Dachziegel werden abgeworfen	20,8 – 24,4	75 – 88
10	schwerer Sturm	entwurzelt Bäume, bedeutende Schäden an Häusern	24,5 – 28,4	89 – 102
11	orkanartiger Sturm	verbreitete Sturmschäden	28,5 – 32,6	103 – 117
12	Orkan	verwüstende Wirkung	32,7 – 36,9	118 – 133
13			37,0 – 41,4	134 – 149
14			41,5 – 46,1	150 – 166
15			46,2 – 50,9	167 – 183
16			51,0 – 56,0	184 – 201
17			56,1 –	202 –

die den Beaufort-Graden zuzuordnenden Windstärken zeitliche Mittelwerte sind, nach den Regeln der Wetterdienste *10 min-Mittel*.

Der Wind ist eine sehr *stark schwankende Größe*. Wenn wir ihn an einer Stelle (z. B. 2 m über der Erdoberfläche) fühlen oder messen, dann stellen wir fest, dass er sich ständig – quasi von Sekunde zu Sekunde – ändert, und zwar in seiner Richtung *und* in seiner Stärke. Bei stärkeren Winden nennen wir diese Eigenschaft *Böigkeit*. Das Schwanken des Windes erfolgt um einen Mittelwert, z. B. können wir ein Zehnminuten-Mittel feststellen. Die Schwankungen sind häufig so groß, dass ein einzelner Windstoß – eine Bö – mehr als doppelt so stark sein kann wie der mittlere Wind. So beobachtet man bei einem mittleren Wind der Windstärke 8 der Beaufort-Skala (s. Tabelle 2.2), das ist ein „stürmischer Wind" mit mittleren Windstärken zwischen 62 und 74 km h^{-1}, durchaus Böen von mehr als 100, ja sogar 120 km h^{-1}. Bei dem zerstörerischen Potential solcher Böen kommt es nun wieder darauf an, wie lange eine solche Bö andauert, in welcher Häufigkeit solch starke Windstöße aufeinanderfolgen und aus welchen Richtungen sie kommen. Man sieht aus diesen kurzen Erörterungen, dass es mit der einfachen Angabe einer Windstärke nicht getan ist, weil der vektorielle, ständig schwankende Wind eine recht komplizierte physikalische Größe ist. Um dies zu veranschaulichen, zeigt Bild 2.8 eine Windregistrierung, in der man erkennt, wie Windstärke (links) und Windrichtung (rechts) ständigen Schwankungen unterliegen; s. dazu auch Anhang B.

Der Wind bringt so für alle ihm ausgesetzten Gegenstände eine ständig schwankende Belastung, die dann noch mit dem Schwingverhalten des Gegenstandes, z. B. eines Baumes, zusammenwirkt. Der Baum ist also nicht nur einem Winddruck ausgesetzt, der der mittleren horizontalen Windstärke entspricht. Vielmehr wird er durch die Böen auch noch aufgeschaukelt und kann gerade durch diese periodisch wirkenden Kräfte zu Fall gebracht werden. Eines der eindrucksvollsten Beispiele für diese dynamisch wirkenden Windkräfte ist die Zerstörung der ersten Hängebrücke über die Tacoma Narrows nahe der Stadt Tacoma im Staate Washington im Nordwesten der USA im Jahre 1940, s. Bild 2.9.

Der Winddruck selbst ist proportional der Querschnittsfläche des Gegenstandes, an dem er angreift, dem Quadrat der Windstärke und einem Formfaktor.

Die mit dem Wind verbundenen Luftdruckschwankungen betreffen nicht nur den Staudruck im Luv des angeströmten Hindernisses. Es bilden sich vielmehr im Lee Unterdrucke bis zu einigen hPa. Wir spüren dies immer dann, wenn im Haus Fenster an verschiedenen Seiten offenstehen und es grimmig zieht. Typisch ist der Unterdruck bei Überströmen eines Dachfirstes durch Winde von Sturmstärke. Der

Wind ist ein sehr komplexes Phänomen, ständig schwankend in Richtung und Stärke.

Das Auftreten einzelner Böen bis zu 120 km h^{-1} rechtfertigt nicht, von einem „Orkan" zu sprechen.

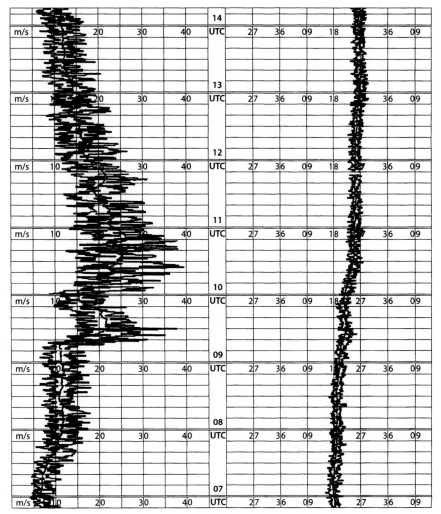

BILD 2.8.
Windregistrierung an der Station Lahr (Baden) am 26.12.1999 zwischen 7.00 und 14.00 Uhr UTC. Zu dieser Zeit zog der Sturm „Lothar" (s. dazu auch Kap. 6) über Süddeutschland und die Schweiz hinweg. *Linkes Teildiagramm:* Windstärke, Skala in m s⁻¹; *rechtes Teildiagramm:* Windrichtung, Skala nach der 36-teiligen Windrose mit 36 = 0 = Nord, 09 = Ost, 18 = Süd, 27 = West. Innerhalb der beiden sehr unruhigen Kurvenzüge der aktuellen Windstärke und Windrichtung erkennt man die ruhigeren Kurven der 10 min-Mittel dieser Größen. Das 10 min-Mittel von 17 m s⁻¹ (untere Grenze von Beaufort 8) wurde zwischen 9.20 Uhr UTC und 12.20 Uhr UTC fast durchwegs überschritten. Quelle: Deutscher Wetterdienst

Unterdruck sorgt dafür, dass die Dachziegel quasi abgesaugt werden und so ein großer Schaden an der Dachbedeckung entstehen kann.

Die Wirkungen des Windes auf ein Flugzeug (s. Bild 2.10) sind von ganz anderer Art, da sich das Flugzeug relativ zu der mit der Windgeschwindigkeit $\vec{v}$ strömenden umgebenden Luft bewegt. Es erhält seinen Auftrieb entsprechend seiner Geschwindigkeit relativ zur umgebenden Luft $\vec{v}_{\text{Luft}}$ (auch Fluggeschwindigkeit oder true air speed genannt). Die Geschwindigkeit des Flugzeugs relativ zur Erdoberfläche $\vec{v}_{\text{Boden}}$ (auch Bahngeschwindigkeit oder ground speed genannt) setzt sich so aus der Windgeschwindigkeit $\vec{v}$ und der Relativgeschwindigkeit zur umgebenden Luft $\vec{v}_{\text{Luft}}$ zusammen entsprechend der Formel $\vec{v}_{\text{Boden}} = \vec{v}_{\text{Luft}} + \vec{v}$.

BILD 2.9.
Die erste Tacoma Narrows Hängebrücke, vom Wind in Schwingungen
versetzt. Auf diese Weise wurde sie
schließlich zerstört. Quelle:
www.enm.bris.ac.uk

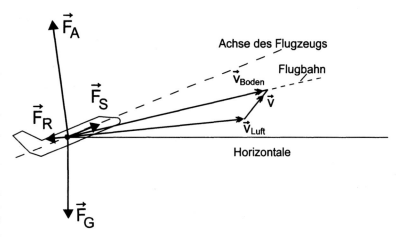

BILD 2.10.
Die auf ein Flugzeug wirkenden Kräfte *(dick ausgezogen)*. Kräfte sind auch Vektoren. Deshalb ist das hier benutzte Kraftsymbol *F* auch mit einem über dem *F* stehenden Pfeil versehen. Die Auftriebskraft $\vec{F}_A$ hängt von der Geschwindigkeit des Flugzeugs relativ zur umgebenden Luft $\vec{v}_{Luft}$ ab und steht senkrecht auf dieser. Die Reibungskraft $\vec{F}_R$ verläuft entgegen $\vec{v}_{Luft}$, die Schubkraft $\vec{F}_S$ in der Achse des Flugzeugs und die Schwerkraft $\vec{F}_G$ vertikal nach unten. Die Geschwindigkeit des Flugzeugs relativ zur Erdoberfläche $\vec{v}_{Boden}$ errechnet sich mit der Windgeschwindigkeit $\vec{v}$ aus $\vec{v}_{Boden} = \vec{v}_{Luft} + \vec{v}$. Die so definierten Geschwindigkeiten sind im Bild *dünn ausgezogen* dargestellt, die Kräfte *dick ausgezogen*, allerdings alles nur zweidimensional

Der Begriff *Windscherung* bezeichnet in der Luftfahrt eine Änderung des Windgeschwindigkeitsvektors entlang der Flugbahn.

Ein Flugzeug fliegt solange ungestört, wie sich das umgebende Windfeld, also das Feld der Windgeschwindigkeit $\vec{v}$, entlang der Flugbahn nicht ändert. Eine Änderung der Windgeschwindigkeit $\vec{v}$ entlang der Flugbahn wird in der Luftfahrt als Windscherung bezeichnet. Eine solche Scherung kann eine Änderung der Vertikalwindkomponente sein, ein sehr unangenehmer Vorgang, wenn das Flugzeug plötzlich in einen starken Fallwind hineingerät. Genauso kann ein starker Seitenwind auftreten, was besonders im Landeanflug sehr gefährlich ist. Eine weitere Möglichkeit ist das plötzliche Auftreten eines Rückenwindes, wodurch das Flugzeug an Auftrieb verliert, was wiederum in der Start- und Landephase kritisch sein kann. Eine rasche Zunahme des von vorne kommenden Windes erhöht den Auftrieb, was im Landeanflug nicht erwünscht ist, weil dadurch die Gefahr besteht, dass das Flugzeug erst hinter der Landebahn aufsetzt.

Windscherungen sind vielfacher Natur. Einmal sind es einfach große Wirbel, die in die mittlere Strömung eingelagert sind. Diese treten in allen Höhen auf, z. B. in der Nähe des Erdbodens wegen des Einflusses der Bodenreibung und der vielfältigen Landschaftsstrukturen auf den Wind. In größeren Höhen gibt es sie z. B. im Strahlstrom in 10 000 m Höhe in vollkommen wolkenfreier, klarer Luft als Clear Air Turbulence (CAT). Selbstverständlich tritt sehr starke Turbulenz in Gewittern auf, vor allem in den starken Auf- und Abwinden und insbesondere dort, wo beide eng benachbart sind (s. dazu Kap. 4). Der Pilot meidet deshalb solche Zonen. Bild 2.11 veranschaulicht die Wirkung von Windscherungen auf Flugzeuge. Dort ist neben dem Beispiel „Wirbel, Turbulenz" in Teilbild a auch die mögliche Wirkung eines starken Fallwindes, wie er in Gewittern auftritt, als Teilbild b dargestellt. In Teilbild c geht es um die Wirkung eines bodennahen Strahlstroms, auch Grenzschicht-Strahlstrom oder Low

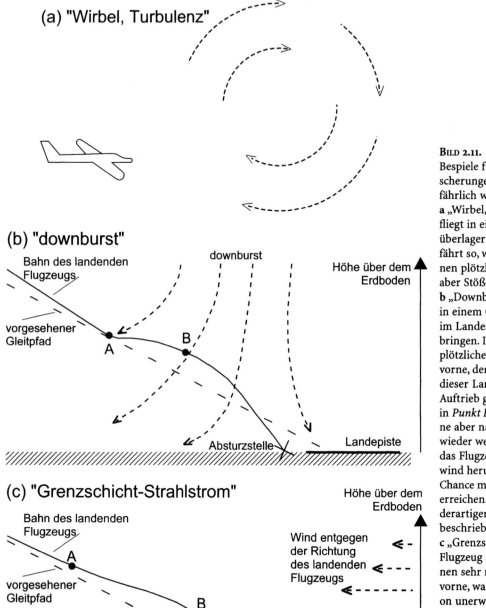

(a) "Wirbel, Turbulenz"

(b) "downburst"

Bahn des landenden Flugzeugs

downburst

Höhe über dem Erdboden

vorgesehener Gleitpfad

A

B

Absturzstelle

Landepiste

(c) "Grenzschicht-Strahlstrom"

Höhe über dem Erdboden

Bahn des landenden Flugzeugs

A

vorgesehener Gleitpfad

B

Wind entgegen der Richtung des landenden Flugzeugs

Absturzstelle

Landepiste

BILD 2.11.
Beispiele für das Auftreten von Windscherungen, die einem Flugzeug gefährlich werden können.
a „Wirbel, Turbulenz": Das Flugzeug fliegt in einen dem mittleren Wind überlagerten Wirbel hinein und erfährt so, wie es hier gezeichnet ist, einen plötzlichen Auftrieb, kurz darauf aber Stöße von verschiedenen Seiten.
b „Downburst": Ein starker Fallwind in einem Gewitter kann ein Flugzeug im Landeanflug in große Bedrängnis bringen. In *Punkt A* erfährt es einen plötzlichen starken Zusatzwind von vorne, der ihm einen plötzlichen, in dieser Landephase unerwünschten Auftrieb gibt. Der Pilot steuert gegen, in *Punkt B* lässt dieser Wind von vorne aber nach, was den Zusatzauftrieb wieder wegnimmt. Zudem wird nun das Flugzeug durch den starken Fallwind herunter gedrückt und hat keine Chance mehr, sicher die Landebahn zu erreichen. Ein wirklich eingetretener derartiger Fall wird in Abschn. 4.2.1 beschrieben.
c „Grenzschicht-Strahlstrom". Das Flugzeug erfährt im Landeanflug einen sehr rasch wachsenden Wind von vorne, was ihm einen in dieser Situation unerwünschten Auftrieb gibt *(Punkt A)*. Dem Piloten gelingt es nicht, bis zu *Punkt B*, in dem das Maximum des Jets erreicht wird, zum Gleitpfad zurück zu kehren. Hier sollte er durchstarten, denn nun nimmt der Wind von vorne stark ab, das Flugzeug verliert Auftrieb und erreicht die Landebahn nicht

Level Jet genannt. Im Maximum kann die Windstärke um vieles höher sein (bis zu mehr als 10 m s^{-1}) als in den Schichten darüber, womit der Pilot des landenden Flugzeugs normalerweise nicht rechnet.

Häufig ist die Windgeschwindigkeit $\vec{v}$ klein im Vergleich zur Geschwindigkeit des Flugzeugs relativ zur umgebenden Luft $\vec{v}_{\text{Luft}}$, und die Geschwindigkeit des Flugzeugs relativ zum Boden $\vec{v}_{\text{Boden}}$ unterscheidet sich nicht sehr von $\vec{v}_{\text{Luft}}$. Es gibt aber Fälle, in denen die mittlere Windgeschwindigkeit recht große Beträge, ja Windstärken von mehr als 300 km h^{-1} aufweist. Besonders die Strahlströme in der höheren Atmosphäre (Näheres dazu s. Abschn. 2.8.1) zeichnen sich dadurch aus. Schaut man die Formel

$$\vec{v}_{\text{Boden}} = \vec{v}_{\text{Luft}} + \vec{v}$$

an, dann erkennt man, dass ein Flugzeug gegen einen mittleren Gegenwind $\vec{v}$ von mehr als 300 km h^{-1} kaum ankommt, wenn seine Eigenleistung (also sein maximales $\vec{v}_{\text{Luft}}$) schwach ist. So gibt es Fälle, in denen das Flugzeug relativ zum Boden kaum vom Fleck kommt oder sogar „rückwärts" fliegt. Das ist eine Gefahr, die nicht aus einer Windscherung kommt, sondern von einer großen mittleren Windstärke.

2.5
Kräfte, die die horizontale Windgeschwindigkeit bestimmen

2.5.1
Druckgradientkraft und Corioliskraft

Der Leser weiß, dass das Druckgefälle (das ist ein negativer Druckgradient) in einem Gas *eine* bedeutsame Ursache für Strömungen in dem Gas ist, also in der Atmosphäre für den Wind. Eine Vermutung ist, dass der Wind dem Luftdruckgefälle folgt, also von hohem zu tiefem Druck weht. Wäre das so, dann würden sich Druckunterschiede rasch ausgleichen, und die Wetterkarten würden nur sehr geringe Druckunterschiede zeigen. Es gibt nun auch andere Kräfte als die *Druckgradientkraft*, die beim Wind eine Rolle spielen. Die nächst bedeutsame ist die *Corioliskraft*. Diese nennt man auch die *ablenkende Kraft der Erdrotation*. Es würde den Rahmen dieses Buches sprengen, die Corioliskraft in allen Details zu erklären. Dennoch soll der Leser sie verstehen.

Vom Weltraum aus betrachtet, bewegen wir uns – auch wenn wir gegenüber unserer irdischen Umgebung, also *relativ zur Erde*, in Ruhe sind – mit der rotierenden Erde; wir sprechen von der *Rotationsge-*

schwindigkeit aller Massenpunkte auf der Erde. Wenn ein irdischer Beobachter die Bewegung eines Fahrzeugs oder der Luft betrachtet, dann geschieht dies relativ zu der uns vermeintlich ruhig umgebenden Erdoberfläche, also *relativ zur Erde*; wir sprechen von der *Relativgeschwindigkeit*. Die Summe von Rotationsgeschwindigkeit und Relativgeschwindigkeit ist die *absolute Geschwindigkeit* eines Massenpunktes. Dass die Rotation der Erde einen Einfluss auf die Bewegung des Fahrzeugs oder der Luft hätte, kommt uns vordergründig nicht in den Sinn.

Wir wissen aber, dass z. B. auf einem Karussell Bewegungen relativ zum Karussell davon abhängen, ob es steht oder ob es sich rasch dreht. Im letzteren Falle versucht jeder frei bewegliche Gegenstand auf dem Karussell, sich nach außen zu bewegen; bei der Rotation tritt zusätzlich zu den sonst wirkenden Kräften eine Zentrifugalkraft auf.

Genauso ist dies auf der Erde. Da tritt zunächst eine *Zentrifugalkraft* durch die Erdrotation auf. Diese ist vergleichsweise klein im Verhältnis zu der enorm großen, zum Erdmittelpunkt gerichteten Newtonschen Massenanziehungskraft. Die Zentrifugalkraft besitzt eine andere Richtung als diese, und zwar steht sie senkrecht auf der Erdachse und weist von der Achse weg. Am Äquator wirkt sie genau entgegengesetzt zur Newtonschen Massenanziehung. Im allgemeinen wird die Zentrifugalkraft der Erde zusammen mit der Newtonschen Anziehungskraft als Schwerkraft definiert. In Abschn. 2.3 wurde die Schwerebeschleunigung g eingeführt. Die Schwerkraft, die auf einen Körper der Masse M wirkt, ist $M \cdot g$. Diese Zusammenhänge werden in Bild 2.12 verdeutlicht.

Neben der aus der Erdrotation resultierenden Zentrifugalkraft, die auf jede irdische Masse wirkt, gleich, ob sie eine Relativgeschwindigkeit besitzt oder nicht, gibt es als weiteren Rotationseffekt die nach dem französischen Mathematiker Gaspard Gustave Coriolis (1792–1843) benannte *Corioliskraft*. Diese wirkt so, dass *jede bewegte Masse* (also jede Masse, die eine Relativgeschwindigkeit besitzt) auf der Nordhalbkugel nach rechts und auf der Südhalbkugel nach links abgelenkt wird. Dies wird verständlich, wenn man sich vorstellt (s. Bild 2.13), dass sich ein Luftteilchen z. B. von der geographischen Breite von 30° N ausgehend nordwärts bewegt, angetrieben durch Kräfte, die dafür sorgen, dass seine Bahn auf einer nicht rotierenden Erde genau parallel zu einem Längenkreis verliefe. Aber auf der rotierenden Erde besitzt das Luftteilchen in einer niedrigeren geographischen Breite eine größere Rotationsgeschwindigkeit als die Teile der Erde weiter nordwärts. Diese ostwärts gerichtete Geschwindigkeit behält es bei seinem Weg nach Norden bei. Dabei stellt sich dann heraus, dass es schneller in Richtung Osten vorankommt als alle Teile der Erde, die es nordwärts

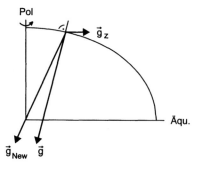

BILD 2.12.
Die Schwerebeschleunigung $\vec{g}$ setzt sich nach dem Parallelogramm der Kräfte aus der Newtonschen Massenanziehungsbeschleunigung $\vec{g}_{New}$ und der Zentrifugalbeschleunigung $\vec{g}_z$ der Erde zusammen. Entsprechend der Wirkung der Zentrifugalkraft ist die Erdoberfläche zu den Polen hin abgeplattet, und die Schwerebeschleunigung $\vec{g}$ steht senkrecht auf der Erdoberfläche

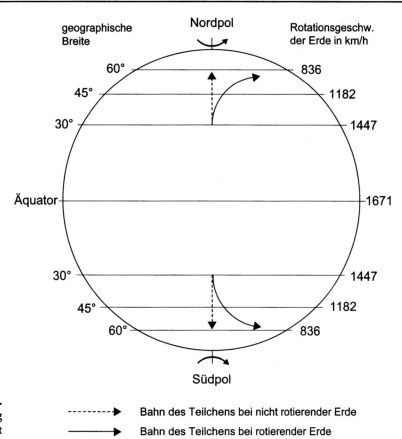

BILD 2.13.
Schematische Skizze zur Erklärung
der Corioliskraft

--------► Bahn des Teilchens bei nicht rotierender Erde

———————► Bahn des Teilchens bei rotierender Erde

überquert, und dass es so dem Meridian, dem es bei nicht rotierender Erde gefolgt wäre, in Richtung Osten vorauseilt. Das sieht vom Standpunkt des irdischen Beobachters so aus, als ob eine Kraft wirksam wäre, die das Teilchen nach rechts ablenkt. In Bild 2.13 ist dieser Prozess für den hier erläuterten Fall skizziert, in dem sich ein Luftteilchen bei nicht rotierender Erde entlang eines Längenkreises (Meridians) bewegen würde. Auch für den Fall der Bewegung entlang eines Breitenkreises (also in West-Ost-Richtung) lässt sich die Corioliskraft veranschaulichen.

Die in der Horizontalen wirkende Corioliskraft berechnet sich aus dem Produkt von Masse des bewegten Teilchens, Stärke des horizontalen Windes (gleich, aus welcher Richtung er weht), Winkelgeschwindigkeit der Erde und Sinus der geographischen Breite. Letzterer ist am Äquator gleich Null, aber an den Polen gleich 1. Die Corioliskraft resultiert also aus der Rotation der Erde, sie ist proportional zur horizontalen Relativgeschwindigkeit des Teilchens, das die Corioliskraft

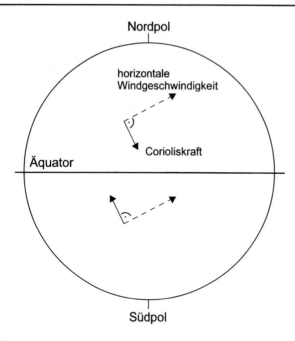

BILD 2.14.
Die horizontale Corioliskraft *(ausge-
zogener Vektorpfeil)* steht im rechten
Winkel auf der horizontalen Windgeschwindigkeit *(gestrichelter Vektorpfeil).* Sie wirkt auf der Nordhalbkugel rechtsablenkend, auf der Südhalbkugel linksablenkend

erfährt, und nimmt mit der geographischen Breite vom Äquator zum
Pol zu, wobei sie am Äquator Null ist. Die Corioliskraft wirkt genau
senkrecht zu der Bewegung des Teilchens, also zur Windrichtung, und
zwar nach rechts auf der Nordhalbkugel und nach links auf der Südhalbkugel (s. Bild 2.14). Wohlgemerkt, wir sprechen hier nur von der
Horizontalkomponente der Corioliskraft in Abhängigkeit von der horizontalen Windgeschwindigkeit. Den Einfluss der vertikalen Windkomponente und die vertikal wirkende Komponente der Corioliskraft
können wir hier vernachlässigen.

2.5.2
DER GEOSTROPHISCHE WIND

Nun zeigt sich, dass für größerskalige Bewegungssysteme bei fehlender Reibung (also in der Freien Atmosphäre) und nicht zu nahe am
Äquator die Druckgradientkraft und die Corioliskraft die dominie-
renden Kräfte bei den horizontalen Bewegungen in der Atmosphäre,
also beim Horizontalwind, sind. Dies ist in Bild 2.15 erläutert.

Das Bild zeigt zwei *geradlinig und parallel zueinander verlaufende
Isobaren*, im Beispiel von 910 und 920 hPa (also in etwa 1 000 m Höhe),
wobei der höhere Druck im unteren (das sei Süden) und der niedrigere im oberen (das sei Norden) Bildteil liegt. Auf das durch den Punkt
gekennzeichnete Luftteilchen wirkt die Druckgradientkraft senkrecht
zu den Isobaren vom hohen zum tiefen Luftdruck. Wird das Teilchen

Der *geostrophische Wind* wird nur
durch zwei Kräfte bestimmt, die miteinander im Gleichgewicht sind, die
Druckgradient- und die Corioliskraft.

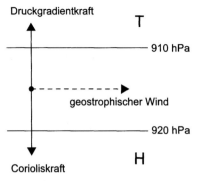

BILD 2.15.
Geostrophisches Kräftegleichgewicht bei geradliniger horizontaler Bewegung in der Atmosphäre auf der Nordhalbkugel. Dies ist eine gute Approximation der realen Windverhältnisse:
- für größerskalige Systeme (horizontale Längenskala $L > 500$ km);
- im reibungsfreien Fall, also für die Freie Atmosphäre, nicht für die Atmosphärische Reibungsschicht = Atmosphärische Grenzschicht;
- außerhalb der Inneren Tropen.

H = Hoch, T = Tief

Beim *Gradientwind* halten sich Druckgradientkraft, Corioliskraft und Zentrifugalkraft die Waage.

nicht beschleunigt, soll es sich also mit konstanter Geschwindigkeit bewegen, dann muss die Summe der wirksamen Kräfte gleich Null sein, d. h., die wirksamen Kräfte kompensieren sich. In diesem Falle wirkt die Corioliskraft mit gleicher Stärke genau entgegengesetzt zur Druckgradientkraft. Da die Corioliskraft nach rechts (das gilt für die Nordhalbkugel) weisend genau senkrecht auf der Richtung steht, in die der Wind weht, ist der unserem Gleichgewichtszustand entsprechende Wind ein Westwind parallel zu den Isobaren. Der so aus dem Gleichgewicht zwischen Druckgradientkraft und Corioliskraft resultierende horizontale Wind heißt *geostrophischer Wind*, der erläuterte Zustand *geostrophisches Gleichgewicht*. Das Adjektiv geostrophisch enthält die beiden griechischen Wörter gä = Erde und strephein = drehen. Der geostrophische Wind ist also ein horizontaler Wind auf der sich drehenden Erde. Seine Richtung verläuft genau parallel zu den Isobaren, seine Stärke wächst mit dem Druckgefälle.

Wir haben uns in dem gerade beschriebenen Modell vorgestellt, dass die Summe der Kräfte Null sei, dass also keine resultierende Kraft bestünde, die das Teilchen über seine konstante Geschwindigkeit hinaus beschleunigt oder es verzögert. Sicher ändert sich die Windgeschwindigkeit ständig, aber die dazu notwendigen Kräfte sind bei größerskaligen Bewegungssystemen (also z. B. bei den Tiefs und Hochs der Wetterkarte von Bild 2.5) in der Freien Atmosphäre klein im Vergleich zu den beiden sich kompensierenden Kräften in Bild 2.15. So ist in weiten Teilen der Atmosphäre der geostrophische Wind in guter Näherung eine Realität.

2.5.3
DER GRADIENTWIND

Bei *gekrümmten Isobaren*, wie sie z. B. bei Tief- und Hochdruckgebieten mit in sich geschlossenen Isobaren auf der Wetterkarte auftreten, spielt noch die Zentrifugalkraft bei dem der Krümmung folgenden Wind eine Rolle. Diesen Fall stellt Bild 2.16 dar. Hier muss im Gleichgewichtsfall die Summe aus Druckgradientkraft, Corioliskraft und Zentrifugalkraft gleich Null sein, was das linke Teilbild für ein Tief und das rechte für ein Hoch zeigt. In beiden Bildern ist die Druckgradientkraft gleich, was man an der gleichen Pfeillänge des Druckgradientkraft-Vektors erkennt. Da aber die Zentrifugalkraft immer nach außen wirkt, ist die Corioliskraft im Tief kleiner als im Hoch (bei der Annahme desselben Betrages der Druckgradientkraft in beiden Fällen). Da die Horizontalwindstärke proportional dem Betrag der Corioliskraft ist, weht der Wind im Hoch stärker als im Tief (bei der Annahme desselben Betrages der Druckgradientkraft in beiden Fällen). Dieser Wind steht natürlich, wie oben erläutert, senkrecht auf der Co-

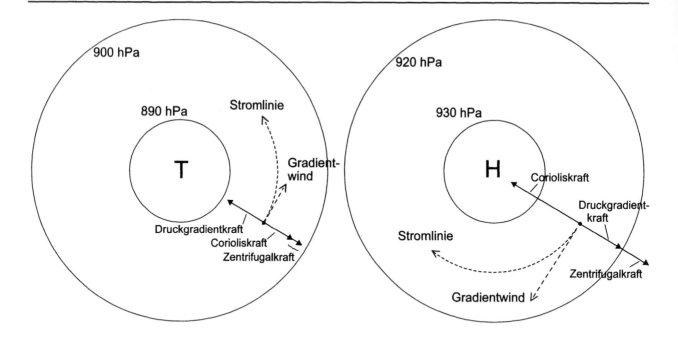

rioliskraft und weht so genau entlang der gekrümmten Isobaren. Wir nennen diesen aus Druckgradientkraft, Corioliskraft und Zentrifugalkraft resultierenden horizontalen Wind *Gradientwind*.

Wenn wir von oben auf ein Bewegungssystem mit in sich geschlossenen Isobaren schauen, dann erkennen wir, dass der Wind in einem Hoch im Uhrzeigersinn, in einem Tief im Gegenuhrzeigersinn weht. Das gilt für die Nordhalbkugel, auf der Südhalbkugel ist das umgekehrt. Die Strömung in einem Tief nennen wir auf beiden Halbkugeln *zyklonal*; sie erfolgt in gleichem Sinne wie die Erddrehung. Um das zu erkennen, stelle man sich ein Tief jeweils am Nordpol und am Südpol vor. Die Strömung in einem Hoch heißt folgerichtig *antizyklonal*. In diesem Sinne bezeichnet man ein Tiefdruckgebiet als *Zyklone* und ein Hochdruckgebiet als *Antizyklone*. Natürlich weht auch der Gradientwind umso stärker, je stärker das Druckgefälle ist.

2.5.4
DER EINFLUSS DER REIBUNG

Wie verändern sich diese Gleichgewichte, wenn Reibung auftritt? Ganz konkret ist das vor allem in der Atmosphärischen Grenzschicht, das sind grob betrachtet die untersten 1000 m der Atmosphäre, der Fall. Die dort auftretende *Reibungskraft* ist umso stärker, je mehr man sich dem Erdboden von oben her nähert. Die Reibung verlangsamt den Wind im Vergleich zum geostrophischen Wind. Da die Coriolis-

BILD 2.16.
Kräftegleichgewicht bei gekrümmten Isobaren und vernachlässigbarer Reibung, gezeichnet für die Nordhalbkugel. Neben der Druckgradientkraft und der Corioliskraft tritt auch noch eine meist deutlich kleinere (Ausnahmen s. bei Tornados, Abschn. 4.1.5, und Tropischen Zyklonen, Kap. 5) Zentrifugalkraft auf, die immer nach außen wirkt. Dagegen ist die Druckgradientkraft, deren Betrag in beiden Bildern als gleich groß angenommen wird, in das Tief *(linkes Bild)* hinein und aus dem Hoch *(rechtes Bild)* heraus gerichtet. Der Wind steht senkrecht auf der Corioliskraft und zwar immer in dem Sinne, dass diese (auf der Nordhalbkugel) rechtsablenkend wirkt. Daher wird das Hoch im Uhrzeigersinn und das Tief im Gegenuhrzeigersinn umströmt

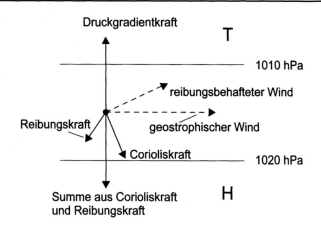

BILD 2.17.
Kräftegleichgewicht beim Horizontalwind, der außer durch die Druckgradientkraft und die Corioliskraft auch
durch Reibungseffekte bestimmt wird
(gezeichnet für die Nordhalbkugel).
Der wirklich wehende, von der Reibung beeinflusste Wind besitzt eine
deutlich zum tiefen Druck hin gerichtete Komponente

Die Reibungskraft sorgt dafür, dass
der horizontale Wind eine Komponente in den tiefen Luftdruck hinein
erhält.

kraft streng proportional zur horizontalen Windstärke ist, wird auch
sie kleiner. Weil die Druckgradientkraft aber durch die Reibung nicht
direkt beeinflusst wird, ist diese stärker als die Corioliskraft und lenkt
den Wind in Richtung des Druckgefälles, also in den tiefen Druck hinein, ab. Das neue Gleichgewicht zeigt Bild 2.17. Nun wird die Druckgradientkraft durch die Summe von Coriolis- und Reibungskraft
kompensiert. Wenn man diese Summe nach dem Parallelogramm der
Kräfte in die Einzelkräfte aufteilt, dann erhält man das skizzierte Bild.
Die Reibungskraft wirkt nicht genau entgegengesetzt zum Wind. Das
entspricht den theoretischen Vorstellungen, soll aber hier nicht näher erläutert werden. Der Horizontalwind besitzt nun also eine Komponente, die in den tiefen Druck hinein gerichtet ist. Damit kann über
den reibungsbehafteten Wind ein Druckausgleich stattfinden, den der
geostrophische Wind nicht zu leisten vermag.

Interessant ist nun, wie sich diese in den tiefen Druck hinein gerichtete Komponente bei Hoch- und Tiefdruckgebieten mit geschlossenen Isobaren auswirkt. Bild 2.18 zeigt links ein Tief und rechts ein
Hoch; ersteres wird im Gegenuhrzeigersinn, letzeres im Uhrzeigersinn umströmt. Bei beiden Umströmungen gibt es die oben erläuterten reibungsbedingten Komponenten ins Tief hinein bzw. aus dem
Hoch heraus. Wenn bodennah Luft seitlich aus dem Hoch heraus
fließt, kann diese nur von oben nachströmen; die Luft im Hoch sinkt
also ab. Absinkende Luft erwärmt sich adiabatisch und trocknet dabei aus (s. Abschn. 2.6.2). Eventuell vorhandene Wolken lösen sich auf.
Das bedeutet wolkenarmes „schönes" Wetter, wenn nicht Prozesse,
die bodennahe Nebel- und Hochnebelfelder erzeugen (Näheres
s. Abschn. 7.3), am Werke sind. Wenn bodennah Luft seitlich in das
Tief hinein fließt, kann diese nur nach oben wieder weg strömen. Die
Luft im Tief steigt also auf. Aufsteigende Luft kühlt sich ab, ihre relative Feuchte nimmt zu, bis es schließlich zur Kondensation und zu

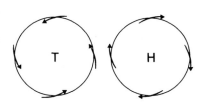

BILD 2.18.
Schema des durch Reibungskräfte
beeinflussten Windes *(dicke Pfeile)* in
einem Tief *(links)* und einem Hoch
(rechts). In jedem Teilbild ist eine
Isobare dünn ausgezogen. Die Zeich-
nung gilt für die Nordhalbkugel

Wolken- und Niederschlagsbildung kommt (s. Abschn. 2.6.3). Dies bedeutet wolken- und niederschlagsreiches Wetter. Da Bewölkung und Niederschlag eng an das Auftreten von Vertikalwinden gekoppelt sind, kann man so die Bewölkungs- und Niederschlagsverhältnisse in Hochs und Tiefs pauschal erklären. Man darf aber nie vergessen, dass es auch eine Fülle von anderen Einflüssen auf die Entstehung von Vertikalwinden und Bewölkung gibt. Hochs und Tiefs besitzen zudem eine sehr ausgeprägte horizontale Struktur. Zum Beispiel treten stärkere Vertikalwinde in den Mittelbreitentiefs vor allem konzentriert an ihren Warm- und Kaltfronten auf.

2.5.5
SYSTEME, BEI DENEN DIE CORIOLISKRAFT NUR EINE KLEINE ROLLE SPIELT

In kleinerskaligen Systemen, z. B. in Gewittern (mit Durchmessern bzw. horizontalen Längenskalen L zwischen 2 und 50 km, s. Kap. 4) oder gar in Tornados ($L \approx 0{,}1$ bis 1 km), tritt die Bedeutung der Corioliskraft stark zurück. Von Geostrophie oder einem Gradientwind kann keine Rede mehr sein. Natürlich behält die Druckgradientkraft ihren Einfluss. Hier spielen bei eng drehenden Wirbeln die Zentrifugalkraft der Wirbelbewegung und natürlich die Beschleunigung der Teilchen eine große Rolle. Die Reibung kommt in solchen Systemen selbst in größeren Höhen ins Spiel, weil in diesen „Stürmen" in allen Höhen starke horizontale und vertikale Windscherungen auftreten. Wir finden also eine große Vielfalt der den dreidimensionalen Wind erzeugenden Kräfte und entsprechend auch sehr komplexe Windfelder.

In starken Tropischen Zyklonen ist die horizontal wirkende Corioliskraft wegen der Äquatornähe sehr klein im Vergleich zu Druckgradient- und Zentrifugalkraft. Näheres wird in Kap. 5 erörtert.

Der Begriff der *Windscherung* bezeichnet hier – wie generell in der Meteorologie, aber anders als in der Luftfahrt – die lokale Änderung des Windvektors mit den räumlichen Koordinaten.

Halten sich Druckgradientkraft und Zentrifugalkraft die Waage, dann spricht man vom *zyklostrophischen Wind*.

2.5.6
WINDPROFILE IN DER ATMOSPHÄRISCHEN GRENZSCHICHT

Interessant ist die genaue Struktur des Windvektors in der Atmosphärischen Grenzschicht, vor allem in unmittelbarer Bodennähe. Etwas pauschal betrachtet kann man sagen, dass die mittlere Windstärke in den untersten 50 m über einer ebenen Erdoberfläche mit dem Logarithmus der Höhe zunimmt. Bei einer linearen Höhenskala bedeutet das eine Krümmung des Windprofils, die umso stärker ist, je mehr man sich der Erdoberfläche nähert. Bild 2.19 zeigt dies. Das „logarithmische Windprofil", also die Windstärke als Funktion der Höhe über der Erdoberfläche, hängt im wesentlichen vom herrschenden Luftdruckgradienten *und* von der vom Untergrund induzierten Reibung

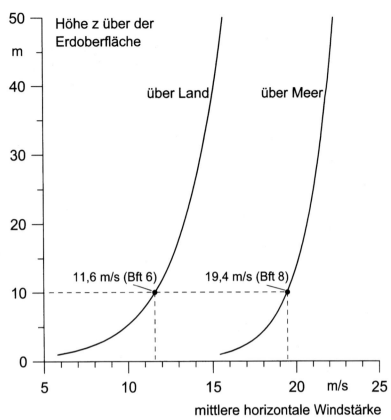

BILD 2.19.
Änderung der mittleren horizontalen Windstärke mit der Höhe in den untersten 50 m über mäßig rauhem Land und über See bei in beiden Fällen gleichem geostrophischen Wind von 30 m s⁻¹. Die Windstärken in 10 m Höhe (Standardmesshöhe der Wetterdienste) sind in m s⁻¹ und als Beaufort-Grad angegeben. Allgemein kann man sagen, dass bei großen Windstärken der mittlere oberflächennahe Wind über dem Meer um etwa den Faktor 1,6 stärker ist als über Land (bei in beiden Fällen gleichem geostrophischen Wind)

ab. Diese Reibung ist bei Wasser sehr klein, aber über Land recht beachtlich. Wenn auf dem Land Wälder oder andere große Hindernisse wie Häuser, Hochhäuser oder gar große Städte stehen, dann ergibt sich eine weit größere Reibung als z. B. bei einer flachen Wiesenlandschaft. In Bild 2.19 sind *zwei* vertikale Windprofile gezeichnet, eines „über Land", das andere „über Meer". Näheres möge der Leser der Legende entnehmen.

2.6
TEMPERATURÄNDERUNG MIT DER HÖHE

Die Temperatur ist eine physikalische Größe, die jedem aus der Erfahrung bekannt ist. Es ist deshalb nicht notwendig, sie in dem hier aufzuspannenden Rahmen ausführlich zu erläutern. Wichtig ist aber darzustellen, wie sie sich mit der Höhe über der Erdoberfläche ändert, weil aus unterschiedlichen Temperaturänderungen mit der Höhe enorme vertikale Bewegungen entstehen können. Näheres dazu folgt in Abschn. 2.7.

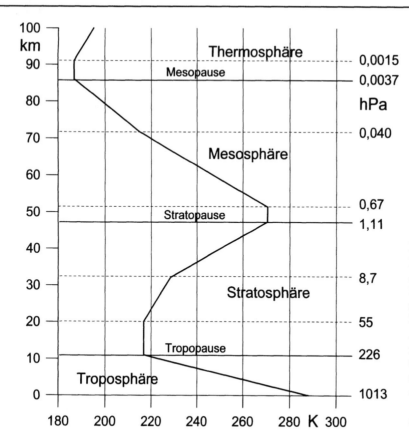

BILD 2.20.
Das vertikale Temperaturprofil der
„U. S. Standard Atmosphäre 1976"
bis 100 km Höhe. Diese repräsentiert
näherungsweise das Jahresmittel der
Bedingungen in mittleren Breiten.
Als Vertikal-Koordinate (Ordinate)
ist *links* die geometrische Höhe z
und *rechts* der Luftdruck benutzt,
als Abszisse die Temperatur T in K
(einfache Umrechnung durch
T in K = T in °C + 273,15,
also z. B. 0 °C = 273,15 K)

2.6.1
DIE MITTLERE TEMPERATURSCHICHTUNG

Nach dem Temperaturverlauf mit der Höhe unterscheidet man verschiedene Schichten der Atmosphäre. Dies ist in Bild 2.20 dargestellt
und wird im folgenden erläutert. Die unterste Schicht vom Erdboden bis im Mittel 11 km Höhe (in polaren Gebieten 8 km, in den Tropen 16 km) nennt man *Troposphäre*. In ihr finden starke vertikale
Mischungsprozesse statt, sie ist so die Schicht, in der sich das Wetter
abspielt. Die Temperatur nimmt hier im allgemeinen mit der Höhe
ab, und zwar im Mittel um *0,65 °C/100 m*. Über der Troposphäre bis
etwa 50 km Höhe erstreckt sich die viel ruhigere *Stratosphäre*. In ihr
nimmt die Temperatur nach oben wieder zu. Sie ist außerdem durch
einen sehr geringen Wasserdampfgehalt und das fast völlige Fehlen
von Wolken charakterisiert. Ferner findet sich in ihr im Mittel in
25 km Höhe das Maximum des Ozongehaltes. Von dieser Ozon-
Schutzschicht war bereits in Abschn. 2.1 die Rede. Nach oben folgen

dann – für das Anliegen unserer Erörterungen weniger bedeutsam – die *Mesosphäre* (bis 85 km) und die *Thermosphäre* (bis 800 km). Auch die Obergrenzen der hier genannten Schichten werden durch Namen gekennzeichnet: die Troposphäre wird nach oben durch die *Tropopause*, die Stratosphäre durch die *Stratopause* und die Mesosphäre durch die *Mesopause* begrenzt.

Als charakteristischer Wert für die mittleren Breiten ergibt sich als Lufttemperatur im Meeresniveau ($z = 0$ m) ein Wert von 15,0 °C. Mit der genannten Abnahme von 0,65 °C/100 m findet man in der Höhe $z = 11$ km eine Temperatur von −56,5 °C. Im Einzelfall kann – je nach Wetterlage – diese Temperaturänderung mit der Höhe aber auch deutlich größer oder kleiner sein. Als Beispiel sei das „Aprilwetter" erwähnt, eine Wetterlage mit Kaltluftzufuhr aus hohen Breiten, aber einer starken Erwärmung der Luft in Bodennähe durch intensive Sonnenstrahlung. So ist es bei dieser Wetterlage in der Höhe sehr kalt, am Boden aber bereits recht warm. Dabei tritt dann eine Temperaturabnahme mit der Höhe von mehr als 0,8 °C/100 m auf. In unmittelbarer Bodennähe (unterste Dekameter) werden an sonnigen Tagen oft Werte von deutlich über 1 °C/100 m erreicht.

Die Tropopause liegt in der „Normatmosphäre" von Bild 2.20 in 11 km Höhe. Das ist ein charakteristischer Wert für die mittleren Breiten. In den Tropen liegt sie im Mittel in 16 km Höhe, in der Arktis im Januar bei 8, im Juli bei 10 km.

2.6.2
DIE TEMPERATURÄNDERUNG EINES TROCKEN AUF- ODER ABSTEIGENDEN LUFTTEILCHENS

Wir betrachten nun nicht mehr eine Luftschichtung für mittlere Verhältnisse oder den Einzelfall (wie in Abschn. 2.6.1), sondern ein Luftteilchen, auch Luftpaket genannt. Dieses kann man sich als einen Luftballon ohne Hülle vorstellen, bei dem die Luft sich aber trotz fehlender Hülle nicht mit der Umgebung mischt. Bewegt sich dieses Luftteilchen in der Vertikalen, so ändert sich dabei seine Temperatur. Bei Hebung gerät es unter den niedrigeren Luftdruck der Umgebung und dehnt sich deshalb aus, was eine Arbeitsleistung bedeutet. Die Energie für diese Arbeit wird seinem Wärmeinhalt entnommen; deshalb fällt die Temperatur. Mit zwei Voraussetzungen kann man einen Wert der Temperaturabnahme mit der Höhe ausrechnen. Die eine ist, das Teilchen sei „trocken", d. h., es finden keine Phasenumwandlungen des Wasserdampfes in ihm statt, also weder Kondensation von Wasserdampf zu flüssigem Wasser oder zu Eis noch Verdunsten von vorhandenen Wasser- und Eisteilchen. Die andere Voraussetzung ist, dass sich das Luftpaket adiabatisch (griech.: adiabatos = unpassierbar) verhält; d. h., es findet kein Energieaustausch mit der Umgebung statt. Mit diesen Voraussetzungen kann man ausrechnen, dass das Teilchen sich beim trocken-adiabatischen Aufsteigen um *1,0 °C/100 m* abkühlt.

Bei absteigender Luft ergibt sich eine Zunahme der Temperatur um 1,0 °C/100 m. Diesen Wert der Zu- oder Abnahme der Temperatur eines trockenen (also kein flüssiges Wasser oder Eis enthaltenden) Teilchens nennt man den *trocken-adiabatischen Temperaturgradient*.

2.6.3
Die Temperaturänderung eines mit Wasserdampf gesättigten auf- oder absteigenden Luftteilchens

In einem aufsteigenden Luftteilchen nimmt mit abnehmender Temperatur die relative Luftfeuchtigkeit zu. Wenn sie 100 % erreicht, das betrachtete Luftteilchen also Wasserdampfsättigung aufweist, kondensiert bei weiterem Aufsteigen Wasserdampf zu flüssigem Wasser: das Luftteilchen enthält jetzt winzige Wassertröpfchen, die das Luftteilchen als Wolke sichtbar machen. Bei sehr tiefen Temperaturen sublimiert der Wasserdampf zu Eiskristallen. Die Höhe über dem Erdboden, in der die Kondensation beginnt, nennt man Kondensationsniveau. Bei Kondensation und Sublimation wird Wärme frei. Das bedeutet, ein aufsteigendes und mit Wasserdampf gesättigtes Luftteilchen weist eine deutlich geringere Temperaturabnahme mit der Höhe auf als den trocken-adiabatischen Temperaturgradient von 1,0 °C/100 m. Dieser kleinere Wert heißt der *sättigungs-adiabatische Temperaturgradient*. Es ist etwas kompliziert, ihn zu berechnen. Er beträgt im Mittel *0,65 °C/100 m*. Das ist etwa der gleiche Wert, den wir in Abschn. 2.6.1 für die mittlere Temperaturabnahme in der Troposphäre angegeben haben, was ein Hinweis darauf ist, dass die vertikalen Mischungsprozesse der Wolkenbildung in der Troposphäre sehr stark verantwortlich sind für die in Abschn. 2.6.1 angegebene mittlere Temperaturänderung mit der Höhe.

Im allgemeinen nimmt also (nach Abschn. 2.6.1) die Lufttemperatur der Troposphäre mit der Höhe ab, und zwar im Mittel um 0,65 °C/100 m. Im aktuellen Falle kann man diese Temperaturänderung mit der Höhe mit einer Ballonsonde oder von einem aufsteigenden Flugzeug aus messen. Das Messflugzeug gelangt beim Steigflug in immer kältere Schichten. Man spricht von der Temperaturschichtung der Atmosphäre. Sie drückt einen Zustand der Atmosphäre aus. Die Temperaturänderung eines adiabatisch auf- oder absteigenden Luftteilchens ist dagegen ein Prozess, der sich in dem Teilchen abspielt. Man muss also deutlich unterscheiden, ob man die Temperaturschichtung der Atmosphäre meint oder das, was mit dem Teilchen passiert, das ja in die Schichtung der Atmosphäre eingebettet ist. Diese Einbettung spielt eine große Rolle, wie wir in Abschn. 2.7 sehen werden: das Teilchen kann kälter sein als seine Umgebung, aber auch wärmer. Entsprechend kann es einen negativen oder positiven Auftrieb erfahren.

2.6.4
INVERSIONEN

Bei der aktuellen Schichtung der Atmosphäre gibt es auch Fälle der Temperatur*zunahme* mit der Höhe. Luftschichten, in denen die Temperatur mit der Höhe zunimmt, nennt man *Inversionen*. Diese Bezeichnung meint, dass eine inverse Temperaturschichtung vorliegt, nämlich statt der normalen Abnahme eine Zunahme mit der Höhe. Solche Inversionsschichten können direkt am Erdboden aufliegen. Man spricht dann von *Bodeninversionen*. In klaren Nächten, wenn sich der Erdboden unter der Wirkung der langwelligen Ausstrahlung stark abkühlt, sind sie meist sehr gut ausgeprägt. Bodeninversionen können einige 100 m hoch sein, wobei die Lufttemperatur am Boden bis über 10 °C niedriger sein kann als in 100 m Höhe. Inversionen gibt es auch losgelöst vom Boden. Man spricht dann von (vom Erdboden) *abgehobenen Inversionen*.

Inversionen sind immer absolut stabil *geschichtet. Deshalb gibt es in ihnen keine Mischungsprozesse.*

2.7
STABILITÄT DER ATMOSPHÄRE

Wir wissen, dass eine Kugel eine stabile, aber auch eine labile Unterlage besitzen kann. *Stabil* bedeutet: wenn man sie anstößt, um sie aus ihrer Ruhelage herauszubringen, dann bewegt sie sich, dem Stoß folgend, ein wenig, kehrt aber dann sofort in ihre Ruhelage zurück. *Labil* bedeutet: ein geringer Anstoß führt dazu, dass sie sich beschleunigt weiter von ihrer Ruhelage entfernt. Bild 2.21 veranschaulicht dies.

Die Rolle, die bei der Kugel die Unterlage spielt, wird bei einem Luftteilchen von der Umgebungstemperatur des Teilchens wahrgenommen, genauer gesagt von der Temperaturänderung mit der Höhe in der Umgebungsluft des Teilchens, also von der Temperaturschichtung der Umgebungsluft. Ein trockenes, sich adiabatisch verhaltendes Teilchen nimmt um 1,0 °C/100 m mit der Höhe ab/zu, wenn es sich nach oben/unten bewegt. Ist die Luft des Teilchens mit Wasserdampf gesättigt, dann gilt etwa der Wert von 0,65 °C/100 m. Wir vergleichen diese Temperaturänderung des Teilchens beim Auf- und Absteigen mit der Temperaturschichtung in der Umgebung; dabei ist das Teilchen dann entweder wärmer, gleichwarm oder kälter als die Umgebung und erfährt so entweder einen Auftrieb, gar keine Kraft oder einen Abtrieb. Bild 2.21 stellt in der zweiten Reihe auch dies dar, und zwar:

- *gestrichelt:* Temperaturverlauf eines auf-/absteigenden *trockenen Teilchens*;
- *ausgezogen:* Verlauf der *Umgebung*stemperatur mit der Höhe.

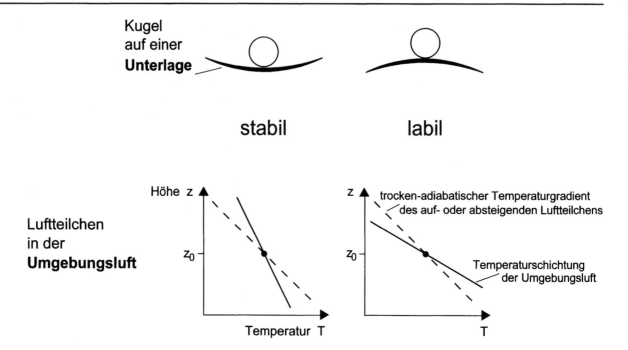

- Im linken Bild ist die Temperaturabnahme mit der Höhe in der Umgebung kleiner als die Temperaturänderung des Teilchens. Wenn das Teilchen seine Ruhelage (Punkt in der Höhe z_0) verlässt, z. B. angestoßen durch einen Turbulenzwirbel, dann ist es beim Aufsteigen/Absteigen kälter/wärmer als seine Umgebung und kehrt in seine Ruhelage zurück. Diesen Zustand des Teilchens nennen wir *stabil* relativ zu seiner Umgebung. Man sagt auch, *die Schichtung der Atmosphäre*, charakterisiert durch die Temperaturänderung der Umgebungsluft mit der Höhe, *ist stabil.*
- Im rechten Bild ist die Temperaturabnahme mit der Höhe in der Umgebung größer als die Temperaturänderung des Teilchens. Wenn das Teilchen seine Ruhelage (Punkt in der Höhe z_0) verlässt, z. B. angestoßen durch einen Turbulenzwirbel, dann ist es beim Aufsteigen/Absteigen wärmer/kälter als seine Umgebung und steigt/sinkt allein beschleunigt weiter. Dies erweist sich als *eine* Ursache für die Entstehung starker Vertikalwinde. Diesen Zustand des Teilchens nennen wir *labil* relativ zu seiner Umgebung. Man sagt auch, *die Schichtung der Atmosphäre*, charakterisiert durch die Temperaturänderung der Umgebungsluft mit der Höhe, *ist labil.*
- Nicht gezeichnet, aber für den Leser leicht vorstellbar, ist der Fall, dass die Temperaturabnahme mit der Höhe in der Umgebung genau so groß ist wie die Temperaturänderung des Teilchens. Die-

BILD 2.21.
Zur Stabilität einer Kugel in Bezug auf ihre Unterlage und eines trockenen, sich adiabatisch verhaltenden Luftteilchens in Bezug auf seine Umgebungsluft

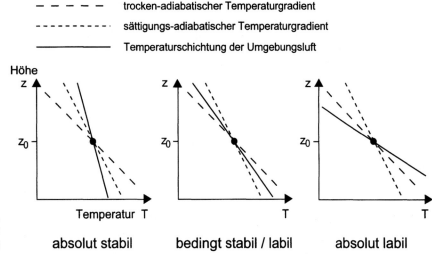

– – – – –   trocken-adiabatischer Temperaturgradient
· – · – · – · – ·   sättigungs-adiabatischer Temperaturgradient
————————   Temperaturschichtung der Umgebungsluft

BILD 2.22.
Zum Begriff der *bedingten Stabilität*
bzw. Labilität

sen Zustand des Teilchens nennen wir *neutral* relativ zu seiner Umgebung. Man sagt auch, *die Schichtung der Atmosphäre*, charakterisiert durch die Temperaturänderung der Umgebungsluft mit der Höhe, ist *neutral*.

Entsprechendes gilt für ein auf-/absteigendes „feuchtes" Teilchen, in dem die Luft mit Wasserdampf gesättigt ist. In der unteren Bildreihe tritt dann der sättigungs-adiabatische Temperaturgradient an die Stelle des trocken-adiabatischen. Da ersterer mit etwa 0,65 °C/100 m deutlich kleiner ist als letzterer mit 1,0 °C/100 m, verhält sich ein gesättigtes Teilchen bereits labil, wenn die Umgebungstemperatur mit der Höhe deutlich weniger abnimmt als in dem in Bild 2.21 rechts dargestellten trocken-labilen Fall.

Ein überaus wichtiger Begriff ist in diesem Zusammenhang der der *bedingten Stabilität bzw. Labilität*. Bild 2.22 dient der Erläuterung. In den dort gezeichneten drei Teildiagrammen sind jeweils sowohl eine Trocken-Adiabate (lang gestrichelt) als auch eine Sättigungs-Adiabate (kurz gestrichelt) eingetragen. Wir studieren nun, wie sich Teilchen verhalten, die ihre Ruhelage in der Höhe z_0 verlassen können. Natürlich hängt dies davon ab, ob diese Teilchen trocken oder gesättigt sind, und außerdem davon, wie die Temperaturschichtung der umgebenden Luft beschaffen ist. Im Bild ganz links nimmt die Temperatur der Umgebung mit der Höhe weniger ab als die der aufsteigenden Teilchen, gleich ob es sich um trockene oder gesättigte handelt. Sie sind also beim Aufsteigen in jedem Falle kälter als die Umgebung, kommen beim Versuch, nach oben zu steigen, nicht weit und fallen in die

Ruhelage zurück. Dieser Zustand ist für jedes Teilchen, gleich ob trocken oder gesättigt, stabil. Wir nennen ihn deshalb *absolut stabil*. Im gleichen Sinne ist der Zustand im Bild ganz rechts *absolut labil*. Interessant ist nun das mittlere Bild. Die Temperaturabnahme mit der Höhe in der Umgebungsluft ist stärker als die des mit Wasserdampf gesättigten Teilchens; letzteres verhält sich deshalb labil. Sie ist aber schwächer als die des trockenen Teilchens, das sich deshalb stabil verhält. Diesen Fall – er ist trocken-stabil, aber gesättigt-labil – nennen wir deshalb *bedingt stabil* oder *bedingt labil*.

Eine *bedingt labile Schichtung* der Atmosphäre ist eine wichtige Voraussetzung für die Entstehung von Tropischen Zyklonen (s. Abschn. 5.2).

2.8
ÄNDERUNG DER TEMPERATUR IN DER HORIZONTALEN

Wir müssen nun noch studieren, welche Auswirkungen eine *horizontale* Änderung der Lufttemperatur besitzt, sei es, dass kalte Luft neben warmer liegt oder dass etwa kalte Luft (auf einer mehr oder weniger großen horizontalen Entfernung) allmählich in wärmere übergeht. Wir betrachten hier drei verschiedene Modelle, denen wir folgende Namen geben: 1. *Warme und kalte Luftsäulen nebeneinander*, 2. *Allmählicher Übergang*, 3. *Fronten*.

2.8.1
WARME UND KALTE LUFTSÄULEN NEBENEINANDER

Die Situation ist in Bild 2.23 dargestellt. Auf der linken Seite befindet sich eine kalte, auf der rechten eine warme Luftsäule. Wir können uns auch vorstellen, dass links Norden (N) und rechts Süden (S) ist und dass die horizontale Achse des Diagramms (die Abszisse) einige 1 000 km Länge parallel zu einem Meridian repräsentiert. Die vertikale Achse (Ordinate) gibt die Höhe h über NN der *Linien* gleichen Druckes (Isobaren) an, die in dem Diagramm gezeichnet sind. Stellen wir uns vor, dass es senkrecht zur Zeichenebene (also in West-Ost-Richtung) keine Änderungen der skizzierten Verhältnisse gibt, dann repräsentieren die Isobaren auch *Flächen* gleichen Druckes. Die Beschriftung der Isobaren entspricht unserem Wissen aus Abschn. 2.3, dass der Druck mit der Höhe abnimmt. Nun ist der Druck eines Gases umso größer, je größer seine Dichte und je höher seine Temperatur sind, und die Dichte des Gases bei festgehaltenem Druck (also auf einer Isobare) umso größer, je niedriger die Temperatur ist. Kalte Luft ist also dichter als warme. Entsprechend unserer Erkenntnis aus Abschn. 2.3, dass die Änderung des Luftdruckes mit der Höhe proportional zur Dichte ist, ändert sich der Luftdruck mit der Höhe in der kalten Luft stärker als in der warmen. Genau dies drückt die Skizze des Bildes 2.23 aus: die Flächen gleichen Luftdrucks liegen in der war-

men Luft weiter auseinander als in der kalten, was man gleichermaßen in allen drei Teildiagrammen sieht. Unterschiede zwischen den
Teildiagrammen betreffen den unteren Rand der Atmosphäre.

Im oberen Bild (I) herrscht sowohl unter der warmen als auch
unter der kalten Luft, also überall am Erdboden, der gleiche Luftdruck p_0. Aus dem von der Temperatur abhängigen unterschiedlichen
Abstand der Flächen gleichen Druckes folgt:

- In der Warmluft ist oberhalb des Bodens der Druck in allen Höhen größer als in der Kaltluft.
- In der Übergangszone herrscht ein mit der Höhe zunehmendes
  Druckgefälle von der warmen zur kalten Luft.
- In der Übergangszone weht folglich ein mit der Höhe zunehmender geostrophischer Wind aus Westen (d. i. in die Papierebene
  hinein).

Im mittleren Bild (II) wird angenommen, dass am Erdboden unter der warmen Luft höherer Luftdruck herrscht als unter der kalten.
Es ergeben sich die gleichen Folgerungen wie bei (I), allerdings findet sich in der Übergangszone ein geostrophischer Westwind bereits
unmittelbar über dem Erdboden.

Im unteren Bild (III) wird der Fall dargestellt, dass am Erdboden
unter der kalten Luft höherer Luftdruck herrscht als unter der warmen. Dies führt dazu, dass der vertikale Aufbau nun zweigeteilt ist.
In einem bestimmten Abstand von der Erdoberfläche finden wir ein
Druckausgleichsniveau, in dem der Luftdruck in der warmen und in
der kalten Luft gleich groß ist. *Unter* diesem Niveau findet man höheren Luftdruck in der kalten Luft, in der Übergangszone weht ein
nach unten zunehmender geostrophischer Ostwind. *Über* diesem
Niveau herrscht der höhere Luftdruck wie bei I und II in der warmen
Luft, in der Übergangszone weht ein nach oben zunehmender geostrophischer Westwind.

Dieses einfache Schema eröffnet uns eine Fülle von *Einsichten* über
die Atmosphäre:

- In Gebieten mit horizontalem Temperaturgefälle gibt es immer eine
  Änderung des geostrophischen Windes mit der Höhe.
- Dieser kann wie in unseren Beispielen, d. h. bei relativ schmalen
  Übergangszonen zwischen warmer und kalter Luft, so stark sein,
  dass horizontal eng gebündelte Starkwindfelder entstehen. Die
  Skizzen I und II zeigen die horizontal scharfe Begrenzung und die
  rasche Änderung der Windstärke von unten her. Da in der Realität
  auch oben eine Begrenzung wirksam wird, ist die Bezeichnung
  Jet = Strahlstrom angebracht. Aufgrund der hier erläuterten ein-

**Die Bilder 6.8 und 6.9 veranschauli-
chen, wie sich Bänder mit starkem
Temperatur- und Druckgefälle mäandrierend rings um die Nordhalbkugel
erstrecken.**

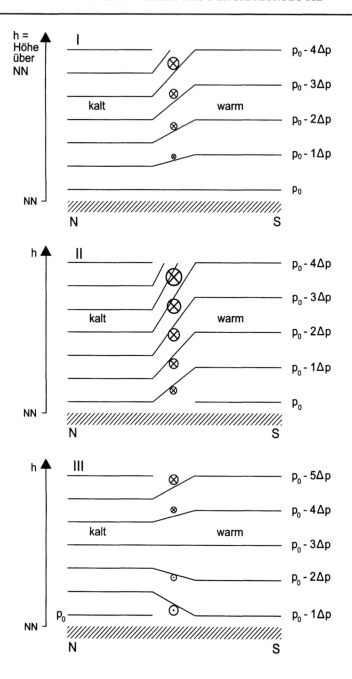

BILD 2.23.
Die Druckabnahme mit der Höhe bei unterschiedlicher Lufttemperatur. Die drei Teildiagramme zeigen die Höhe von verschiedenen Druckflächen in zwei verschieden temperierten Luftsäulen und in der Übergangszone zwischen ihnen. Der Luftdruck nimmt von Druckfläche zu Druckfläche nach oben jeweils um den Betrag Δp ab. Im Übergangsgebiet zwischen der warmen Luft (im Süden) und der kalten Luft (im Norden) weht wegen des dort herrschenden Druckgefälles ein sich mit der Höhe verändernder geostrophischer Wind, dessen Richtung durch die Symbole $\otimes$ (Westwind) und $\odot$ (Ostwind) gekennzeichnet ist. Seine Stärke wird durch die Größe der Kreise qualitativ angegeben

fachen Gesetzmäßigkeiten findet man in der Erdatmosphäre verschiedene Jets, vor allem aber den an das Temperaturgefälle von den Subtropen zu den polaren Breiten gebundenen Jet, der mäandrierend beide Halbkugeln von Westen nach Osten umströmt und sein Maximum in der Tropopausenregion besitzt.

- Über das Druckfeld lernen wir, dass bei Druckausgleich am Boden oder bei höherem Bodendruck in der Warmluft der Luftdruck in der Warmluft in der Höhe größer ist als in der Kaltluft. So sind die hochreichenden Hochs durchwegs warm und die hochreichenden Tiefs kalt.
- Unter der Druckausgleichsfläche ist jedoch der Druck in der warmen Luft niedriger als in der kalten. So gibt es flache kalte Bodenhochs (z. B. über den winterlichen Kontinenten) und flache Bodentiefs (Hitzetief über den sommerlichen Kontinenten).

2.8.2
ALLMÄHLICHER ÜBERGANG

Analog zu Bild 2.23 ist in Bild 2.24 ein allmählicher Übergang von der warmen zur kalten Luft gezeichnet. Dieses Schema entspricht den klimatologischen (d. h. über lange Zeit gemittelten) Verhältnissen auf der Erde und erklärt so den in der Troposphäre zwischen den Subtropen und den Polen vorherrschenden westlichen Grundstrom.

2.8.3
FRONTEN

Während sich das Modell des Bildes 2.24 auf die mittleren (klimatologischen) Verhältnisse bezieht, ist nun von aktuellen Zuständen in der Atmosphäre die Rede. Warme und kalte Luft liegen z. B. an einer Temperaturfront nebeneinander, aber immer so, dass es ein Übergangsgebiet von einer bestimmten Breite gibt und dass die kalte Luft un-

BILD 2.24.
Die Druckabnahme mit der Höhe bei von Norden nach Süden zunehmender Lufttemperatur. Das Diagramm zeigt die Höhe von verschiedenen Druckflächen, die umso weiter auseinander liegen, je höher die Temperatur ist. Das Druckgefälle von Süden nach Norden verstärkt sich so mit der Höhe; gleichermaßen nimmt der geostrophische Westwind mit der Höhe zu. Die Symbolik ist die gleiche wie in Bild 2.23

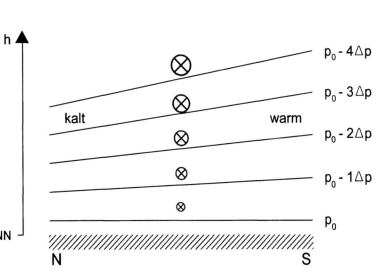

ten unter die warme und die warme oben über die kalte geschoben erscheint. Von Kaltfronten spricht man, wenn kältere Luft gegen wärmere vorstößt, von Warmfronten, wenn wärmere gegen kältere vordringt. *Die Front selbst ist also ein breites Gebiet mit einem großen Temperaturgefälle.* Ganz wichtig ist jedoch bei dieser Konstellation – wie sie grob skizziert in Bild 2.25 gezeigt wird –, dass sich eine Zirkulation quer zur Front einstellt, meist als direkte Zirkulation mit aufsteigender Luft auf der warmen und absinkender auf der kalten Seite. Der Leser erkennt sofort, dass in der aufsteigenden Luft Kondensation und Niederschlagsbildung stattfindet, falls die Luft feucht genug ist und hoch genug hinauf geführt wird.

Länge und Breite von Fronten können von recht unterschiedlicher Größenordnung (Skala) sein. Bei den Kaltfronten gibt es z. B.

- *an Mittelbreitenzyklonen* (s. Kap. 6) *gebundene* mit einer Längenskala von 1 000 km und einer Breitenskala von 100 km,
- *Seewindfronten* mit einer Längenskala (entsprechend der Küstenlänge) von 100 km und einer Breitenskala von 1 km oder
- *Böenfronten* bei Gewittern (s. Kap. 4) mit einer Längenskala von 10 km und einer Breitenskala von 1 km.

Beispiele von Temperatur-, Wind- und Wolkenfeldern von an Mittelbreitenzyklonen gebundenen Fronten sind in Bild 2.26, Messergebnisse an einer Seewindfront in Bild 2.27 dargestellt. Das Foto des Bildes 2.28 zeigt eine heranrückende Seewindfront.

2.9
WOLKENTEILCHEN, NIEDERSCHLAGSTEILCHEN UND NIEDERSCHLAG

In Abschn. 2.6.2 und 2.6.3 wurde erläutert, dass in einem aufsteigenden Luftteilchen, das man sich z. B. so groß wie eine Cumulus-Wolke vorstellen kann, die Temperatur abnimmt, gleichzeitig aber die relative Luftfeuchtigkeit zunimmt. Wenn letztere 100 % erreicht, weist das Luftteilchen Wasserdampfsättigung auf. Hält das Aufsteigen an, so kommt es zur Kondensation von Wasserdampf: Es bilden sich winzige Wassertröpfchen oder, bei entsprechend tiefen Temperaturen, Eiskristalle, die das Luftteilchen als Wolke sichtbar machen. Die Höhe über dem Erdboden, in der die Kondensation beginnt, nennt man *Kondensationsniveau.* Die ersten Kondensationsprodukte (Wassertröpfchen oder Eiskristalle) sind so klein, dass sie in der Luft in der Schwebe gehalten werden. Man spricht von *Wolkenteilchen.* Dabei handelt es sich in der flüssigen Phase um Tröpfchen mit einem Radius zwischen 1 und 100 μm (1 μm = 1 · 10^{-6} m = ein millionstel Meter).

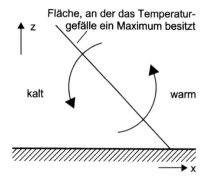

BILD 2.25.
Schema der Querzirkulation an einer Kaltfront: die kalte Luft dringt gegen die warme Luft vor. In dem dargestellten x-z-Querschnitt (x ist die horizontale Koordinate quer zur Front, z die Höhe) ist die Front durch die dick eingezeichnete Gerade symbolisiert. Diese Linie verbindet die Punkte, in denen das Temperaturgefälle einen Maximalwert erreicht. Die Front verläuft in y-Richtung, also senkrecht zur Zeichenebene, man kann sich so eine im Raum liegende Frontfläche vorstellen. Neben den horizontal verlaufenden Bewegungsvorgängen existiert an diesem horizontalen Temperaturgefälle die durch die *Pfeile* angezeigte Sekundärzirkulation *quer* zur Frontfläche

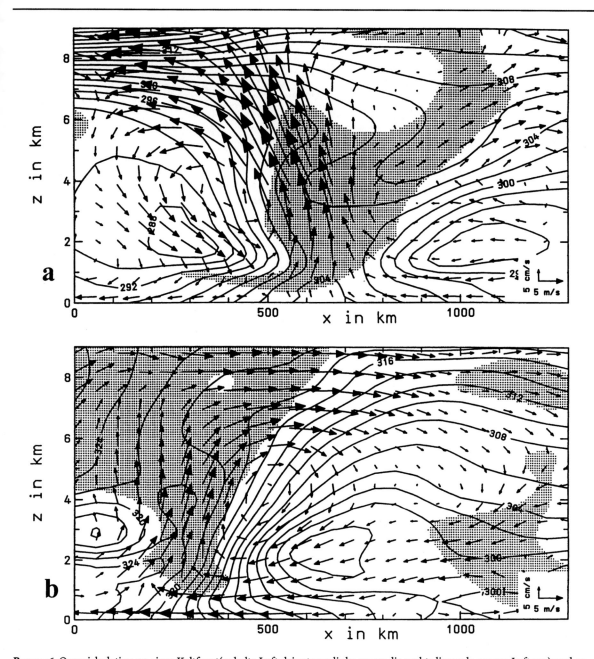

BILD 2.26. Querzirkulation an einer Kaltfront(**a**: kalte Luft dringt von links gegen die rechts liegende warme Luft vor) und an einer Warmfront (**b**: warme Luft dringt von links gegen die rechts liegende kalte Luft vor) mit Isolinien der äquivalent-potentiellen Temperatur in Kelvin („absolute Temperatur", einfache Umrechnung durch T in K = T in °C + 273,15, also z. B. 0 °C = 273,15 K). Diese Größe hat sich als ein sehr nützliches Werkzeug der Meteorologie erwiesen. Sie ist ein energetisches Maß, das die fühlbare Wärme, die im Wasserdampf enthaltene Kondensationswärme und die potentielle Energie der Luftteilchen kombiniert betrachtet. Die Front selbst ist an dem starken Temperaturgefälle erkennbar. Die Windpfeile stellen die Sekundärzirkulation dar, die dem großräumigen horizontalen Wind überlagert ist. Ein Maßstab für deren Horizontal- und Vertikalkomponente befindet sich unten rechts im jeweiligen Bild. Die Schattierung gibt die Wolken wieder. Aus Gross (1997)

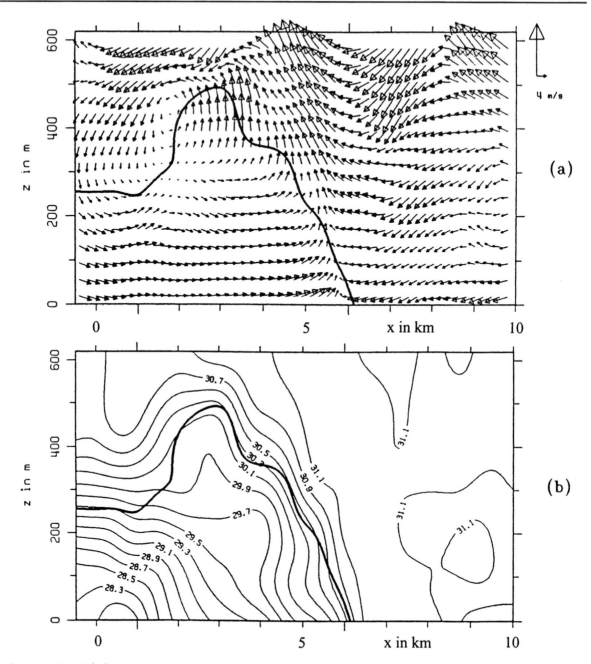

BILD 2.27. Querzirkulation (a) an einer Seewindfront mit Isolinien der potentiellen Temperatur in °C (b), einem energetischen Maß, das die fühlbare Wärme und die potentielle Energie der Luftteilchen zusammenfasst. Die kalte Luft dringt von links her, vom Meer kommend, gegen die wärmere Luft vor. Die Angaben an der Abszisse sind Entfernungen zur links liegenden Küste. Die dick eingezeichnete Frontfläche stellt das Maximum des Gefälles der Luftfeuchtigkeit (links feucht, rechts trocken) dar. Die Windpfeile repräsentieren die Gesamtzirkulation (also nicht nur die Sekundärzirkulation). Ein Maßstab für ihre Horizontal- und Vertikalkomponenten befindet sich oben rechts in Teilbild a. Man erkennt nicht nur die Querzirkulation, sondern auch das Zusammenströmen (Konfluenz) im bodennahen Bereich der Front. Aus Kraus et al. (1990)

BILD 2.28.
Bild einer von rechts heranrückenden Seewindfront mit starker Entwicklung von Haufenwolken (Cumulus congestus). Wenn dieses Bild auch nicht die gleiche Situation wie in Bild 2.27 wiedergibt, so kann man sich doch auf Grund von Bild 2.27a vorstellen, wie der aufwärts gerichtete Ast der Querzirkulation die mächtigen Cumulus-Wolken bedingt und dass daraus bei etwas labiler Schichtung auch mächtige Gewitter entstehen können.
Foto: H. Kraus

Zu Beginn des Kondensationsprozesses sind die Teilchen winzig klein. Deshalb besitzen sie eine stark konvex gekrümmte Oberfläche. Wegen des über solch gekrümmten Oberflächen höheren Sättigungsdampfdruckes würden sie gleich wieder verdunsten, gäbe es nicht einen Effekt, der diese Dampfdruckerhöhung kompensieren würde. Dies ist die Dampfdruckerniedrigung über einer Lösung. So können Tröpfchen nur entstehen, wenn sich die Kondensation an *Kondensationskernen* vollzieht, die ihrerseits in dem Kondensationsprodukt (Wasser) in Lösung gehen. Kondensationskerne sind in wechselnder Konzentration in der Atmosphäre immer enthalten. Eisteilchen bedürfen eines *Eiskeimes* zur direkten Sublimation. Auch das Gefrieren von flüssigen Wolkenteilchen bedarf eines Anstoßes durch Eiskeime. Da diese aber (anders als die Kondensationskerne) oft nur spärlich vorhanden sind, kommen bei Temperaturen unter 0 °C immer auch Wolken mit unterkühlten Tröpfchen vor. So sind bis unter −15 °C unterkühlte Wasserwolken nicht unüblich. Dies erkennt man auch an den Erscheinungsformen der Wolken. Man kann bei der Wolkenbeobachtung vielfach (nicht immer) unterscheiden, ob es sich um Wasser- oder Eiswolken handelt: die Blumenkohlformen von Cumulus-Wolken mit ihren scharfen Rändern sind Wasserwolken; Eiswolken zeigen eine faserige und streifige Struktur.

Wassertröpfchen oder Eiskristalle, die so groß sind, dass sie eine nennenswerte Fallgeschwindigkeit in der Luft erreichen, nennt man *Niederschlagsteilchen*. Ein Tröpfchen mit einem Radius von 1 mm (5 mm) erreicht eine Fallgeschwindigkeit von 6 m s^{-1} (14 m s^{-1}), d. h. es benötigt 2,8 min (1,2 min), um durch eine 1 000 m dicke Luftschicht zu fallen.

Es gibt im Prinzip zwei Wege, wie Wolkenteilchen effizient zu Niederschlagsteilchen anwachsen und wie sich letztere vergrößern:

a) Durch Kollision und Koaleszenz (d. i. Zusammenstoßen und dabei Zusammenwachsen) von Wassertröpfchen kommt es zu Niederschlagsbildung ohne Eisphase (Langmuir-Prozess).
b) Sind in einer unterkühlten Mischwolke Eisteilchen und Tröpfchen gleichzeitig vorhanden, dann diffundiert Wasserdampf von den flüssigen Teilchen zu den festen, weil der Sättigungsdampfdruck über Wasser größer ist als über Eis (Bergeron-Findeisen-Prozess).

Eisteilchen können mit winzigen Wolkentröpfchen zusammenstoßen und viele von ihnen aufsammeln. Letztere frieren dann an das sich ständig vergrößernde Eisteilchen an. So bildet sich *Graupel*. Frieren auf das ursprüngliche Eisteilchen große Wassertropfen (also Niederschlagsteilchen) auf, dann bildet sich ein aus klarem Eis bestehender Eispanzer, und es entsteht ein *Hagel*korn.

Unter *Niederschlag* (im Sinne des Verbes *niederschlagen*) versteht man das Herausfallen von in der Atmosphäre durch Kondensation des Wasserdampfes entstandenen Wasser- oder Eisteilchen. Den oben beschriebenen Gesamtprozess, von der Kondensation über die Bildung der Wolkenteilchen und deren Anwachsen zu Niederschlagsteilchen bis zum Herausfallen aus der Atmosphäre, umfasst das Wort *Niederschlagsprozess*. Die Intensität des Niederschlages kann sehr unterschiedlich sein. Gefährlich sind sehr intensive Niederschläge. *Niederschlagsmengen* oder *Niederschlagssummen* werden in Liter pro m^2 [l m^{-2}] oder als *Niederschlagshöhe* in mm angegeben. Wenn 1 Liter Wasser eine 1 m^2 große Fläche gleichmäßig bedeckt, steht das Wasser genau 1 mm hoch. Es gilt also, dass das Niederschlagsvolumen von 1 l m^{-2} genau einer Niederschlagshöhe von 1 mm entspricht. Als *Niederschlagsintensität* bezeichnet man die Niederschlagsmenge pro Zeiteinheit und gibt sie z. B. in l m^{-2} h^{-1} oder mm h^{-1} an. Es erscheint oft als unvorstellbar, welche Niederschlagsmassen aus der Atmosphäre herausfallen können. Man beobachtet nicht selten, dass in einem großen Gewitter 50 mm Niederschlag innerhalb einer halben Stunde fallen. Dies stellt kein größeres Problem dar, wenn diese 5 cm Wasser

Einige Beispiele für die größten an irgendeinem Ort der Erde in einem bestimmten Zeitintervall gemessenen Niederschlagssummen:

in 1 min:	38 mm
in 8 min:	126 mm
in 1 h:	400 mm
in 24 h:	1 870 mm
in 1 a:	26,5 m

großflächig versickern können, aber es wird gefährlich, wenn die gesamte Wassermasse durch eine enge Schlucht abfließen muss. In Städten kann es bei Starkniederschlägen dazu kommen, dass die Kanalisation die Wassermassen nicht mehr fassen kann.

Im Wettergeschehen entsteht Niederschlag

- in *Konvergenzgebieten*, also dort, wo Luft von verschiedenen Seiten zusammenfließt und zum Aufsteigen gezwungen wird, oder
- an *Fronten*, wo sich eine frontale Querzirkulation (s. Abschn. 2.8.3) mit einem aufsteigenden Ast bildet *(frontale Niederschläge)*, oder
- bei durch *Orographie* erzwungenem Aufsteigen der Luft (z. B. bei Gebirgen, die senkrecht zum Verlauf ihres Kammes angeströmt werden; *orographische Niederschläge)* oder
- durch Konvektion (konvektive Niederschläge, Schauerniederschläge; s. Kap. 4).

3

Die Allgemeine Zirkulation der Atmosphäre

Das Wetter ist jener ungeheure, tausendgliedrige Riese, der mit seinem Leibe, dem Luftmeere, den Erdball umspannend, in einem und demselben Augenblicke hier in Wärme oder Kälte krampfhaft sich windet und die langen Glieder reckt, dort in Dürre lechzend brennt, oder in Nässe sein Wolkenhaar unbehaglich schüttelt; hier in Blitz und Stürmen rastlos zuckt, dort im blauen Äther still sich sonnt; und durch jede dieser Regung und Bewegung jedem anderen Orte der Erde ein anderes Theil seines tausendfältigen Riesenleibes und Riesenlebens offenbaret. Und so leibt und lebt er zwischen der Erde und Sonne und dem kalten Himmelsraum; und keine Veränderung in allem diesen ist so klein, dass er sie nicht fühlte, nicht abspiegelte in der unendlichen Mannigfaltigkeit seiner Bewegungen, von denen jede zusammenhängt mit jeder, weil alle durcheinander geschehen an einem und demselben Leibe.

Dieses Zitat aus „Das Wetter und die Wetterprophezeiung. Ein Cyklus meteorologischer Vorträge für Gebildete, Hannover 1858", (Seite 6) von Joseph Helmes veranschaulicht das die ganze Erde umspannende, räumlich eng verzahnte und unendlich komplexe atmosphärische Geschehen. Wenn wir dies modellmäßig und im langjährigen Mittel betrachten, gelangen wir zu dem, was die Wissenschaft heute die „Allgemeine Zirkulation der Atmosphäre" nennt.

Wollen wir die atmosphärischen Gefahren und die Prozesse, die sie herbeiführen, besser verstehen lernen, dann könnten wir so vorgehen, dass wir den unterschiedlichen atmosphärischen Gefahren je ein Kapitel widmen, also je eines für Sturm, Hagel usf. Will man dabei z. B. das Phänomen Sturm erklären, dann muss man berücksichtigen, dass hohe zerstörerische Windgeschwindigkeiten zusammen mit einer Reihe von recht unterschiedlichen atmosphärischen Bewegungssystemen auftreten, also z. B. mit Tornados (Skala: 1 km), Gewittern (2 bis 50 km), Tropischen Zyklonen und Mesozyklonen (300 bis 1 000 km) und vor allem auch mit Mittelbreitenzyklonen (> 1 000 km).

Außerdem treten viele Gefahren gemeinsam auf, gebunden an ein bestimmtes atmosphärisches Bewegungssystem. Ein großes Gewitter ist ein charakteristisches Beispiel. Es kann gleichzeitig Sturm, Hagel, Überflutungen und Blitzschlag bringen und sogar in sich einen Tornado erzeugen.

Eine bestimmte Gefahr tritt also bei unterschiedlichen Bewegungssystemen auf, und *ein* bestimmtes Bewegungssystem bringt häufig die unterschiedlichsten Gefahren. Es macht deshalb mehr Sinn, die Kapiteleinteilung an den Phänomenen oder Bewegungsformen unterschiedlicher Skala zu orientieren, als in sich geschlossene Kapitel über Sturm, Hagel usf. zu schreiben. Deshalb werden wir hier in den einzelnen Kapiteln die Phänomene (Bewegungssysteme) unterschiedlicher Skala der Reihe nach erörtern und versuchen zu verstehen, was in diesen Systemen vor sich geht und auf welche Weise sich in ihnen eine bestimmte Gefahr zusammenbraut. Wir beginnen in Kap. 4 mit den *Lokalen Stürmen*, den *Gewittern*, deren charakteristischer Durchmesser zwischen 2 und 50 km liegt. In den weiteren Kapiteln folgen dann die anderen Systeme, also die *Tropischen Zyklonen* in Kap. 5, die *Mittelbreitenzyklonen* und die *Mesozyklonen* in Kap. 6. *Tornados* sind vor allem mit den Lokalen Stürmen verbunden. Letztere treten einzeln oder in Mesoskaligen Konvektiven Komplexen wie Cloud Clustern oder Fronten auf. Tornados werden so zusammen mit den Lokalen Stürmen in Abschn. 4.2.5 behandelt. Wir werden dabei sehen, warum es in diesen, von der physikalischen Entstehung und ihrem Aussehen so verschiedenartigen Gebilden zu Gefahren der unterschiedlichsten Art kommt. Weitere Informationen zu Gefahren und Schäden werden in eigenen Unterkapiteln für jedes System dargestellt.

Ehe wir uns so in den Kapiteln 4 bis 6 den „gefährlichen" Bewegungssystemen einzeln widmen, wollen wir hier noch einen Blick auf den gesamten Globus werfen und anschauen, wie die Zirkulation der Luft in der gesamten Atmosphäre funktioniert. Die oben genannten einzelnen Bewegungssysteme – wir können auch sagen Zirkulationssysteme – sind dabei Teile des Gesamtgeschehens. Anders ausgedrückt: es geht um einen kurzen Exkurs in die *Allgemeine Zirkulation der Atmosphäre*, abgekürzt AZA. Das Wort „allgemein" heißt darin, dass wir nicht eine spezielle Situation anschauen wie in Bild 2.3, in dem wir bereits das Zusammenspiel von Bewegungs- oder Zirkulationssystemen (oder -formen) betrachtet haben. „Allgemein" heißt vielmehr, dass klimatologische Mittelwerte (das sind zeitliche Mittel über viele Jahre) der globalen atmosphärischen Zirkulationsphänomene gemeint sind.

In dieser den Globus umspannenden Allgemeinen Zirkulation der Atmosphäre treten die oben genannten einzelnen Bewegungssysteme in ganz bestimmten Regionen auf, was recht einleuchtend ist, wenn man das Gesamtsystem der AZA versteht.

Bereits Bild 2.6 ist eine erste Teil-Darstellung dieser „Allgemeinen Zirkulation". Es zeigt langjährige Monatsmittel des Luftdrucks und der horizontalen Windgeschwindigkeit und zwar speziell, wie die horizontale Zirkulation in Bodennähe erfolgt und wie diese an die dort vorhandenen Drucksysteme gekoppelt ist. Als eine allgemeine Er-

Die „gefährlichen" Bewegungssysteme treten in ganz bestimmten Regionen der Erde auf. Das Verständnis der hier behandelten Allgemeinen Zirkulation der Atmosphäre liefert den Schlüssel dafür, zu erkennen, wo das ist.

scheinung kann man eine Abfolge von Druckzonen vom Äquator zu den jeweiligen Polen erkennen mit tiefem Luftdruck am Äquator, das ist die ITCZ, hohem Luftdruck in den Subtropen (Subtropenhoch, im Bereich des Nordatlantik ist das das Azorenhoch), tiefem Luftdruck zentriert bei etwa 60° und wieder höherem Luftdruck in den polaren Gebieten. Die zonale (d. h. entlang der Breitenkreise, also von West nach Ost) Ausprägung dieser Druckgebiete sieht man besonders eindrucksvoll auf der Südhalbkugel, wo es nicht so viele Störungen dieser Abfolge durch die Land-Wasser-Verteilung gibt. Diese Druckzonen sind zusammen mit den an die Druckzonen gebundenen bodennahen Winden in Bild 3.1 schematisch wiedergegeben. Bild 3.1 ist so ein grober Überblick über die Anordnung von Hochdruckgürteln und Tiefdruckzonen mit der geographischen Breite. Außerdem sind die mit der Luftdruckverteilung eng verbundenen Horizontalwinde in der Reibungsschicht der Atmosphäre (etwa die untersten 1 000 m) und in der von der Reibung kaum beeinflussten Freien Atmosphäre skizziert. Wir erkennen aus beiden Bildern (2.6 und 3.1), dass sich ohne die Störungen der Land-Wasser-Verteilung im klimatologischen Mittel auf der Erde ein System von Druckzonen einstellt, die parallel zu den Breitenkreisen verlaufen und mit zonalen Winden verbunden sind. Letztere werden in der Reibungsschicht aus den Hochdruckgürteln heraus und in die Tiefdruckrinnen hinein abgelenkt.

Bild 3.2 zeigt nun, wie diese zonalen Winde in einem Querschnitt (aufgespannt vom Äquator zum Nordpol und von der Erdoberfläche bis etwa 20 km Höhe) verlaufen. Wegen des Temperaturgefälles von

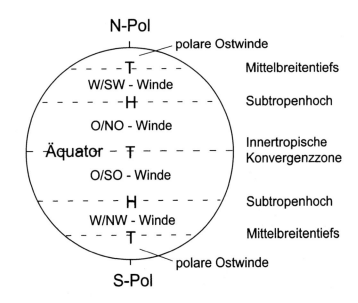

BILD 3.1.
Schema der Druck- und Windgürtel auf einer Erde mit homogener Oberfläche. Bei den Winden sind vor dem Schrägstrich die Richtungen angegeben, die sich oberhalb der Reibungsschicht ergeben, nach dem Schrägstrich diejenigen nahe der Erdoberfläche

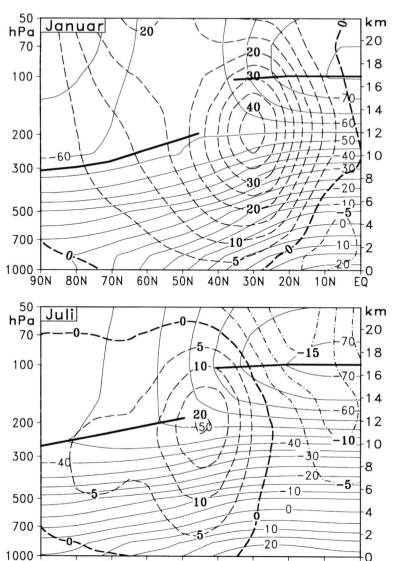

BILD 3.2.
Mittlere Breiten-Höhen-Querschnitte der Lufttemperatur in °C *(ausgezogen)* und des breitenkreisparallelen (zonalen) Windes in m s⁻¹ auf der Nordhalbkugel für Januar und Juli. Positive Werte des zonalen Windes *(lang gestrichelt)* sind Westwinde, negative *(strich-punktiert)* sind Ostwinde. Daten wie für Bild 2.6. Bild: H. Mächel (Meteor. Inst. Univ. Bonn)

den Tropen bzw. Subtropen zu den Polen treten in großen Bereichen des Querschnittes mittlere Westwinde auf. Dies gilt bis in sehr große Höhen. Wir haben dies nach den Ausführungen in Abschn. 2.8.1 und 2.8.2 auch erwartet. Die Bilder 2.23 und 2.24 erklären dies schematisch. Die markanten Jets in Tropopausenhöhe (in Bild 3.2) entsprechen dem Schema von Bild 2.23.

Somit ist unsere erste Erkenntnis, dass auf einer Erde mit homogener Oberfläche (z. B. nur Wasser) im langzeitlichen Mittel eine zo-

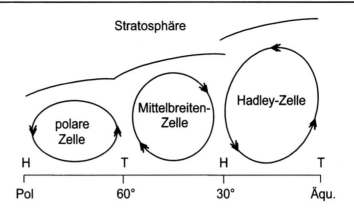

BILD 3.3.
Schema einer Dreizellen-Struktur der mittleren meridionalen Zirkulation. Ihr Zustandekommen wird klar, wenn man bedenkt, dass in den Gebieten tiefen Luftdrucks die Luft aufsteigt und in den Hochs die Luft absinkt. *Dick ausgezogen* ist die Tropopause mit dem Tropopausensprung in den Subtropen angedeutet. Die Mittelbreitenzelle wird auch Ferrel-Zelle genannt

nale Struktur von Druckgebilden mit im wesentlichen zonalen Winden auftreten würde. Diese wird durch eine unregelmäßige Land-Wasser-Verteilung modifiziert. Man versteht an dieser Stelle aber noch nicht, wie es zu dem in Bild 3.1 gezeigten Schema kommt.

Wir überlegen uns nun noch, dass man entsprechend den Erörterungen in Abschn. 2.5 im Hoch Absinken und im Tief Aufsteigen der Luft findet. Überträgt man dies auf das Schema des Bildes 3.1, dann ergeben sich den zonalen Winden überlagerte Querzirkulationen (quer zum zonalen Wind, also entlang der Meridiane und in der Vertikalen), wie sie (ebenfalls schematisch) in Bild 3.3 dargestellt sind. Man erkennt daraus, dass der meridionale (d. h. entlang der Längenkreise) Transport eine zentrale Rolle beim Zustandekommen der AZA spielt.

Soweit haben wir also einige Fakten oder wichtige Erscheinungsformen, wie sich die AZA präsentiert, beschrieben. Nun stellen wir die Frage: Was treibt die AZA an? Die vorherrschenden Westwinde ergeben sich aus dem Temperaturgefälle von den Tropen/Subtropen zum Pol hin. Meridionale Luftbewegungen entwickeln sich aus Unterschieden zwischen niedrigeren und höheren Breiten, die durch Transportvorgänge ausgeglichen werden müssen. Solche Transporte verlaufen auf der Erde in der Luft und im Wasser, also in der Atmosphäre und in den Ozeanen. Sie werden durch den Wind und die Meeresströmungen bewerkstelligt, man kann auch sagen durch die Zirkulationssysteme in den beiden Fluiden.

Der erste große Unterschied zwischen niedrigeren und höheren Breiten ist der vor allem durch den unterschiedlichen Sonnenstand bedingte unterschiedliche Energie-Input in das gesamte, aus fester Erde, den Ozeanen und der Atmosphäre bestehende System, das wir einfach das *System Erde-Atmosphäre* nennen. Wollen wir beurteilen, ob in einer bestimmten geographischen Breite ein Energieüberschuß

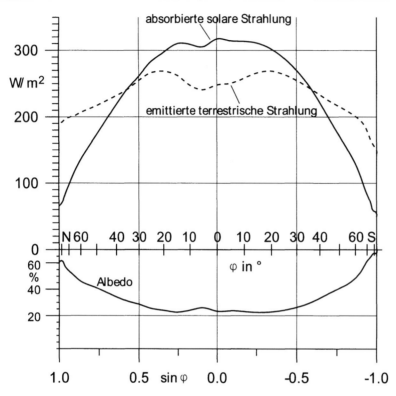

BILD 3.4.
Breitenmittel der vom System Erde-Atmosphäre *absorbierten solaren Strahlung* (als Energie-Input in das System; *obere ausgezogene Linie*) und der von diesem System *emittierten terrestrischen Strahlung* (als Output des Systems; *gestrichelt*). Zwischen 35° N und 35° S ist der Input größer als der Output und somit die extraterrestrische Strahlungsbilanz positiv. Polwärts gibt das System mehr Energie ab, als es empfängt: Die extraterrestrische Strahlungsbilanz ist negativ. Unten ist auch noch die globale Albedo – das ist das Reflexionsvermögen der Erde, wie es ein Satellit sieht –, ebenfalls in Abhängigkeit von der geographischen Breite φ, dargestellt. Den Daten liegen Messungen, die von den polumlaufenden Satelliten NOAA 9 und NOAA 10 aus im Rahmen des Earth Radiation Budget Experiment (ERBE) durchgeführt wurden, zugrunde. Die Daten sind zeitliche Mittelwerte für die 4 Jahre von Februar 1985 bis Januar 1989. Quelle: NASA Langley Research Center, Hampton, Virginia, USA

oder ein -defizit vorliegt, so müssen wir auch noch den Energie-Output berücksichtigen. Oberhalb der Atmosphäre wird Energie nur durch Strahlung transportiert. Als Input betrachten wir die von der Sonne kommende minus der vom System Erde-Atmosphäre reflektierten Strahlung, also die vom System absorbierte solare Strahlung. Als Output kommt nur die vom System als langwellige Strahlung in den Weltraum ausgesandte Energie in Frage, man spricht auch von der emittierten terrestrischen Strahlung. Input minus Output nennt man Strahlungsbilanz. Diese hier erläuterten Größen sind in Bild 3.4 dargestellt, und man erkennt, dass die extraterrestrische Strahlungsbilanz des Systems Erde-Atmosphäre äquatorwärts von etwa 35° N oder 35° S positiv, polwärts dieser Breitenkreise jedoch negativ ist. Wir haben so in den Tropen eine Überschusszone an Energie, in den mittleren und polaren Breiten aber ein Defizit. Dieses Missverhältnis gilt es auszugleichen.

Neben diesem energetischen Problem gibt es ein mechanisches. Die Erde dreht sich von West nach Ost und besitzt dabei einen West→Ost-Drehimpuls. Wir kennen den Begriff *Impuls*, den eine Masse besitzt. Das ist das Produkt aus Masse und Geschwindigkeit. Bei einer Bewegung einer Masse um eine Drehachse definiert man eine Größe *Dreh-impuls* als das Produkt aus dem Impuls dieses Masseteilchens und seinem Abstand von der Drehachse. Der Drehimpuls, den ein Luftteil-chen der Erdatmosphäre besitzt, ist also das Produkt aus seiner Mas-se, seiner Geschwindigkeit in West→Ost-Richtung und seinem Abstand von der Erdachse. Als Geschwindigkeit nehmen wir hier seine abso-lute Geschwindigkeit, die sich aus der Rotationsgeschwindigkeit und seiner West→Ost-Relativgeschwindigkeit (relativ zu der sich drehen-den Erde) zusammensetzt. Näheres dazu wurde in Abschn. 2.5.1 erör-tert. So ist auch der Drehimpuls, von dem wir hier reden, der *absolute Drehimpuls* des Teilchens. Dieser setzt sich aus dem mit der Relativ-geschwindigkeit verbundenen *relativen Drehimpuls* und dem durch die Erdrotation bedingten Anteil zusammen. Da die Erde sich in West→Ost-Richtung dreht, definieren wir hier den dieser Drehrichtung entsprechenden Drehimpuls als positiv.

Weht ein Ostwind relativ zur Erde, dann ist dies eine Bewegung in der Gegenrichtung der Erdbewegung (also mit negativem relativen Drehimpuls). Durch die Reibung an der Erdoberfläche wird positi-ver Drehimpuls der festen Erde und der Ozeane an die Atmosphäre (in der der Ostwind herrscht) abgegeben, was einer Verlangsamung des Ostwindes entspricht. Weht ein Westwind relativ zur Erde, dann ist dies eine Bewegung in der Richtung der Erdbewegung (also mit positivem relativen Drehimpuls). Durch die Reibung gibt die Atmo-sphäre, die ja schneller ist als die Erdoberfläche, positiven Drehimpuls an die feste Erde und die Ozeane ab, was einer Verlangsamung des Westwindes entspricht.

Würden oberflächennah die Westwinde auf der Erde dominieren, dann würde die Atmosphäre einen ständigen Drehimpulsverlust an die feste Erde und die Ozeane verzeichnen, der irgendwoher wieder ersetzt werden müßte, falls wir weiterhin Westwind haben wollen. Dieser Verlust ist gleichbedeutend damit, dass die Westwinde ein-schlafen. Der Leser kann an dieser Stelle der Argumentation vorschla-gen, den Verlust des West→Ost-Drehimpulses dadurch zu ersetzen, dass durch ein West→Ost-Druckgefälle wieder Impuls erzeugt wird. Das ist lokal durchaus möglich. Wir denken hier aber global, d. h. unter anderem auch in Mittelwerten über jeden einzelnen Breiten-kreis. Mitteln wir die Erzeugung über ein West→Ost-Druckgefälle über den Breitenkreis, dann bedeutet dies, dass dort, wo wir anfan-gen zu mitteln, derselbe Luftdruck herrscht wie dort, wo wir aufhö-ren. Unterwegs werden positive und negative Druckgradienten an-getroffen, aber im Breitenkreismittel heben sie sich auf. Das heißt, im Breitenkreismittel kommt diese Ersatzmöglichkeit des West→Ost-Drehimpulses nicht in Frage. So bleibt nur, dass die Atmosphäre selber diesen Impuls aus anderen Gebieten herantransportiert, wo sie ihn von der festen Erde und den Ozeanen gewinnt. Der einzige Weg ist, ihn aus oberflächennahen Ostwinden zu ziehen. Wenn sich also global und über lange Zeiträume hinweg nichts ändern und so auch der Drehimpuls der Atmosphäre erhalten bleiben soll, dann geht dies nur so, dass die Atmosphäre genauso viel West→Ost-Drehimpuls in oberflächennahen Ostwindgebieten gewinnt, wie sie in oberflächennahen Westwindgebieten wieder an die feste Erde und die Ozeane abgibt. Dabei wird der in Ostwindgebieten vereinnahmte und in Westwindgebieten verausgabte Drehimpuls durch die Atmosphäre von den Ostwindgebieten zu den Westwindgebieten transportiert. Die Folge dieser Überlegungen ist die, dass es große Westwindgebiete auf der Erde nur geben kann, wenn es auch große Ostwindgebiete gibt und umgekehrt. Diese Äquivalenz von oberflächennahen Ost- und Westwindgebieten auf der Erde ist in den tropischen Ostwinden und den Westwinden in mittleren und hohen Breiten realisiert. Bild 3.2 zeigt dies in einem Breitenkreisschnitt durch die Erdatmosphäre. Das Wort „äquivalent" bedeutet, Gebiete und Stärke der oberflächennahen Ostwinde müssen denen der oberflächennahen Westwinde entsprechen, so dass der Drehimpuls der Erdatmosphäre global und im klimatologischen Zeitmittel erhalten bleibt.

Diese Überlegungen über die Energiebilanz des Systems Erde-Atmosphäre *und* die Erhaltung des Drehimpulses der Atmosphäre zeigen, welche beiden Grundbedingungen die AZA, das ist das über eine lange Zeit gemittelte globale Zirkulationssystem, erfüllen muss. Das sind eine ausgeglichene Energiebilanz *und* ein ausgeglichener Drehimpulshaushalt. Selbstverständlich ist, dass die physikalischen Grundgesetze zu beachten sind, z. B. dass der Wind der Corioliskraft und damit in weiten Teilen der Atmosphäre dem mit ihr verbundenen geostrophischen Gleichgewicht unterliegt. Auf der realen Erde kommen Bedingungen hinzu, die aus der Land-Wasser-Verteilung resultieren.

Wie löst nun die Atmosphäre die für den Ausgleich notwendigen Transportprobleme? Wenn wir hier mit dem energetischen Problem beginnen, dann könnte man an die Möglichkeit denken, dass die stark aufgeheizte Luft in den Tropen aufsteigt und zu den Polen fließt. Dort liegt sehr kalte Luft, die absinkt und sich als Ausgleich in Richtung Äquator in Bewegung setzt. So entstünde eine „direkte" Zirkulation (s. Bild 3.5), wie wir sie z. B. auch in einem Raum zwischen einem Heizkörper und einer kalten Wand beobachten können. Aber die Skala dieses globalen Transportes ist mit 10 000 km viel größer als die in einem großen Raum mit vielleicht 10 m.

Auf der Skala von 10 m gibt es Prozesse, die die einfache direkte Zirkulation zwischen einem Heizkörper und einer kalten Wand stören: Da sind z. B. die anderen Wände, die u. U. sehr unterschiedliche

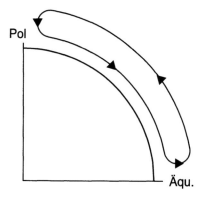

BILD 3.5.
Einfachste, aber von der Natur *nicht* realisierte Vorstellung einer atmosphärischen Zirkulation zwischen äquatorialen und polaren Gebieten

Temperaturen aufweisen, und es könnte erhebliche Störungen durch geöffnete Fenster und Türen geben. Schließt man derartige Einflüsse aber aus, dann ergibt sich eine gut ausgeprägte direkte Zirkulation.

Bei der großen Skala der Erdatmosphäre treten mannigfalte Komplikationen auf, die größte ist die ablenkende Kraft der Erdrotation, die Corioliskraft, die in Abschn. 2.5.1 erläutert wurde. Diese bewirkt, dass die zum Pol hin gerichteten Äste unserer hypothetischen globalen Zirkulationszellen nach Osten abgelenkt und dadurch zu Westwinden werden; die zum Äquator hin gerichteten Äste werden nach Westen abgelenkt und zu Ostwinden. Damit ist ein direkter Transport zwischen dem Äquator und den Polen blockiert, und die Atmosphäre muss sich einen anderen Mechanismus überlegen, wie sie die überschüssige Wärme vom Äquator zu den Polen bringt. Ein probates Mittel sind in dieser Situation *Wirbel*, die drei Bedingungen erfüllen:

- Sie entstehen als Reaktion auf den großen Temperaturgegensatz zwischen den Tropen und den polaren Regionen.
- Sie besitzen eine große Transportkapazität; das bedeutet, dass sie groß sein müssen und große Windgeschwindigkeiten (Stürme!) entwickeln. (Ein Transportband von hoher Effizienz ist breit und läuft schnell).
- Sie treten auf, wo der Transport erforderlich ist, nämlich in den mittleren Breiten.

Eine einzige Mittelbreitenzyklone kann Sturm und andere Arten von Unwetter in riesigen Gebieten verursachen – z. B. in ganz West-, Mittel- und Nordeuropa.

Die so postulierten Wirbel sind die *Mittelbreitenzyklonen*. Sie entstehen dort, wo warme tropische oder subtropische Luft recht nahe an kalte polare Luft herankommt. Sie entwickeln sich zu horizontal rotierenden Gebilden, deren Skala meist deutlich größer als 1 000 km ist, ja häufig sogar ein Vielfaches davon annimmt. Es entstehen Stürme, die große Gebiete überdecken. Sie weisen eine Struktur auf, die mit ihrer Genese aus den benachbarten warmen und kalten Luftströmungen zusammenhängt, nämlich ein Nebeneinander von *kalten und warmen Sektoren*, deren Grenzgebiete (s. die Definition in Abschn. 2.8.3) man als *Fronten* bezeichnet. Deshalb spricht man auch von Frontalzyklonen. Ihre Struktur und ihr Lebenslauf von der Entstehung bis zur Auflösung werden in Kap. 6 erklärt.

Die direkte Zirkulation reicht also nur bis in die Subtropen, etwa bis 30° Breite, wo bereits Absinken erfolgt. Das ganze vertikal stehende Zirkulationsrad mit horizontaler Achse und mit Aufsteigen in Äquatornähe nennt man Hadley-Zelle. Diese ist schematisch in Bild 3.3 dargestellt. Der weitere polwärtige Transport erfolgt mit den horizontalen Wirbeln der Mittelbreitenzyklonen. Da in diesen Tiefs die Luft aufsteigt (s. Abschn. 2.5.4), ergibt sich zusammen mit dem Absinken im Subtropenhoch ein weiteres vertikal stehendes Zirkulationsrad, die Mittelbreitenzelle (s. Bild 3.3). Diese ist aber beim Energietransport bei weitem nicht so effizient wie die horizontalen Wirbel, das sind die wandernden Tiefs und Hochs, also die Mittelbreitentiefs und die zwischen ihnen liegenden Hochdruckgebiete. Weiter nördlich zeigt Bild 3.3 noch eine beim Transport ebenfalls recht ineffektive polare Zelle. Das Absinken in den Subtropen ist an hohen Luftdruck gekoppelt, der dafür sorgt, dass äquatorwärts Ostwinde vorherrschen, was man auch sehr deutlich in Bild 3.2 sieht. Damit erfüllt sich die aus der Drehimpuls-Betrachtung postulierte Äquivalenz der oberflächennahen West- und Ostwinde. In der unteren Troposphäre finden wir so vorherrschend westliche Winde vor allem zwischen dem Subtropen-Hoch und den weiter polwärts wandernden Mittelbreitenzyklonen und vorherrschend östliche Winde äquatorwärts des Subtropenhochs. Die wichtigsten Bausteine der AZA sind damit erläutert:

- die *Hadley-Zelle* als Überbleibsel der Vorstellung einer direkten Zirkulation zwischen dem Äquator und den Polen;
- die *Mittelbreitenzyklonen* als unabdingbare Elemente, um den weiteren polwärtigen Transport zu gewährleisten;
- das *Subtropenhoch*, das aus der Forderung der Äquivalenz der West- und Ostwinde resultiert und gleichzeitig den absteigenden Ast der Hadley-Zelle darstellt;
- die *Innertropische Konvergenzzone* (ITCZ), in der die NO- und SO-Passate konvergieren und damit den aufwärts gerichteten Ast der Hadley-Zelle begründen.

Die bisherigen Erläuterungen sollen nun weiter veranschaulicht werden. Dies geschieht vor allem im Hinblick auf die Gefahr bringenden Bewegungs-Systeme. Wir wollen sehen, *wie* und *wo* diese im Schema der AZA auftreten. Bild 3.6 besteht aus zwei Schnitten durch die Atmosphäre, in die bedeutende dort ablaufende Vorgänge eingetragen sind. Bild 3.6a ist ein Vertikalschnitt, der durch die Strecke Äquator-Pol und die Höhe z über der Erdoberfläche aufgespannt wird. Bild 3.6b stellt einen Horizontalschnitt mit der gleichen Strecke Äquator-Pol als Abszisse, aber mit einer horizontal von Ost nach West verlaufenden Ordinate dar. Sieht man in Bild 3.6b die obere gekrümmte Linie als einen Längenkreis an, dann ist die Ost-West-Strecke natürlich am längsten am Äquator und schrumpft am Pol auf einen Punkt zusammen. Die eingetragenen Phänomene sind im klimatologischen Mittel auftretende Erscheinungen über den Ozeanen. Man kann sich hier z. B. den nördlich des Äquators liegenden Teil des Atlantischen Ozeans vorstellen. Über Land erscheinen die Verhältnisse modifiziert.

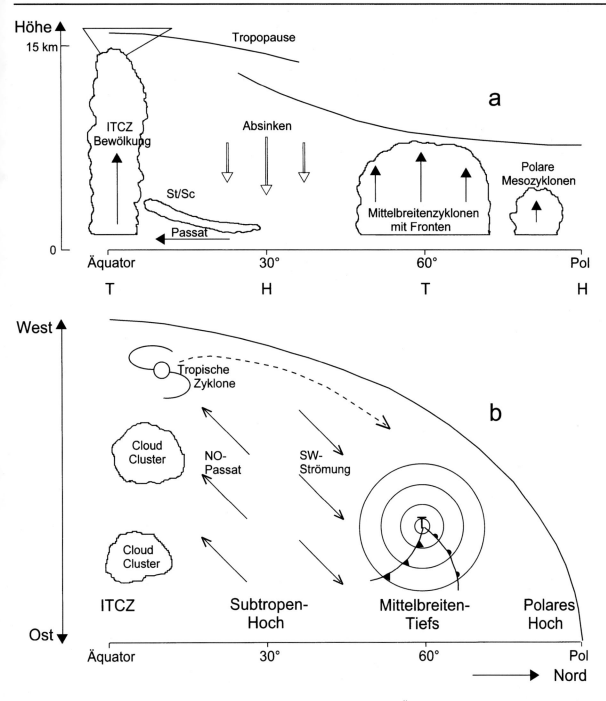

BILD 3.6. Bedeutende atmosphärische Prozesse und Bewegungssysteme in ihrer Äquator-Pol-Anordnung. (a) vertikaler, (b) horizontaler Querschnitt. Die skizzenhafte und nicht maßstäbliche Gesamtdarstellung soll dem Leser eine dreidimensionale Vorstellung vermitteln. Nähere Erläuterungen s. Text

Vor allem können die Stürme dort wegen der starken „Bodenreibung"
nicht so gut entstehen und wachsen wie über dem „glatten" Wasser.
Sie können sich allerdings, wenn sie sich über dem Ozean entwickelt
haben, nach dem Übertritt aufs Land dort kräftig austoben. Das gilt
sowohl für die Tropischen Zyklonen als auch für die Mittelbreitenzyklonen. Zum Beispiel treten viele über dem äquatorialen Atlantik
nach Westen wandernde Hurrikane auf die Landgebiete Mittel- oder
Nordamerikas über, und die über dem mittleren Atlantik nach Osten
wandernden Mittelbreitenzyklonen stoßen auf ihrem Weg auf die
Landgebiete Mittel- oder Nordeuropas. Gewitterstürme besitzen allerdings über dem Land sehr gute Entwicklungschancen, da sich die
Landmassen viel stärker aufheizen können als die Wasseroberflächen.
Sind die wärmeren Landoberflächen auch noch als Gebirge in die
Atmosphäre hineingehoben (gehobene Aufheizfläche), dann ist die
Temperaturabnahme mit der Höhe und damit auch die Labilität grö-
ßer als über der Ebene und erst recht größer als über einer Wasser-
oberfläche, und die Gewitter können prächtig wachsen.

Wir wollen nun Bild 3.6 etwas ausführlicher besprechen und dabei herausarbeiten, welche Art von Bewegungssystemen auf der Erde
in welcher geographischen Breite bevorzugt auftritt.

- Wie bei den Bildern 3.1 und 3.3 sind in den Bildern 3.6a,b die
  Druckgürtel eingetragen, wie man sie in Bodennähe findet: eine
  Tiefdruckrinne am Äquator, das ist die Innertropische Konvergenzzone (ITCZ) mit aufsteigender (↑) Luft; das Subtropenhoch (H)
  bei etwa 30° geographischer Breite mit absteigender (↓) Luft; die
  Tiefdruckrinne der Mittelbreiten, in der in den Mittelbreiten-Tiefs
  die Luft aufsteigt (↑); das schwache polare Hoch. Aufsteigende Luft
  führt zu Kondensation und Wolken- und Niederschlagsbildung,
  absteigende Luft erwärmt sich adiabatisch und trocknet dabei aus,
  d. h. die relative Feuchte nimmt rasch ab. So gibt es in den Subtropen im allgemeinen nur wenig Wolken, s. auch Bild 2.3.
- Zwischen den Subtropen und den inneren Tropen wehen die Pas-
  satwinde, in der Atmosphärischen Grenzschicht auf der Nordhalbkugel von Nordosten, auf der Südhalbkugel von Südosten kommend. Sie konvergieren in der Innertropischen Konvergenzzone
  (ITCZ). Die Luft wird dort zum Aufsteigen gezwungen. Der rein
  geostrophische Wind äquatorwärts des Subtropenhochs ist ein
  Ostwind, der in der Reibungsschicht, das sind grob gesehen die
  untersten 1 000 m der Atmosphäre, eine Komponente in den tiefen Druck der ITCZ hinein erhält und so von Nordosten bzw. von
  Südosten weht. Diese Nordost- und Südost-Passate nehmen an der
  Ozeanoberfläche Wärme und Wasserdampf auf und transportie-

ren diese in die ITCZ. Dabei wird die Passatschicht zum Äquator hin immer dicker. Sie wird nach oben durch eine bis einige 100 m dicke Schicht von Stratus (St)- oder/und Stratocumulus (Sc)-Wolken begrenzt. Darüber liegt eine Inversionsschicht, die das untere feuchte und relativ kühle Regime von der wärmeren und trockenen absinkenden Luft der Freien Atmosphäre trennt.

- In den inneren Tropen steigt die Luft aus den Passatströmungen dann auf. Dies geschieht nicht als gleichmäßiges Band um die Erde herum, sondern in der Form von Cloud Clustern, das sind große konvektive Wolkenansammlungen mit einem charakteristischen Durchmesser (Längenskala) von 300 km. Zwischen den von Ost nach West wandernden Cloud Clustern findet man vergleichsweise breite Zonen mit „schönem Wetter", die Verhältnisse sind dort ähnlich wie im Passat. Sind die Bedingungen für die Entstehung eines Tropischen Sturmes erfüllt (s. Kap. 5), dann können aus den Cloud Clustern Hurrikane oder Taifune entstehen. Zum Beispiel kann sich so über dem mittleren Atlantik ein Hurrikan bilden, der westwärts zieht. Manche dieser Stürme sterben in der Karibik, andere treten in Mittelamerika oder in den USA auf Land über. Öfter schwenkt ein Hurrikan in der Karibik nach Norden oder Nordosten um. Er gerät dann in die Zone der Mittelbreitenzyklonen und kann sich sogar in eine solche umwandeln. Dies ist im Bild durch die gestrichelte Bahn angedeutet.

Satellitenbilder zeigen das Nebeneinander von Cloud Clustern, Tropischen Zyklonen und ruhigem Wetter in der ITCZ; s. z.B. die Bilder 5.3c und 5.11.

- Im Absinken des Subtropenhochs (im Nordatlantik spricht man vom Azorenhoch) herrscht durchwegs ruhiges Wetter. Die absinkende Luft stellt den absinkenden Teil der Hadley-Zelle und ebenso der Ferrel-Zelle dar (s. Bild 3.2).

- Als Folge der engen Nachbarschaft der warmen tropischen oder subtropischen Luft und kalter Polarluft entstehen in den mittleren Breiten große Wirbel, die typische Durchmesser von 1 000 km und mehr aufweisen, die Mittelbreitenzyklonen; Näheres s. Kap. 6. Sie ziehen (grob gesehen) von Westen nach Osten. Im Breitenkreismittel ergibt sich aus diesen Tiefdruckgebieten klimatologisch je eine Tiefdruckrinne bei etwa 60° nördlicher und südlicher Breite. Dies ist die Region, in der wir den aufsteigenden Ast der Ferrel-Zelle (s. Bild 3.3) finden. Wegen der Genese aus benachbarter warmer und kalter Luft bestehen diese Zyklonen aus eng miteinander verbundenen, unterschiedlichen, kalten und warmen Sektoren. Die Übergänge zwischen ihnen nennt man Fronten.

- Im polwärtigen kalten Sektor können sich polare Mesozyklonen bilden, deren Skala deutlich kleiner ist als die der Mittelbreitenzyklonen. Mesozyklonen bilden sich aber auch an Kaltfronten oder sogar im Mittelmeer.

Man erkennt hier, dass die tropischen Cloud Cluster (Abschn. 4.1.6), die Tropischen Zyklonen (Kap. 5), die Mittelbreitenzyklonen (Kap. 6) und die polaren Mesozyklonen (Abschn. 6.3) an bestimmte geographische Breiten, ja weitergehend noch an bestimmte Regionen auf der Erde gebunden sind. Sie spielen auch eine wohldefinierte Rolle innerhalb der Allgemeinen Zirkulation der Atmosphäre. Die Lokalen Stürme (Gewitter) (Kap. 4) finden wir meist in mehr oder weniger fester Verbindung mit den größerskaligen Stürmen, so z. B. in einer ein Mittelbreitentief fütternden Warmluftzunge, an Kaltfronten oder in sehr labiler polarer Luft, die hinter einer Kaltfront über warmem Untergrund einströmt. Cloud Cluster oder Mesoskalige Konvektive Komplexe (Abschn. 4.1.6) können bei labilen Situationen auch in sehr unterschiedlichen Gebieten des Globus vorkommen.

Dieser kurze Abriss der Allgemeinen Zirkulation der Atmosphäre (AZA) betont im wesentlichen die meridionale (also in Nord-Süd-Richtung) Struktur und die meridionalen Zirkulationssysteme. Letztere sind in Bild 3.3 skizziert. Bedingt durch die inhomogene Land-Wasser-Verteilung, gibt es aber auch eine Reihe von sehr großskaligen Zirkulationen mit zonaler (also in West-Ost-Richtung) Ausprägung. Das sind die Monsune (sie haben bedeutende zonale Komponenten) und die rein zonalen Zirkulationsäste des ENSO-Phänomens. ENSO steht für El Niño Southern Oscillation. ENSO ist eine Erscheinung, die sich über den ganzen Pazifik hinweg zwischen Indonesien (also von der geographischen Länge von etwa 120° O) und Südamerika (etwa 80° W) in Atmosphäre und Ozean abspielt und von einer sehr intensiven Wechselwirkung zwischen den atmosphärischen und ozeanischen Zuständen und Prozessen geprägt ist.

Auch El Niño ist ein bedeutendes Phänomen der Allgemeinen Zirkulation der Atmosphäre.

Der ozeanische Teil dieses Phänomens ist den Bewohnern der Pazifikküsten von Peru und Ecuador unmittelbar südlich des Äquators seit Urzeiten bekannt. Meist herrschen dort südöstliche Winde (Südost-Passat), die für ein Aufquellen von kaltem und nährstoffreichem Tiefenwasser mit großem Fischreichtum sorgen. Letzterer stellt eine gesunde wirtschaftliche Basis der Küstenbewohner sicher. Verbunden ist dies mit hohem Luftdruck, geringer Bewölkung und wenig Niederschlag.

Aber im Abstand von mehreren Jahren gibt es vor allem zum Jahresende, also um die Weihnachtszeit, vorherrschende Nordwinde verbunden mit einer küstennahen nördlichen Meeresströmung, die oberflächennahes warmes Pazifikwasser bis oft weit nach Süden transportiert. Der Fischreichtum erstirbt. Gleichzeitig fallen außergewöhnlich ergiebige Niederschläge, die die trockenen Küstenlandstriche erblühen lassen. Da dieses Phänomen vornehmlich um die Weihnachtszeit auftritt, nannten die Seeleute diese außergewöhnliche, von Norden

kommende Meeresströmung „El Niño" (das Christkind). Dieser Ausdruck steht heute für einen Zustand von Atmosphäre und Ozean in
diesem Gebiet, der durch niedrigen Luftdruck, starke Niederschläge
und warmes, vom Pazifik herantransportiertes Oberflächenwasser
gekennzeichnet ist. Den anderen Zustand, hoher Luftdruck, Südost-
passat, wenig Wolken und Niederschläge und kaltes Auftriebswasser
an der Küste nennt man im Gegensatz zu ersterem „La Niña". Zur Erklärung: In Spanisch heißt el niño Knabe, männliches Kind und auch
das Christkind, während la niña Mädchen, weibliches Kind bedeutet.

Später erst entdeckte man, dass die Erwärmung des Ozeans in der
El Niño-Phase sich weit in den Pazifik hinein erstreckt. Sie kann Werte
von bis zu 5 °C über dem langjährigen Mittel erreichen. Man fand
auch nach und nach heraus, dass das El Niño-Phänomen in einem
räumlichen Maßstab gesehen werden muss, der den gesamten tropischen Pazifik umfasst. So zeigte Sir Gilbert Walker bereits vor dem
2. Weltkrieg, dass der Lufdruck im westlichen Pazifik und östlichen
Indischen Ozean einerseits und im südöstlichen tropischen Pazifik
andererseits – also über eine Entfernung von mehr als 10 000 km –
meist genau entgegengesetzt verläuft. So erscheint hoher Luftdruck
im westlichen Pazifik gekoppelt mit niedrigem im östlichen und
umgekehrt, und diese Zustände pendeln im Abstand von mehreren
Jahren hin und her. Walker nannte dieses Phänomen „Southern Oscillation". Die zugehörige atmosphärische Zirkulation mit aufsteigender Luft in den Bereichen des tiefen und absinkender in den Gebieten mit hohem Luftdruck wurde 1969 von J. Bjerknes „Walker Circulation" genannt. Zu dieser Zeit fand man auch heraus, dass die El Niño-
und La Niña-Zustände mit dieser Southerly Oscillation aufs engste
gekoppelt sind. Das Oszillieren des Luftdruckes zwischen dem östlichen und dem westlichen Pazifik und die damit verbundene Zirkula-
tions-Schwankung ist eine Schwingung, die nicht streng periodisch
verläuft, sondern unregelmäßig 2 bis 6 Jahre benötigt.

Wie bei jeder Schaukel besitzt diese Schwingung zwei extreme Zustände. Der eine ist tieferer (als im Mittel) Luftdruck über dem westlichen und höherer über dem östlichen Pazifik. In diesem Fall sind
die Passatströmung und die östlichen äquatorialen Winde gut ausgeprägt und treiben das warme Oberflächenwasser nach Westen. Im
Westen liegt dann auch der Schwerpunkt des warmen Wassers, der
aufsteigenden Luft und der starken konvektiven Niederschläge. Im
östlichen Pazifik dagegen findet man hohen Luftdruck, absinkende
Luft, wenig Niederschläge und relativ kaltes Wasser, letzteres vor allem in der küstennahen Aufquellregion. Dies ist die La Niña-Phase.

Im El Niño ist es umgekehrt. Bei tieferem (als im Mittel) Luftdruck
im östlichen Pazifik wird warmes Wasser von Westen herantrans-

El Niño-Zustand

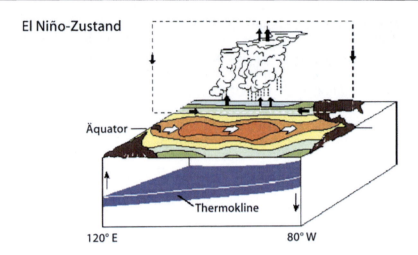

Normalzustand

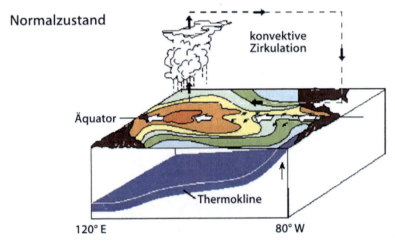

La Niña-Zustand

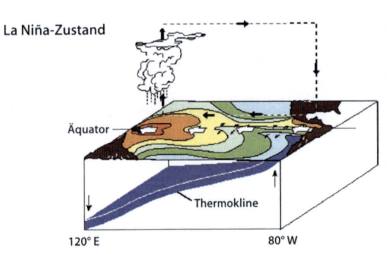

BILD 3.7.
Zustände von Atmosphäre und Ozean im tropischen Pazifik in unterschiedlichen ENSO-Phasen, *oben:* El Niño, *unten:* La Niña, *in der Mitte:* mittlerer Zustand. Dargestellt sind die Wasseroberflächentemperatur (dunkelrot: > 29 °C, blau: < 20 °C), die atmosphärische Zirkulation *(schwarze Pfeile)* und die damit verbundene Wolkenbildung, die Strömungsrichtung des Wassers nahe der Ozeanoberfläche *(offene Pfeile)*, die Lage der Thermokline (Trennfläche von kaltem Tiefenwasser und warmem oberflächennahen Wasser) und die Vertikalbewegung im Ozean *(dünne schwarze Pfeile).*
Quelle: *www.elnino.noaa.gov*

portiert. Über diesem warmen Wasser steigt die Luft auf, und es bilden sich heftige konvektive Niederschläge über dem mittleren und östlichen Pazifik. Bei höherem Luftdruck im Westen herrscht in Indonesien Absinken und Niederschlagsmangel. Bild 3.7 veranschaulicht diese Zustände.

Ein solch riesiges Zirkulationssystem globalen Ausmaßes hat natürlich Folgen globaler Art, zunächst einmal in den diesem System benachbarten Teilen der Erde, so z. B. in den Anden, in den südlichen Teilen der USA und im Indischen Monsungebiet. Wie sehr das Wetter in Mitteleuropa betroffen wird, ist unklar. Neuere Forschungsergebnisse weisen darauf hin, dass die Hurrikan-Tätigkeit im Atlantik und vor allem die gefürchteten Übertritte dieser Systeme auf den Nordamerikanischen Kontinent in der El Niño-Phase deutlich reduziert sind (Landsea et al. 1999). Das El Niño-Phänomen oder ganz allgemein das ENSO-Phänomen ist ein ganz natürliches Verhalten von Atmosphäre und Ozean, eine Schwingung dieser beiden Fluide zwischen den Landmassen im Westen und Osten des Pazifik. Ob eine Veränderung des globalen Klimas (s. Abschn. 1.4) auch dieses Phänomen und seine globalen Fernwirkungen beeinflusst, kann derzeit niemand sagen. Das letzte große El Niño-Ereignis trat 1997/98 auf. Daran schloss sich eine lange La Niña-Phase an, die bis zum Nordsommer 2001 dauerte. Vor dieser Schwingung gab es einige kleinere El Niños, das vorletzte große Ereignis 1982/83.

Hier lassen wir es mit diesen Ausführungen bewenden, da die Behandlung der AZA im einzelnen nicht das zentrale Thema dieses Buches ist.

4 Lokale Stürme (Gewitter)

Doch wie wir oftmals sehn vor einem Sturm
ein Schweigen in den Himmeln, still die Wolken,
die Winde sprachlos und der Erdball drunten
dumpf wie der Tod – mit eins zerreißt die Luft
der grause Donner: so, nach Pyrrhus' Säumnis,
treibt ihn erweckte Rach' aufs neu' zum Werk.

Dieses Zitat aus William Shakespeare, Hamlet II 2 erläutert R. Geiger in „Das Wetter in der Bildersprache Shakespeares", 1961:

An der Front eines herannahenden Gewitters beobachtet man bisweilen eine Böenwalze, deren horizontale Achse sich über viele Kilometer erstrecken kann. Am Boden ist der Wind gegen diese Böenwalze gerichtet, so daß eine Volksregel heute sagt: „Das Gewitter kommt gegen den Wind herauf". Öfters wirkt es sich nur so weit aus, daß der vorher mäßig starke Wind erlischt; es ist die sprichwörtliche Stille vor dem Sturm. In vortrefflicher Naturschilderung wird dieser Vorgang vom Schauspieler im Hamlet für das Bild des zum Todesstreich ausholenden, aber noch gehemmten Pyrrhus angewendet.

Die großen Lokalen Stürme oder Gewitter sind wahrhaft majestätische Gestalten am Wolkenhimmel. Mit bis zu 50 km Durchmesser sind sie bei weitem nicht so groß wie etwa die Mittelbreitenzyklonen, die typische Durchmesser von 1 000 km und mehr aufweisen. Damit lässt sich von einem geeigneten Standort aus und in einer entsprechenden Entfernung vom Sturm die Gesamtwolkenmasse eines Lokalen Sturmes mit dem Auge noch ganz erfassen. Häufig kann man auch zusehen, wie diese Stürme wachsen und sich bedrohlich weiter entwickeln und auf den Beobachter zu bewegen.

Lokale Stürme gibt es in sehr unterschiedlicher Größe zwischen 2 und 50 km Durchmesser, sichtbar als kleinere Schauerwolken bis zu riesigen Wolkenburgen. Es treten nicht nur Skalenunterschiede, sondern auch Verschiedenheiten in den physikalischen Prozessen auf. Allen gemeinsam ist, dass ihre wichtigste Entstehungsursache eine hochreichend labile Schichtung der Atmosphäre ist (s. Abschn. 2.7). Dadurch entstehen stark konvektive (d. h. mit großen vertikalen Windgeschwindigkeiten verbundene) Wolkengebilde, in denen es lo-

kal auch große horizontale Windgeschwindigkeiten bis hin zu Sturmstärke gibt. Treten auch noch – was häufig, vor allem bei den großen
Gebilden, der Fall ist – elektrische Erscheinungen, also Blitze mit
damit verbundenem Donner, auf, dann spricht man von Gewittern.

4.1
Entstehung der Lokalen Stürme (Gewitter)

4.1.1
Entwicklung von Cumulus-Wolken

Staunend steht der Betrachter vor der Vielfalt der Wolken. Ihre Formen und Gestalten sind so mannigfaltig, dass es oft selbst dem
Fachmann schwer fällt, sich einen Reim darauf zu machen, wie sie
wohl entstanden sind. Wenn man die Erscheinungsformen ordnen
will, dann kann man grob unterscheiden in *stratiforme* und *konvektive* Wolken. Hinzu kommen spezielle Wolkenformationen, die man
nur im Zusammenhang mit Gebirgen beobachtet, die *orographischen*
Wolken. Stratiform nennt man die Schichtwolken; man spricht auch
von Stratus-Wolken (lat.: stratus = geschichtet, geebnet, geglättet). Sie
entstehen dann, wenn über weite Entfernungen dieselben Prozesse am
Werk sind, so z. B. ganz gleichmäßiges Heben der Luft und Kondensation des Wasserdampfes. Die konvektiven Wolken oder Haufenwolken entstehen, wenn engräumige Unterschiede von Temperatur, Feuchte und Vertikalwind die einen Luftteilchen aufsteigen, die anderen aber
absinken lassen. Aufsteigen und Absinken sind Ausdruck der herrschenden Turbulenz, wobei die einzelnen Turbulenzkörper sehr unterschiedlich groß sind. Diese Turbulenz wird entweder rein *dynamisch* im Reibungsprozess oder an Hindernissen erzeugt oder *thermisch* dadurch, dass die Schichtung thermisch labil ist (s. Abschn. 2.7).
Der Fachausdruck *Konvektion* fasst beides zusammen: Er bezeichnet
die Vertikalbewegung von Luftteilchen, die entweder durch rein dynamische Kräfte *(erzwungene Konvektion)* oder durch ihren Auftrieb
(freie Konvektion) bewerkstelligt wird.

Die konvektiven Wolken werden mit dem lateinischen Wort „cumulus" (= Haufen) als Cumulus-Wolken, abgekürzt Cu, bezeichnet. Solche Cumuli gibt es in allen drei Wolkenstockwerken der Troposphäre. Treten sie nur im obersten (etwa von 5 km Höhe bis zur Tropopause) auf, dann nennt man sie Cirrocumulus; das sind meist Felder von
relativ kleinen, sehr hell glänzenden, nahezu ausschließlich aus Eiskristallen bestehenden Schäfchenwolken. Im mittleren Stockwerk
(2 bis 7 km Höhe) heißen sie Altocumulus; in vielen Fällen sind dies
dann auch Felder von Bällchen und kleinen Haufen, deren Einzelele-

Es gibt eine international vereinbarte Klassifikation der Wolken nach ihrer Höhe und Gestalt. Sie unterscheidet 10 verschiedene Wolkengattungen, ferner Wolken-Arten, Wolken-Unter-arten, Sonderformen und Begleit-wolken.

mente aber deutlich größer sind als beim Cirrocumulus. Im untersten Stockwerk (man rechnet dies bis 2 km Höhe) gibt es Cu humilis (= niedrig, flach) als flache, kleine Schönwetterwolken und Cu mediocris (= von mittlerer Größe); letztere zeigen im Vergleich zu Cu humilis schon deutliche Quellformen (Blumenkohlstruktur). Durch alle Stockwerke hindurch können sich Cu congestus (= aufgehäuft) und Cumulonimbus erstrecken. Erstere sind die mächtig hoch geschossenen „Blumenkohlwolken", letztere die Gewitterwolken, teilweise von verwirrender Struktur, hoch aufragend, meist mit einem großen Eiswolkenschirm versehen. Gefahren in Form von Blitz, Hagel, Sturmböen, Tornados und flutartigem Regen gehen nur von den Gewitterwolken aus.

Es gibt bei den konvektiven Wolken sehr große Unterschiede in Größe und Abstand voneinander und in der Art, wie die Felder von solchen Wolken organisiert sind. Wir kennen das z. B. von den Schönwetterwolken oder den Schäfchenwolken, deren einzelne Zellen oft ganz gleichmäßig angeordnet sind oder auch oft Wolkenstraßen erkennen lassen. Der Durchmesser einzelner Elemente reicht von einigen 10 m beim Cu humilis über 1 km bei Cu congestus, 2 bis 50 km bei Gewitterwolken bis zur Größenordnung von 300 km bei Mesoskaligen Konvektiven Komplexen (engl. abgekürzt: MCC). Die Bilder 4.1a–e zeigen einige Beispiele aus diesem Spektrum.

Wir interessieren uns hier für die großen, Gefahr bringenden Gebilde. Um sie zu verstehen, beginnen wir mit der Betrachtung der kleinen. Um das volle Ausmaß der in der Atmosphäre möglichen konvektiven Wolken zu erfassen, wird hier nicht nur von den einzelnen Gewittern, sondern schließlich auch von den Mesoskaligen Konvektiven Komplexen (den MCCs) die Rede sein. Diese sind entweder als Wolkenbänder oder als Cloud Cluster ausgebildet und enthalten jeweils viele einzelne Lokale Stürme.

Wir beginnen also mit den kleinen Schönwetter-Cumuli, die sich z. B. an einem sonnigen Sommervormittag in irgendeinem Niveau des untersten Wolkenstockwerkes (bis 2 km Höhe, s. o.) bilden. In welcher Höhe die Kondensation beginnt (diese Höhe nennen wir das Kondensationsniveau), hängt von der Differenz zwischen Temperatur und Taupunkt im Ausgangsniveau des aufsteigenden Teilchens ab. Der Taupunkt ist ein Maß für die Luftfeuchtigkeit und zwar die Temperatur, bei der der vorhandene Wasserdampfdruck gleich dem Sättigungsdampfdruck ist. Für den, der etwas rechnen will, sei gesagt, dass bei einem Teilchen, das vom Erdboden aus aufsteigt und dort die Temperatur T_0 und den Taupunkt τ_0 besitzt, dieses Kondensationsniveau etwa in der Höhe $z_K = 120 (T_0 - \tau_0)$ m/°C liegt, also z. B. bei $(T_0 - \tau_0) = 10$ °C in 1 200 m.

◀ **BILD 4.1.**
a Feld von kleinen Schönwetter-Cumuli; **b** Feld von kleinen, aber hoch aufgeschossenen Cumuli congesti. Fotos: H. Kraus

BILD 4.1C.
Cumulus congestus. Foto: H. Kraus

Was geschieht in der Atmosphäre, wenn nach einer wolkenlosen Nacht die Sonne aufgeht und am Morgen des neuen Tages immer höher steigt? Zu Sonnenaufgang finden wir eine Temperaturschichtung, wie sie in allen Teildiagrammen von Bild 4.2 durch die dick ausgezogenen Linien für den Zeitpunkt t_0 (mit der Lufttemperatur T_0 an der Erdoberfläche) skizziert ist. In jedem der drei Teilbilder a, b und c finden wir eine andere Ausgangsschichtung der Atmosphäre. Alle

sind aber durch eine Inversion (s. Abschn. 2.6.4) unmittelbar über der Erdoberfläche charakterisiert. Solche Bodeninversionen reichen bis in einige 100 m Höhe und sind typisch für die Temperaturprofile in ruhigen und wolkenarmen Nächten. Sie entstehen durch die starke Abkühlung der Erdoberfläche infolge der intensiven langwelligen nächtlichen Ausstrahlung. Darüber finden wir eine Abnahme der Temperatur mit der Höhe, die sehr unterschiedlich sein kann: In Bild 4.2a mit einer absolut stabilen Schichtung (s. Abschn. 2.7), in Bild 4.2b mit einer bedingt stabilen/labilen Schichtung und in 4.2c von etwas komplizierterer Art.

Die Sonne erwärmt nach Sonnenaufgang den Erdboden und auf diesem Wege auch die darüber liegende Luft. Die erwärmten Luftteilchen geraten in vertikale Bewegung. Eine Ursache für ihr Aufsteigen ist thermischer Auftrieb, eine andere die durch den Wind erzeugte dynamische Turbulenz. Es gibt also, vom Boden ausgehend, *erzwungene und freie Konvektion*, mit der Wärme, Wasserdampf und andere Eigenschaften der Luft, z. B. Verunreinigungen, von unten nach oben getragen werden. Da sich dabei Aufwärts- und Abwärtsbewegungen derart kompensieren, dass im Mittel über alle Teilchen in der Vertikalen nur wenig oder keine Masse fließt, können wir auch von einem *Mischungsprozess* sprechen, der das Ziel verfolgt, die Eigenschaften der Luft mit der Höhe ganz gleichmäßig zu verteilen. Wir kennen dies vom Rühren in der Kaffeetasse; dabei wollen wir erreichen, dass überall im Getränk Zucker und Milch die gleiche Konzentration aufweisen. Beim atmosphärischen Mischen versucht der Wasserdampf, überall die gleiche spezifische Feuchte (das ist die Masse des Wasserdampfes pro Masse der feuchten Luft) anzunehmen. Bei der Temperatur soll sich überall die gleiche *potentielle Temperatur* einstellen. Diese hier neu eingeführte Größe ist etwas kompliziert. Wir können sie aber einfach dadurch erklären, dass ein adiabatisch (d. h. ohne Austausch mit der Umgebung) aufsteigendes Teilchen seinen Gesamtenergieinhalt, der sich aus seiner fühlbaren Wärme und seiner potentiellen Energie zusammensetzt, zu bewahren versucht. Die Zunahme der potentiellen Energie beim Aufsteigen wird dabei aus der fühlbaren Wärme des Teilchens genommen, weshalb es sich, wie bereits in Abschn. 2.6.2 erklärt, trocken-adiabatisch abkühlt. Der Mischungsprozess strebt also eine überall gleiche Summe aus potentieller Energie und fühlbarer Wärme der Teilchen an. Dieser Gesamtenergieinhalt wird durch die *potentielle Temperatur* ausgedrückt. Wegen des Zusammenhangs mit dem trocken-adiabatischen Auf- und Absteigen strebt eine gut durchmischte Luftschicht einen trocken-adiabatischen Temperaturgradienten an.

Zuerst sind nur die untersten Luftschichten von diesem Mischungsprozess betroffen, aber er reicht mit der Zeit immer höher hinauf, er-

◀ BILD 4.1. *(Fortsetzung)*
d Cumulonimbus; **e** Blick aus 12 km Höhe auf den Rand eines sehr großen Cumulonimbus. Fotos: H. Kraus

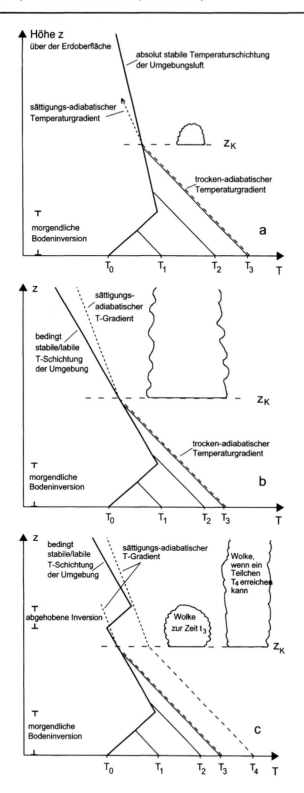

BILD 4.2.
Zur Erklärung der Bildung von Cumulus-Wolken. Der Verlauf der Lufttemperatur T mit der Höhe z *(ausgezogen)* zu verschiedenen Zeiten t_0 bis t_3 an einem Sommertag, an dem bei Sonnenaufgang (das ist die Zeit t_0) der Himmel wolkenlos ist. Zu diesen Zeiten gehören die Lufttemperaturen an der Erdoberfläche T_0 bis T_3. Zur Zeit t_0 findet sich bis zu einigen 100 m Höhe eine Bodeninversion. An sie schließt sich oben in Fall **a** eine absolut stabile Schichtung, in Fall **b** eine bedingt stabile/labile Schichtung und in Fall **c** eine Schichtung, die noch eine abgehobene Inversion enthält, an. Diese Temperaturprofile ändern sich mit der Zeit im Laufe des Vormittags, da die Luft sich von unten her erwärmt. Zur Zeit t_1 gilt das unten bei T_1 beginnende Profil, das bis zur halben Höhe der Bodeninversion eine trocken-adiabatische Schichtung zeigt und sich von da an wie das Sonnenaufgangsprofil nach oben fortsetzt. Das t_0-Profil wird so mit der Zeit von unten her verändert. *Gestrichelt* eingezeichnet ist die Temperatur eines zur Zeit t_3 vom Erdboden aus aufsteigenden Luftteilchens, das am Erdboden eine etwas höhere Temperatur besitzt als T_3. In Fall **c** ist auch die Temperatur-Höhen-Kurve für ein Teilchen eingezeichnet, das am Boden die Temperatur T_4 erreicht. Für die aufsteigenden Teilchen *(gestrichelte Linien)* gelten die entsprechenden *ausgezogenen Kurven* als Umgebungstemperatur im Sinne von Abschn. 2.7. Das Kondensationsniveau ist mit z_K bezeichnet und in allen drei Fällen unabhängig von der Zeit in der gleichen Höhe angenommen. Weitere Erläuterungen enthält der Text

fasst immer höhere Luftschichten. So wird im Beispiel von Bild 4.2a zur Zeit t_1 am Erdboden eine Lufttemperatur von T_1 erreicht, und es bildet sich eine gut durchmischte Luftschicht mit einem trocken-adiabatischen Temperaturgradienten zwischen dem Erdboden und etwa der halben Höhe der morgendlichen Inversion. Dies ist durch die in T_1 beginnende Gerade angedeutet. Ein bodennahes Teilchen, das ein wenig wärmer ist als die Umgebungstemperatur T_1 und so in freier Konvektion nach oben steigt, folgt bei der skizzierten trocken-adiabatischen Umgebungsschichtung ebenfalls einer Trocken-Adiabate, bis es an die Inversion anstößt. Dort kann es noch ein wenig weiter nach oben vordringen, bis es seine gesamte kinetische Energie der Aufwärtsbewegung verbraucht hat. Dann ist es aber kälter als die Umgebung und steigt wieder ab. Mit der weiteren Erwärmung greift die gute Durchmischung immer weiter nach oben durch. Zum Beispiel wird zur Zeit t_2 die Lufttemperatur T_2 am Erdboden erreicht, und die Teilchen können entsprechend der zu T_2 gehörigen Trocken-Adiabate höher steigen als zur Zeit t_1. Schließlich erreichen einige das Kondensationsniveau und bilden kleine Wölkchen. Bei der Wolkenbildung folgen sie dann dem sättigungs-adiabatischen Temperaturgradienten.

Erzwungene und freie Konvektion tragen also die Erwärmung in die Atmosphäre hinauf, und es kommt schließlich im Laufe des Vormittags zu den ersten Schönwetter-Cumuli. Was dann geschieht, hängt wieder von der in den Bildern dick gezeichneten Temperatur-Höhen-Kurve in der Atmosphäre ab. Bild 4.2a gibt ein Beispiel dafür, dass diese eine absolut stabile Schichtung repräsentiert, d. h., die Temperaturabnahme mit der Höhe ist nicht nur kleiner als bei der Trocken-Adiabate, sondern auch kleiner als bei der Sättigungs-Adiabate. Wir sehen in Bild 4.2a, dass ein Teilchen, das etwas wärmer ist als die zur Zeit t_3 erreichte Temperatur T_3, mit seiner überschüssigen kinetischen Energie der Vertikalbewegung gerade noch über die dick ausgezogene T-Zustandskurve hinaus kommt, dann aber stecken bleibt, weil es bei der absolut stabilen Schichtung kälter ist als seine Umgebung. Dieses Teilchen, das in freier Konvektion gerade das Kondensationsniveau z_K erreicht, kann so nur einen kleinen Cumulus bilden. Damit ist der Schönwettertag gerettet. Selbst wenn die bodennahe Lufttemperatur noch etwas weiter steigen sollte, könnten die Cumuli zwar noch etwas höher werden, aber nach oben gibt es immer sehr bald eine Grenze des Wachstums.

Wir können uns zu Bild 4.2a auch noch vorstellen, dass sich im Laufe des Tages die dicke Temperatur-Höhen-Kurve ändern würde. Wenn es in der Höhe kälter wird, so bedeutet das eine Abnahme der Stabilität der Schichtung. Verfolgen wir dies an Bild 4.2a z. B. in der Weise, dass sich die dick ausgezogene Kurve oben zu tieferen Temperaturen verschieben würde, dann sieht man sofort, dass die Luftteilchen nun höher steigen und viel höher aufragende Wolken bilden könnten.

Auf diese Weise entstehen nun eine Menge kleiner Cumulus-Wolken, viele weiße Tupfen am sommerlichen Himmel, sie alle zusammen bilden ein *Wolkenfeld* (s. Bild 4.1a). Wir dürfen nun nicht vergessen, dass es in der Umgebung der aufsteigenden Teilchen auch ein kompensierendes Absinken gibt, das die wolkenfreien Stellen des Himmels charakterisiert. Das Spiel wird dadurch noch komplexer, dass wir zuschauen können, wie die einzelnen Wölkchen auch wieder vergehen, wie andere entstehen. Das können wir so ausdrücken, dass jedes konvektive Element nur eine eng begrenzte Lebensdauer, sagen wir von einigen Minuten bis 10 Minuten, besitzt. Das Ganze ist also ein echt „turbulentes" Geschehen. Das entstandene Wolkenfeld ist in ständiger Veränderung, u. U. auch in einer ständigen Weiterentwicklung, wie das obige Gedankenexperiment mit der allmählichen Abkühlung in der Höhe gezeigt hat. Über die ganze Unordnung hinaus stellt sich aber auch so etwas wie eine Ordnung im Wolkenfeld ein. Ein Beispiel für eine derartige Ordnung sind Wolkenfelder, in denen alle Wolkenelemente und ihre Abstände voneinander etwa gleich groß sind. Ein anderes Beispiel sind erkennbare Wolkenstraßen. Ein drittes Beispiel sind Wolken, in denen man die Erdoberflächenbeschaffenheit wiedererkennen kann, z. B. wenn es am Boden eine Hügelkette gibt, deren der Sonne zugewandten Hänge wärmer sind als die ebenen Landschaftsteile. Es würde zu weit führen, die ordnenden Prozesse genau zu erörtern.

Als nächstes diskutieren wir Bild 4.2b. Das Temperaturprofil bei Sonnenaufgang (dick ausgezogen) weist über der Bodeninversion eine bedingt stabile/labile Schichtung auf. Diese ist zwar trocken-stabil, aber sättigungs-labil. Das Kondensationsniveau liegt in der gleichen Höhe wie bei Bild 4.2a. Bis zum Zeitpunkt t_3 baut sich (wie in Fall a) von unten her eine gut durchmischte Atmosphärische Grenzschicht bis in immer größere Höhen auf, wie es durch die dünn ausgezogenen, bei den Temperaturen T_1, T_2 und T_3 beginnenden Trocken-Adiabaten gezeichnet ist. Es bilden sich noch keine Wolken. Wenn aber ein bodennahes Teilchen etwas wärmer als T_3 wird, dann kann es in freier Konvektion bis ins Kondensationsniveau gelangen und von da an sättigungs-adiabatisch weitersteigen, weil es immer wärmer ist als die bedingt labil geschichtete Umgebungsluft. Die Wolke kann dabei sehr große Höhen erreichen, wenn nicht irgendwo unterwegs (in Bild 4.2b nicht gezeichnet) ein Hindernis in Form von erneut stabiler Schichtung auftritt. Letzteres widerfährt dem Teilchen spätestens an der Tropopause. Nun darf man eine einzelne Wolke nie ohne das ganze in Entwicklung befindliche Wolkenensemble sehen. Im Fall von Bild 4.2b werden also mehrere Teilchen T_3 und somit den Punkt der raschen Entwicklungsmöglichkeit erreichen und in Nachbarschaft miteinander konkurrieren. Was dann wirklich geschieht, kann man häufig beobachten. Nach einem wolkenlosen frühen Vormittag setzt plötzlich Wolkenbildung ein, und in kürzester Zeit ist der Himmel ganz bedeckt mit einer dicken Schicht aus Cumulus- und Stratocumulus- Wolken, von denen einige sich zu Schauern entwickeln. Betont sei noch, dass die Temperatur T_3, von der an es zu der sehr raschen hochreichenden Wolkenbildung kommt, deutlich niedriger liegt als T_3 mit ersten vereinzelten Schönwetter-Cumuli in Fall a.

Bild 4.2c (Fall c) besitzt bis kurz oberhalb des Kondensationsniveaus das gleiche Ausgangsprofil (zur Zeit t_0, bei Sonnenaufgang) wie in Fall b. Darüber befindet sich aber eine abgehobene Inversion, die natürlich stark stabilisierend wirkt. Der bodennahe Mischungsprozess vollzieht sich wie vorher bis zur Zeit t_3. Ein Teilchen, das etwas wärmer als T_3 ist, schafft es, das Kondensationsniveau in freier Konvektion zu erreichen. Entsprechend dem sättigungs-adiabatischen Temperaturgradienten bleibt es dann immer noch wärmer als seine Umgebung, bis es an die abgehobene Inversion anstößt. Mit seinem noch vorhandenen Impuls kann es in diese soweit eindringen, bis seine kinetische Energie durch negativen Auftrieb (das Teilchen ist jetzt kälter als seine Umgebung) abgebaut ist. Entsprechend hoch erscheint die Wolke. Wegen der abgehobenen Inversion bleibt es in diesem Fall c bei Schönwetter-Cumuli, es sei denn, die recht hohe Temperatur T_4 würde von einem Teilchen erreicht. Dieses könnte dann frei, d. h. immer wärmer als seine Umgebung, bis in große Höhen aufsteigen. Auch bei Temperaturen etwas unter T_4 ist diese Möglichkeit gegeben, obwohl das entsprechende Teilchen dann eine kurze Strecke durch die Inversion aufsteigen muss, wo es kälter ist als die Umgebung. Dies schafft das Teilchen aber vermittels des unterhalb gewonnenen vertikalen Impulses. Der Fall c ist im wesentlichen ein stabiler Schönwettertag, bei dem jedoch die Möglichkeit besteht, dass es an einigen Stellen zu hochreichenden Cumuli bzw. Gewittern kommt. Wie groß (hoch und breit) diese werden können, hängt von einer Menge Zusatzbedingungen ab, die im nächsten Unterkapitel zu erläutern sind.

Bei der Entwicklung von Cumulus-Wolken ist das Anstoßen an eine Inversion häufig direkt sichtbar.

4.1.2
SINGLE-CELL STORMS

Gelingt es, wie in Bild 4.2c, einem einzelnen Luftpaket, hoch aufzusteigen, dann kann dies in sehr unterschiedlichen Formen geschehen. Es gibt Fälle, in denen man wie in Bild 4.3a nur in sehr große Höhen gelangende dünne Wolkenteile sieht, aber auch andere, in denen sich wie in Bild 4.3b gewaltige Wolkenmassen in große Höhen hinauf tür-

men. Es stellt sich hier die Frage, wie es zu einem so großen und voluminösen Wolkengebilde kommt. Das ist nur möglich, wenn es auf dem Wege des Luftpaketes nach oben sehr viel Nachschub gibt, damit die gewaltige Wolkenmasse aufgebaut werden kann. Man versteht, dass dies dann gelingt, wenn sehr viel bodennahe Luft insgesamt die recht hohe Temperatur T_4 erreicht hat und vom Auftrieb erfasst wird. Der gesamte Effekt kann sich dadurch selbst verstärken, dass die aufsteigende Luft ja aus dem Auftrieb (sie ist überall wärmer als die Umgebungsluft) viel kinetische Energie gewinnt, die zum Nachsaugen und Beschleunigen weiterer bodennaher Umgebungsluft benutzt wird.

Wir werden in diesem Unterkapitel nun die Entstehung eines Gewitters (engl.: thunderstorm, oder einfach local storm, weil lokal sehr starke Winde auftreten) beschreiben, bei dem *eine einzige* Auftriebszelle oder -blase entsteht, sich ausregnet und dann zerfällt. Dies ist ein Single-cell Storm. Wir benutzen hier und in den folgenden Unterkapiteln absichtlich die englischsprachigen Fachausdrücke, weil diese sehr treffend sind und weil wir Verwirrungen durch Übersetzungs-Ungereimtheiten vermeiden wollen. Das gilt auch für die starken Vertikalwinde *innerhalb* eines Lokalen Sturmes (Gewitters oder Cumulonimbus), die man als *updraft* bzw. *downdraft* bezeichnet. Der horizontale Durchmesser solcher „Drafts" ist also kleiner als der ganze Cumulonimbus. So wird hier also Updraft als Substantiv für das Phänomen des aufwärts gerichteten Luftstromes und Downdraft für den abwärts gerichteten Luftstrom *innerhalb* von Cumulonimbus-Wolken benutzt.

Von dem einzelnen Cumulus congestus des Bildes 4.1c ausgehend, kann man sich vorstellen, dass diese steigende Wolke bei großer Labilität kräftig weiter von unten Luft nachsaugt, dass sich diese Luft dann auch labil verhält und so die aufsteigende Masse immer größer wird. Falls der Prozess so weiter geht, stößt der Wolkenturm in immer größere Höhen vor und hat dabei natürlich bald die 0 °C-Grenze unterschritten. Es treten jetzt auch Wolkenteilchen in fester Form auf: der obere Teil des mächtigen Cumulus ist eine Mischwolke aus Wolkentröpfchen und Eiskristallen. Damit beginnt die Niederschlagsbildung (s. Abschn. 2.9). Dies geschieht in der aufsteigenden Luft, dem Updraft. Unsere Wolke schaut damit so aus, wie es Bild 4.4 in dem Stadium nach 15 min zeigt. In der Wolke geht es hinauf, und *außerhalb* gibt es eine kompensierende Absinkbewegung (*nicht* als Downdraft bezeichnet, da es ja nicht innerhalb der Cumulonimbus-Wolke erfolgt und auch von größerer Skala ist). Dieses Absinken verteilt sich dabei über eine viel größere Fläche als das Aufsteigen. Deshalb ist auch die Vertikalgeschwindigkeit der absinkenden Luft viel kleiner als die der aufsteigenden. In letzterer werden vertikale Windgeschwindigkeiten von 10 m s^{-1} und mehr erreicht. Da sich in der auf-

◀ BILD 4.3.
a Sehr dünne Thermikblase, die bis in sehr große Höhen aufgestiegen ist; b große Wolkenmasse, die ein Gewitter bildet. Fotos: H. Kraus

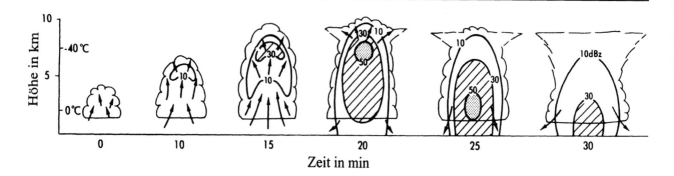

BILD 4.4.
Schema der Entwicklung eines Single-cell Storm. Die gezeichneten Querschnitte durch die Schauerwolke kennzeichnen unterschiedliche Phasen der Entwicklung in 5 min-Abständen. Je mehr Niederschlagsteilchen sich in einem Teil der Wolke befinden, umso stärker ist das hier in die Wolke eingezeichnete Radarecho, angegeben in Dezibel (dB) der Radarreflektivität z. Man erkennt, wie sich ein Maximum an Niederschlagsteilchen im oberen Teil der Wolke ansammelt und dann allmählich aus ihr herausfällt. Vom vierten Stadium an vereisen die oberen Teile der Wolke, was man an den ambossartigen Eiswolken sieht, die hier entsprechend dem symmetrisch zu allen Seiten erfolgenden Ausströmen angeordnet sind. Diese Symmetrie tritt nur auf, wenn sich die Windgeschwindigkeit mit der Höhe nicht ändert, das gesamte Gewitter also in allen Höhen gleichmäßig in der Strömung horizontal versetzt wird, sozusagen mit einem in allen Höhen gleichen Wind „mitschwimmt". Dies ist in der Regel nur dann der Fall, wenn die Windgeschwindigkeit in allen Höhen schwach ist. Nach Chisholm und Renick (1972)

steigenden Luft die Kondensationsprodukte (Wolkentröpfchen und Eisteilchen) ansammeln und rasch in ihrer Größe anwachsen, wird dieser aufsteigende „Kopf" immer schwerer. In einem Radarbild sieht man deutlich, wie er wächst (Bild 4.4) und dass sein Aufsteigen nun immer langsamer wird. Seine im Vergleich zur Umgebung höhere Temperatur hat ihm ja den Auftrieb ermöglicht, aber die vielen in ihm nun enthaltenen Wolken- und Niederschlagsteilchen machen ihn jetzt schwerer. Das bremst die Aufwärtsbewegung. Die Teilchen werden nicht mehr länger von dem Vertikalwind getragen, dies und ihr weiteres Anwachsen lassen nun die Niederschlagsteilchen aus der Wolke nach unten fallen, wobei viel Luft mitgerissen wird und so schließlich auch ein intensiver Downdraft aus Luft und Niederschlagsteilchen entsteht. Wenn keine weiteren Effekte – wie sie unten beschrieben werden – hinzukommen, fällt der Niederschlag genau in das Gebiet unter der Wolke, das vorher durch intensives Einsaugen der Luft von der Seite gekennzeichnet war. Am Boden beobachtet man nicht nur Regen, Graupel oder sogar Hagel, sondern auch den kräftigen Downdraft, der nach den Seiten auseinanderströmt. Somit ist die Wolke ihrer Lebensgrundlage beraubt: Der Auftrieb ist durch den Downdraft zerstört. Wenn alle Niederschlagsteilchen ausgefallen sind, bleibt nur noch eine dynamisch nicht mehr aktive Wolkenhülle übrig, die durch Diffusion von den Seiten allmählich aufgelöst wird. Das ist das Ende des Lebenslaufes einer solchen Schauerwolke, oder – falls auch Donner und Blitz im Zusammenhang mit der Niederschlagsbildung aufgetreten sind – eines solchen Gewitters. Typische Lebenszeiten (Zeitskala) bei einem solchen Prozess sind 30 min, die Raumskala (horizontaler Durchmesser) liegt bei 2 bis 10 km. Man bezeichnet solche Gewitter als Single-cell Storms (schlecht übersetzt als einzellige Gewitter), weil das ganze Phänomen oder Bewegungssystem aus nur einer einzigen Cumulus-Zelle besteht. Im Radarbild erscheint auch nur *eine* große Blase voller Niederschlagsteilchen. In Bild 4.5 sieht man einzelne derartige Konvektionszellen, von denen die in der Bildmitte gerade ausregnet.

BILD 4.5.
Entwicklung von Konvektionszellen am Vormittag an der Westküste Irlands. Die hintere, in der Bildmitte stehende Cumulonimbus-Wolke stellt einen Single-cell Storm dar, der gerade ausregnet. Die nach rechts vorne folgenden sind noch in der Entwicklung. Bei sehr geringer Windscherung wachsen die einzelnen Wolken schön gerade nach oben. Foto: H. Kraus

4.1.3
MULTI-CELL STORMS

Bei der Entstehung von Gewittern kommen zur thermischen Labilität noch andere wichtige Effekte hinzu, so der die sich entwickelnden Cumulus-Wolken umgebende Wind, vor allem die *Windscherung*, womit wir hier die Änderung des Windvektors mit der Höhe bezeichnen. (Hier ist der Hinweis angebracht, dass dieser Begriff in der Luftfahrt etwas anders definiert ist, nämlich als die Änderung der Windgeschwindigkeit entlang der Flugbahn; s. Abschn. 2.4.) Man möge beachten, dass Single-cell Storms nur bei vernachlässigbarer Windscherung auftreten. Die einfachste Form eines vom Wind gescherten oder umgekippten Cumulus ist in Bild 4.6 dargestellt.

Man kann sich nun vorstellen, wie sich der oben beschriebene Single-cell Storm verhalten würde, wenn er in einer Atmosphäre eingebettet wäre, in der die aufwärts strebende Blase mit Niederschlagsteilchen so zur Seite (also z. B. in die Zeichenebene hinein) bewegt würde, dass der Niederschlag nicht mehr in das Nährgebiet des Sturmes fallen und dieses dadurch deaktivieren könnte: Der Sturm blie-

be am Leben und könnte dort, wo kein Niederschlag fällt, weiterhin feuchte und warme bodennahe Luft einsaugen. Wenn nun die Niederschlagsteilchen an einer anderen Stelle als dort, wo der Sturm seinen Updraft füttert, herunterfallen, dann kann die Wolke über den anhaltenden Zustrom neuer Luft aus der Atmosphärischen Grenzschicht weitere Zellen anbauen. Dieses Wachsen neuer Zellen erfolgt nur selten direkt in einer durch den mittleren Wind in der Mitte der Wolkenmasse definierten Zugrichtung. Meist geschieht es rechts oder links von ihr. Die neue Zelle ist dann wie die vorhergehende nach etwa 15 min wieder reif dafür, Niederschlag abzugeben. So kann es über Stunden weitergehen. Die Ausbreitung des Sturmes hängt also nicht allein von der vorherrschenden troposphärischen Windrichtung ab, sondern auch sehr stark davon, *wie* das Anwachsen der neuen Zellen vor sich geht. Wir haben es mit einem Multi-cell Storm zu tun, der viele Stunden lang leben kann und auch größer ist (Skala bis über 30 km) als der Single-cell Storm.

Hinzu kommt, *dass in mittleren Höhen von der Seite trockenere Luft angesaugt wird.* In diese fällt Niederschlag, und ein Teil der Niederschlagsteilchen kann so schon in größerer Höhe verdunsten, wodurch

BILD 4.6.
Ein durch die Änderung der Windgeschwindigkeit mit der Höhe „schiefer" Cumulus congestus. Im Hintergrund *(Mitte links)* sieht man den Piz Bernina (4049 m). Foto: H. Kraus

sich dort recht kalte Luft bildet, die dann einen enormen Abtrieb im Vergleich mit ihrer Umgebung erfährt. Dabei entstehen eng begrenzte *Downdrafts*, also *Fallwinde*, die mit dem verbliebenen Niederschlag aus der Wolke herausstürzen. Dort also, wo der Niederschlag fällt, gibt es auch sehr kalte Luft, und es bildet sich eine an den Sturm gekoppelte *Kaltfront*. Ihr Vordringen ist mit starken bis stürmischen Winden verbunden, und vielfach kommt hier alles zusammen, Sturm, Hagel, Starkniederschlag, elektrische Erscheinungen wie Blitz und Donner und sogar Tornados, wie wir unten noch sehen werden. Diese *Böenfront* ist die Stelle, an der man die Ankunft des Gewitters, das direkt auf einen zukommt, erlebt.

In Bild 4.7 wird (wieder schematisch) der Aufbau eines solchen Sturmes gezeigt. Verfolgt man die Stromlinien der Luftbewegung in seinem Inneren, so erkennt man rechts ein Einströmen aus der Atmosphärischen Grenzschicht. Die aufsteigende Luft wird durch eine Windscherung der Strömung, in die der Sturm eingebettet ist, abgelenkt. Dies geschieht im Bild entgegengesetzt zur Zugrichtung und mit einer Komponente senkrecht zu ihr in die Bildebene hinein. Die Luft steigt also nicht über dem Quellgebiet auf. Es kommt zur Bildung von Niederschlagsteilchen. Deren Dichte zeigt drei Zentren: das der absterbenden Zelle 1, das der gerade ausregnenden und aushagelnden Zelle 2 und das der sich entwickelnden Zelle 3; Zelle 4 entsteht gerade neu. Der Niederschlag aus den Zellen 1 und 2 fällt wegen der Windscherung *nicht* in das Quellgebiet, aus dem der Sturm seinen Nachschub ansaugt.

Auf der linken Seite erkennt man im mittleren Niveau ein *horizontales Einströmen von trockener Luft* von außerhalb des Gewitters. Die gestrichelten Stromlinien deuten an, dass diese Luft eine Komponente senkrecht zur Zeichenebene besitzen kann. Die so eingesogene trockene Luft führt zu Verdunstung von Niederschlagsteilchen und zu einer erheblichen Abkühlung der Luft in diesem Bereich der Wolke. Diese Luft fällt dann mit dem Niederschlag nach unten heraus (Downdraft) und stößt als *Kaltfront* (symbolisiert durch die dicke Linie mit den Dreieckssymbolen) in Zugrichtung des Sturmes vor. Die *ausströmende Kaltluft* liegt hinter und unter der von vorne frisch eingesaugten und aufsteigenden Luft und fließt entgegengesetzt zu ihr in die Richtung, in die das Gewitter sich ausbreitet. Dadurch kommt es zu heftiger Turbulenz am Übergang von der einen zur anderen Luft und vor allem zur Bildung der *Böenwalze* (Skizze s. Bild 4.8), die dem Niederschlag des Gewitters voraus läuft.

Im oberen Teil des Sturmes von Bild 4.7 erkennt man, mit langen horizontalen Strichen angedeutet, Eisschirme. Der hintere besitzt die Form eines *Amboss* (lat.: incus). Dieser liegt im hohen Ausströmungsbereich des Sturmes und ist entsprechend dem Umgebungswind nach

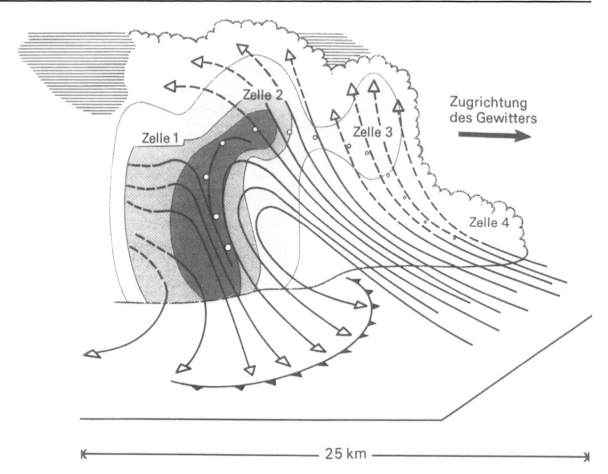

BILD 4.7. Schema eines Multi-cell Storm. Seine Zugrichtung verläuft von links nach rechts. Die mit *Pfeilen versehenen Stromlinien* stellen die Luftbewegung innerhalb des Systems dar, also relativ zu dem sich nach rechts bewegenden Sturm. In der Wolke sind Stromlinien mit Komponenten senkrecht zur Zeichenebene dadurch betont, dass sie *gestrichelt* erscheinen. Man erkennt vier verschiedene Zellen, mit 1 bis 4 bezeichnet. Die *unterschiedlich starke Schummerung* zeigt die Intensität des Radarechos, übersetzt: die Dichte der in der Wolke enthaltenen Niederschlagsteilchen. Die *offenen Kreise* deuten die Entwicklung von Hagelkörnern an, wie sie sich, vom Kondensationsniveau angefangen, über kleine Tröpfchen schließlich im Kern der Niederschlagszone bilden. In diesem Schema ist eine Windscherung in die Zeichenebene hinein und entgegengesetzt zur Zugrichtung, also im Bild nach links hinten, angenommen. Nach Browning et al. (1976)

hinten gerichtet. Ein incus in die Richtung, in der sich der Sturm fortpflanzt, ist genau so gut möglich, wenn der Umgebungswind die entsprechende Richtung und Stärke besitzt.

In Bild 4.8 wird das Gewitter von vorne (rechts im Bild) ernährt. Die dort aufsteigende warme und feuchte Luft beginnt im Kondensationsniveau z_K zu kondensieren und bildet darüber mächtige Wolkentürme. Von links stößt die mit dem Niederschlag aus der Wolke fallende kalte Luft nach rechts vor und konvergiert mit der von rechts

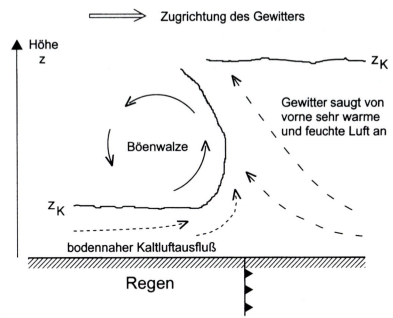

BILD 4.8.
Schema einer Böenwalze

Kasten 4.1. Gewitter

Elektrizität, Blitz und Donner

Ein *Lokaler Sturm* wird dadurch zum *Gewitter*, dass in ihm elektrische Erscheinungen, vor allem *Blitze*, auftreten. Als akustisches Begleitphänomen zum Blitz kennen wir den *Donner*.

Die Blitze sind gewaltige elektrische Entladungen. Zu ihrer Entstehung bedarf es starker elektrischer Felder, die sich durch Trennung der auf Wasser- und Eisteilchen sitzenden Ladungen und ihrer Verfrachtung in den starken Up- und Downdrafts aufbauen. Wesentlich zur Entstehung der Gewitterelektrizität sind

so die starken Auf- und Abwinde und die Existenz von Eisteilchen in der Wolke.

Im Gewitter treten Spannungen von einigen 100 Millionen Volt (einige 10^8 V) auf. Die Stromstärke eines Blitzes liegt in der Größenordnung von 10^4 bis 10^5 A, seine Dauer in der Größenordnung von 10^{-5} s, und seine Energie erreicht Werte bis zu 100 kWh. Letzteres entspricht dem Stromverbrauch eines durchschnittlichen Haushaltes in 10 Tagen.

Der Donner ist ein akustisches Schwingungsphänomen, das durch die starke plötzliche Erhitzung der Luft in der Blitzbahn ausgelöst wird.

kommenden warmen Luft. Im Konvergenzgebiet gibt es eine starke Drängung der Isothermen, also ein großes Temperaturgefälle von rechts nach links. Das ist die Kaltfront des Gewitters, wie an der Unterkante der Abbildung angedeutet. Sie bildet den Übergang von einer relativ windschwachen Zone in ein Gebiet mit starkem und böigem Wind, wo es meist auch kräftige Niederschläge gibt. Diese Situation

ist auch in der zu Anfang von Kap. 4 zitierten Stelle aus Hamlet gemeint. Die zum Aufsteigen gezwungene Kaltluft besitzt ein deutlich
niedrigeres Kondensationsniveau z_K als die eingesaugte Warmluft. Die
Kaltluft bildet einen gewaltigen horizontal liegenden Wirbel: die Böenwalze. Ein Beobachter sieht sie von vorne (rechts), wenn das Gewitter
auf ihn zukommt, als eine langgestreckte (oft mehrere km lange)
Wolkenwalze, perspektivisch auch als einen langgestreckten Bogen
(lat.: arcus). Die Rotationsbewegung ist oft gut sichtbar. In vielen Fällen markiert die Böenwalze mit der Kaltfront die Ankunft und das Los-
brechen des Gewittersturmes.

4.1.4
SUPERCELL STORMS

Der in Abschn. 4.1.3 beschriebene Multi-cell Storm arbeitet diskon-
tinuierlich, d. h. er produziert eine Zelle nach der anderen, während
er mit seiner Zuggeschwindigkeit weiterwandert. Neue Zellen bilden
sich jeweils an einem etwas anderen Ort (relativ zu dem betrachte-
ten Sturmsystem) als die vorhergehenden. Im Radarbild erkennt man
oft gleichzeitig mehrere Zellen. Sie erscheinen deutlich voneinander
getrennt, s. Bild 4.7. Man kann sich vorstellen, wie es zu solch einer
Abtrennung kommt. In der Atmosphäre schwanken alle Größen, z. B.
Temperatur, Feuchte, Wind ständig. Größere Schwankungen der oben
erläuterten Windscherung in Stärke und Richtung können dafür
verantwortlich sein, dass der Anbau weiterer Zellen *nicht kontinuierlich* erfolgt. Eine andere Ursache ist die, dass die bodennahe Luft von
Ort zu Ort Temperatur- und Feuchteunterschiede aufweist. Sehr deutlich sind z. B. solche Unterschiede zwischen der Luft über grüner saf-
tiger Vegetation und über Stoppelfeldern oder über einem See und
dem angrenzenden Land. So lässt sich der diskontinuierliche Anbau
der Zellen im Multi-cell Storm verstehen.

Es gibt aber auch Fälle, in denen der Sturm sich *kontinuierlich* mit
frisch angesaugter warmer und feuchter Luft versorgt, diese in den
Updraft speist und so eine kontinuierliche weitere Niederschlags-
aktivität gewährleistet. Dabei lassen sich keine unterschiedlichen Zellen im Radarbild erkennen, sondern immer nur eine, die über Stunden aktiv bleibt, während der Sturm weiterzieht. Solche Gewitter nennt
man Supercell Storms. Sie sind normalerweise die größten mit 20 bis
50 km Durchmesser. Ein Schema zeigt Bild 4.9.

Die Frage, was dieses kontinuierlich arbeitende dreidimensionale
Zirkulationssystem in dieser Weise stabil hält, ist bis heute nicht ge-
klärt. Man glaubt aber sicher zu wissen, dass ein wesentlicher Unterschied des Supercell Storm gegenüber dem Multi-cell Storm der ist,
dass der Supercell Storm eine viel stärkere Rotation aufweist. Dies

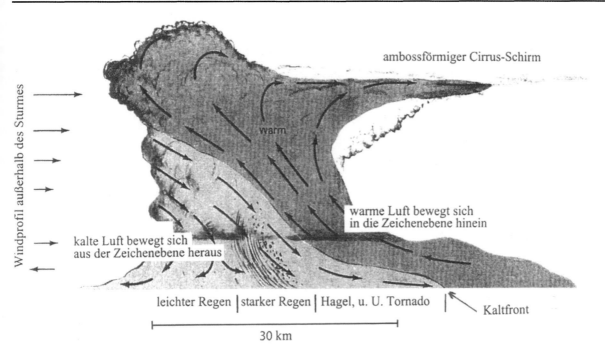

Windprofil außerhalb des Sturmes

ambossförmiger Cirrus-Schirm

warm

warme Luft bewegt sich
in die Zeichenebene hinein

kalte Luft bewegt sich
aus der Zeichenebene heraus

leichter Regen | starker Regen | Hagel, u. U. Tornado   Kaltfront

30 km

BILD 4.9.
Schema eines Supercell Storm. Die in die Wolke eingezeichneten Strömungspfeile sind Stromlinien relativ zu dem sich als Ganzes nach rechts bewegenden Sturm. Die Windpfeile am linken Rand stellen das großräumige Windprofil außerhalb des Sturmes dar; es zeigt eine starke Windscherung. Nach Gedzelman (1980)

betrifft den Sturm als Ganzes, aber auch den Updraft und den Downdraft als Einzelelemente. Solche rotierenden Vertikalwindschläuche erlangen ihre Stabilität – ähnlich wie ein Fahrrad, das durch die Kreiselbewegung der Räder stabilisiert wird – dadurch, dass die Achse der Drehbewegung versucht, ihre Lage beizubehalten; es muss Kraft aufgewendet werden, um das Drehmoment zu verändern. Das ist eine Stabilisierung durch die Drehbewegung. Der Supercell Storm ist somit ein stabiles, solitäres (alleinstehendes), rotierendes und als Ganzes fortschreitendes atmosphärisches Zirkulationssystem. Wir müssen nun noch klären, woher die Rotation kommt.

Rotationsbewegungen in der Atmosphäre lassen sich durch den Begriff der *Wirbelstärke* (in der Fachsprache: Vorticity) beschreiben. Bild 4.10 zeigt drei Mechanismen, wie sie erzeugt oder vergrößert wird. Bei (a) konvergiert die einen Wirbel enthaltende Strömung, der Wirbel zieht sich auf eine kleinere Fläche zusammen und gewinnt dabei an Wirbelstärke. Als Beispiel sei ein Wirbel in einem sich konisch verengenden Abfluss genannt. Anschaulich kennen wir dies vom Badewannenabflusswirbel. In der Atmosphäre gibt es zwar keine konisch zusammenlaufenden Wände, aber der Updraft in einem Gewitter verengt sich ja von dem weitläufigen Einflussgebiet in einen engen Aufwindschlauch. Bei (b) gibt es eine Windscherung (kurz gestrichelte Pfeile) derart, dass durch sie ein Wirbel um die lang gestrichelt gezeichnete Wirbelachse definiert ist. Wird nun diese horizontal liegen-

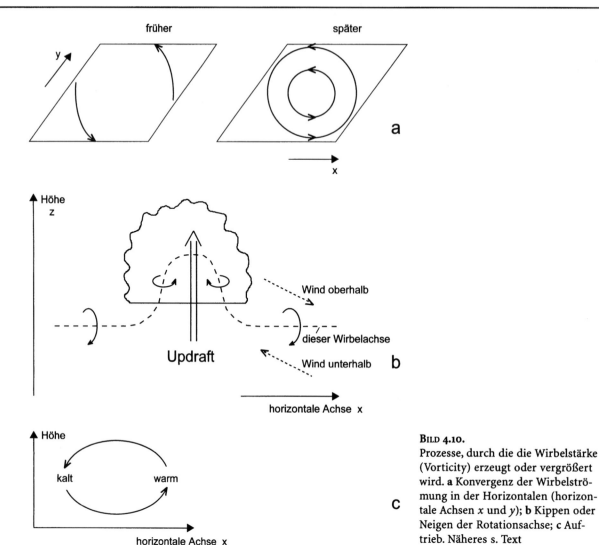

BILD 4.10.
Prozesse, durch die die Wirbelstärke (Vorticity) erzeugt oder vergrößert wird. **a** Konvergenz der Wirbelströmung in der Horizontalen (horizontale Achsen x und y); **b** Kippen oder Neigen der Rotationsachse; **c** Auftrieb. Näheres s. Text

de Achse im Updraft einer Cumulus-Wolke verbogen, dann entstehen zwei vertikal stehende Wirbel mit entgegengesetztem Rotationssinn. Man spricht von Kippen oder Neigen der Rotationsachse (von der Horizontalen in die Vertikale) oder von *Tilting*. Bei (c) entsteht ein Wirbel dadurch, dass die warme Luft aufsteigt und die kalte Luft absteigt.

Bei der Konvergenz der Wirbelströmung (Prozess a) muss bedacht werden, dass bei der Konzentration auf den engeren Querschnitt die gesamte in der von weit her geholten Luft vorhandene Wirbelstärke berücksichtigt wird, also auch diejenige, die sich aus der Erdrotation ergibt (wobei es natürlich einen engen Zusammenhang mit der Corioliskraft, s. Abschn. 2.5.1, gibt, was aber hier nicht vertieft werden soll). Dieser Anteil ist sogar besonders groß. Er besitzt natürlich den Drehsinn der Erdrotation, der (s. Abschn. 2.5.3) mit dem Wort *zyklonal* bezeichnet wird. Denselben Drehsinn besitzen auch die großen Tiefdruckgebiete, die deshalb auch Zyklonen heißen. Da diese im Sinne von Prozess a durch Konvergenz entstandene Vorticity bei den Supercell Storms eine große Rolle spielt, drehen diese fast ausschließlich zyklonal, also, von oben betrachtet, auf der Nordhalbkugel im Gegenuhrzeigersinn. Diese Art von Rotation des Gesamtsturms ist im Schema des Bildes 4.9 erkennbar. Dort bewegt sich die warme Luft auf der rechten Seite, vom Leser aus gesehen, in die Zeichenebene hinein, die kalte auf der linken Seite aus ihr heraus.

In Bild 4.11 ist ein rotierender Updraft skizziert. Man kann sich überlegen, dass hier Prozess b eine wichtige Rolle spielt, wobei die Wirbelstärke aus der vertikalen Windscherung (s. die kurz gestrichelten Windpfeile in Bild 4.10b) genommen wird. Zusätzlich kommt natürlich noch eine Konvergenz (Prozess a) ins Spiel. Der Leser mag erkennen, wie kompliziert in einem solchen Sturm Labilität, daraus folgende Aufwinde und mit diesen verbundene Rotationsbewegungen zusammenwirken. Ein rotierender Downdraft wird in Bild 4.24 gezeigt.

Bilder wie etwa 4.7 und 4.9 zeigen jeweils *nur eine* mögliche Realisierung eines Multi-cell oder Supercell Storms. Jedes Gewitter ist ein Individuum und besitzt eine eigene Struktur, aber die oben herausgeschälten prinzipiellen Grundeigenschaften. Es existiert so eine unendliche Vielfalt in den Gewitterwolken. Dies hat seinen Grund darin, dass die die Stürme beeinflussenden Umgebungsfelder sehr vielfältig sind: das größerskalige Feld besitzt sehr unterschiedliche Labilität, Windstärke, Windrichtung und Windscherung. Die Atmosphärische Grenzschicht, aus der sich der Sturm ernährt, kann einen sehr unterschiedlichen Aufbau aufweisen.

Nun kommen noch weitere Einflussgrößen hinzu: die großen Gewitter werden von außen „getriggert", z. B. durch orographische Windsysteme, durch Druckwellen oder durch großskalige Vertikalwindsysteme im übergeordneten Wettergeschehen. Zu den orographischen Windsystemen gehören z. B. die Seewinde, die über Land eine Seewindfront mit einer Windkonvergenz und Aufsteigen bilden, und die Hangwinde. Natürlich bedeutet solches Aufsteigen in vielen Fällen die Bildung von Cumulus-Wolken entlang einer Seewindfront (s. die Bilder 2.27 und 2.28) oder über erwärmten Hängen. Es erleichtert dort auch die Bildung von Gewittern. Ähnlich verhält es sich bei großskaligen Druckwellen, die in den (oft nur schwachen) Tiefs eine gegenüber den Hochs größere nach oben gerichtete Vertikalgeschwindigkeit besitzen. Davon wird bei den großen konvektiven Komplexen in Abschn. 4.1.6 noch die Rede sein.

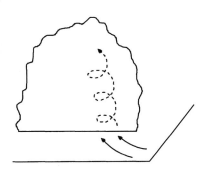

BILD 4.11.
Schema eines rotierenden Updraft

Bei aller Vielfalt gibt es die oben bereits erwähnten Grundeigenschaften, die die großen Gewitter alle gleichermaßen auszeichnen. Das sind die *mächtig aufgetürmten konvektiven Wolkengebilde*, die oben vereist sind und dort unscharfe Konturen oder *ambossartige (incus) Formen* zeigen. Im Inneren gibt es *Updrafts* und *Downdrafts* mit Vertikalgeschwindigkeiten bis über 40 m s^{-1}. Die *Niederschläge* in den Downdrafts können flutartig sein und auch *Hagel* enthalten. Die Downdrafts sind umso intensiver, je mehr *trockene Luft horizontal in die Wolkenmasse eingemischt* wird. Der Ausfluss der kalten Downdrafts erfolgt an und hinter einer *Kaltfront* mit erheblichen Windgeschwindigkeiten. Häufig tritt dabei eine *Böenwalze* auf. *Blitz* und *Donner* begleiten das Geschehen. Solche Stürme zeigen auch oft eine *Rotation* um ihre vertikale Achse. Nicht so häufig ist das *Aufspalten* (splitting) eines Sturmes in zwei, die sich dann in unterschiedliche Richtungen weiterentwickeln.

In Gewittern kommen Vertikalwinde vor, die größer als 150 km h^{-1} (= 42 m s^{-1}) sind. Wenn ein Flugzeug in einen solchen Abwind oder Aufwind hineinfliegt, erfährt es eine enorme Vertikalbeschleunigung, deren Betrag größer als die Schwerebeschleunigung der Erde g sein kann.

4.1.5
TORNADOS

Ein sehr gefährliches Element, das mit den schweren Lokalen Stürmen auftritt, sind die *Tornados*. Darunter versteht man stark rotierende Luftsäulen, die sich aus Gewitterwolken heraus schräg oder senkrecht nach unten entwickeln und den Erdboden erreichen; sie sind nahezu immer deutlich sichtbar als trichter- oder röhrenförmige Wolken. Sie besitzen Durchmesser (horizontale Skala L) bis über 1 km. Vor allem die größeren Tornados mit Durchmessern von mehr als 100 m entwickeln am Erdboden Windstärken von bis zu 150 m s^{-1}. Der Luftdruck im Inneren des Wirbels ist bis zu mehr als 50 hPa niedriger als außerhalb. Dies weiß man aber nicht sicher, denn noch niemand hat den Luftdruck in einem Tornado zuverlässig gemessen. Wenn dies aber so ist, wofür vieles spricht, dann ähnelt der Luftdruckverlauf durch einen über ein Messgerät hinweg ziehenden Tornado dem durch eine Tropische Zyklone (s. Bild 5.5) mit dem Unterschied, dass das ganze V-förmige Profil der Luftdruckkurve bei letzterem in ~ 10 Stunden bis ~ 1 Tag durchlaufen wird, beim Tornado aber in ~ 10 Minuten. Tornados über Wasser nennt man Wasserhosen (water spouts). Sie sind meist relativ klein mit Durchmessern bis zu 50 m.

Tornados werden wegen ihres oft rüsselartigen oder trompetenförmigen Aussehens auch als Tromben bezeichnet (italienisch: tromba = Trompete). Oft nennt man auch nur die kleinen Tornados Tromben. Da es jedoch schwierig ist, eine Skalengrenze (z. B. des Durchmessers) zu finden, unterhalb der der Wirbel weniger gefährlich ist, wollen wir hier in Übereinstimmung mit dem Glossary of Meteorology der American Meteorological Society (2000) alle Wirbel, die sich aus konvektiven Wolken nach unten entwickeln und den Erdboden erreichen, Tornados nennen. Es sei hier darauf hingewiesen, dass sich Tornados in ihrer physikalischen Entstehung und meist auch in der Größe deutlich unterscheiden von den Sand- oder Staubtromben (auch Kleintromben, Sand- oder Staubhosen, Sand- oder Staubteufel, sand- oder dust-devils genannt). Letztere entwickeln sich vor allem über wüstenhaften Gebieten bei sehr labiler bodennaher Schichtung von der stark überhitzten Erdoberfläche aus.

Tornados sind Wirbelröhren, in denen gewaltige, nach oben gerichtete Vertikalwinde (Updrafts) herrschen. Die Röhre reicht vielfach vom Erdboden bis viele Kilometer in die Mutterwolke hinauf. Letztere sind immer große Gewitterwolken – vor allem Supercell Storms –, die sich selbst oft bis über die Tropopausenhöhe hinaus erstrecken. So kann der gewaltige Updraft häufig Gegenstände vom Boden hoch in die Atmosphäre hinauftragen. Da sie dabei auch horizontal transportiert werden, gelangen sie nach einiger Zeit weit von ihrem Ausgangspunkt entfernt wieder zur Erdoberfläche zurück. Dies demonstriert neben dem Unterdruck im Wirbel und den starken Winden zusätzlich die Kraft eines Tornados. Bilder von Tornados (Bild 4.12) und ihren Zerstörungen (Bild 4.13) sind entsprechend eindrucksvoll.

Die zur Entstehung eines Tornados führenden Prozesse sind äußerst komplex. Die Wissenschaft selbst besitzt keine letzte Klarheit. Hier wollen wir versuchen, über einige einfache Betrachtungen ein grobes Bild zu bekommen. Wir knüpfen dabei an Bild 4.10 und die im Abschnitt über die Supercell Storms erläuterten Vorstellungen über die Wirbelstärke eines Sturmes oder seiner Teile an. Tornados treten vor allem zusammen mit Supercell Storms auf, und letztere unterscheiden sich von anderen Lokalen Stürmen dadurch, dass sie eine starke Rotation aufweisen. So besteht eine enge Verbindung zwischen der Wirbelstärke des den Tornado gebärenden Sturmes und dem Tornadowirbel, der sich vertikal zur Erdoberfläche erstreckt.

Wie und wo können sich nun Wirbel mit vertikaler Achse in den Lokalen Stürmen entwickeln? Rotierende Updrafts und Downdrafts sind uns bereits bekannt. Ferner kann man das Übergangsgebiet vom warmen Updraft zum kalten Downdraft betrachten, das in den Bildern 4.7 und 4.9 sehr deutlich zu sehen ist. Es weist in alle Richtungen eine starke Scherung auf. Das heißt, der Windvektor ändert sich

---

Bild 4.12. *(s. folgende Seiten)*
Vier verschiedene Tornados. **a** Buchillustration aus dem Jahre 1873; die Blitze zeigen, dass das Ereignis Teil eines Gewitters ist. **b** Der schräg aus der Wolke hängende Wolkenschlauch wirbelt unten den Boden auf. **c** Tornado im Zerfallsstadium, aber am Boden noch immer äußerst aktiv. **d** Mächtiger, sich nach oben verbreiternder Tornado. Quelle: NOAA Photo Library *(www.photolib.noaa.gov)*

auf kurze Entfernungen in alle Richtungen sehr stark. Vor allem wird
die aufwärts gerichtete Strömung kurz dahinter von der abwärts gerichteten abgelöst. Man kann sich leicht vorstellen, dass diese Konstellation der Scherzone zu Wirbeln führt oder dass sie ganz allgemein einen großen Betrag an Wirbelstärke beinhaltet. Betrachtet man
nur den oberen Übergang vom Aufwind in den Abwind, so kann man
sich diesen als eine lang gestreckte Zone mit im wesentlichen horizontal liegender Achse vorstellen, die aber durch die mannigfaltigen
vertikalen Bewegungen im Gewitter auch im Sinne von Bild 4.10b ge-
kippt werden kann. Dadurch entwickelt sich aus dem horizontal liegenden Wirbel eine vertikal stehende Wirbelröhre und schließlich ein
Tornado.

Ferner ist auch die Böenwalze (s. Bild 4.8) als Initialwirbel für einen Tornado vorstellbar. Eine Böenwalze erstreckt sich oft über viele Kilometer horizontal und wird so vom Beobachter als von Horizont zu Horizont verlaufender Bogen (arcus) wahrgenommen. Auch
ein solcher Arcus kann dem Tilting unterliegen, ja man hat schon oft

BILD 4.13a.
Zerstörungen durch einen Tornado:
Schäden in Omaha, 1913. Es gab
154 Tote und 3000 Obdachlose.
Quelle: NOAA Photo Library
(www.photolib.noaa.gov)

BILD 4.13b.
Zerstörungen durch einen Tornado:
Eine eng begrenzte Bahn von Zerstö-
rungen hinterließ ein Tornado am
31. Mai 1985 in Albion, Pennsylvania.
Quelle: National Geographic Society

beobachtet, wie der Wirbel der Böenwalze kippt und sich weiter intensiv drehend mit einer Seite dem Boden zuneigt. Die weitere Verstärkung der dann vertikal stehenden Wirbel, ihre Ausdehnung bis ganz zum Boden und bis in große Höhen und schließlich die Entwicklung eines Tornados sind schwierige wissenschaftliche Probleme.

Hier sei nur noch eine ganz einfache Betrachtung der wirkenden Kräfte angefügt, die der Leser im Zusammenhang mit den Erörterungen in Abschn. 2.5 sehen möge. Die wesentlichen Kräfte, die beim stationären Tornado genügend weit vom Erdboden entfernt auftreten, sind die Druckgradientkraft und die Zentrifugalkraft in dem mit einem kleinen Radius drehenden Wirbel. Sie halten sich die Waage so, wie es Bild 4.14a zeigt.

Weil die Corioliskraft bei diesem sehr kleinskaligen Vorgang vernachlässigbar ist, wird hier keine Windrichtung festgelegt. Deshalb können Tornados im Prinzip zyklonal oder antizyklonal umströmt werden. Beobachtungen zeigen jedoch, dass die meisten Tornados eine zyklonale Zirkulation aufweisen. Das liegt daran, dass Tornados sich aus einem übergeordneten Lokalen Sturm entwickeln und dieser – wie oben erläutert – durchwegs eine zyklonale Vorticity besitzt. Die beiden Skizzen (Bild 4.14a,b) gelten für den stationären Fall. Während sich der Tornado bildet, gibt es natürlich auch Beschleunigungen, Druckfall und andere nichtstationäre Veränderungen. Nahe am Erdboden spielt die Reibungskraft eine zusätzliche Rolle. Sie verlangsamt den Wind und verkleinert somit die Zentrifugalkraft, während sie die Druckgradientkraft nicht direkt beeinflusst. Damit ergibt sich eine Komponente des Windes in den Wirbel hinein und ein Kräftegleichgewicht, wie es Bild 4.14b zeigt. Die in das Zentrum des Wirbels gerichtete Windkomponente ist dafür verantwortlich, dass der Tornado in Bodennähe Luft und Gegenstände ansaugt, die dann in dem gewaltigen Aufwindschlauch nach oben transportiert werden.

Die Tornado-Röhre ist in den meisten Fällen in den Teilen, die unten aus der großen Wolke herausschauen, deutlich sichtbar. Man sieht die vorhandenen Wolkenteilchen, die bis zum Erdboden herab reichen. Sie entstehen im unteren Teil dadurch, dass die eingesaugte Luft unter den im Inneren der Wirbelröhre herrschenden tieferen Druck gerät und es dadurch zur Abkühlung und Kondensation kommt. Außerdem sieht man den hochgewirbelten Staub und andere hochgehobene Materie.

Ein kleines Rechenbeispiel soll diese Erörterungen vertiefen. Wir betrachten ein Gleichgewicht, wie es in Bild 4.14a dargestellt ist. Der Radius R einer Stromlinie, auf der eine Windstärke $V = 30\ \mathrm{m\ s^{-1}}$ herrscht, sei $R = 300\ \mathrm{m}$. Die Zentrifugalbeschleunigung ist V^2/R. Die Druckgradientbeschleunigung beschreiben wir mit Hilfe der Luftdichte ρ und dem Betrag des Druckgefälles $\Delta p/\Delta n$ (n ist ein Weg in radialer Rich-

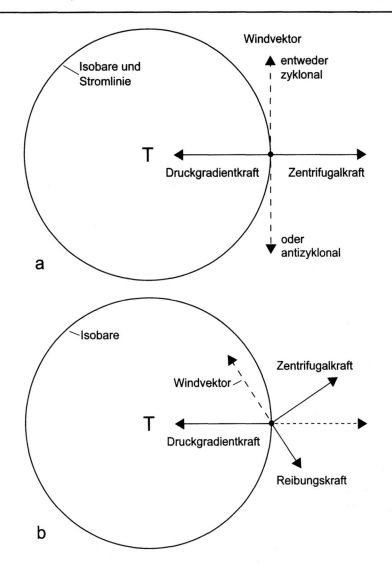

BILD 4.14.
a Das Kräftegleichgewicht von Druckgradientkraft und Zentrifugalkraft bei stationärer Strömung in einem Tornado bei vernachlässigbarer Reibung. Im Inneren des Systems herrscht tiefer Luftdruck (gekennzeichnet durch **T**) relativ zur Umgebung. Der Wind weht auf der gezeichneten Stromlinie, die gleichzeitig auch eine Isobare ist. Weil der Einfluss der Corioliskraft im Vergleich zu Druckgradient- und Zentrifugalkraft klein ist, gibt es keinen Grund für einen bevorzugten Drehsinn, was bedeutet, dass der Wind entweder zyklonal oder antizyklonal wehen kann. Der so durch Druckgradientkraft und Zentrifugalkraft bestimmte Wind wird *zyklostrophischer Wind* genannt.
b Das Kräftegleichgewicht von Druckgradientkraft, Zentrifugalkraft *und Reibungskraft* bei stationärer Strömung eines Tornados in Bodennähe bei zyklonaler Umströmung. Die Zentrifugalkraft steht senkrecht auf dem Windvektor, die Reibungskraft ist genau entgegengesetzt zu ihm angenommen. Die Vektorsumme aus Zentrifugalkraft und Reibungskraft ist *kurz gestrichelt* gezeichnet; sie kompensiert in diesem Gleichgewicht die Druckgradientkraft

tung, also senkrecht auf der Windrichtung) als $(1/\rho) \cdot \Delta p/\Delta n$. Da beide Beschleunigungen (als Kräfte pro Masseneinheit) sich die Waage halten, gilt

$$\frac{V^2}{R} = \frac{1}{\rho}\frac{\Delta p}{\Delta n} \qquad \text{und} \qquad \Delta p = \rho\,\Delta n\,\frac{V^2}{R}$$

Mit ρ in Bodennähe von 1 kg m^{-3} rechnet man für die Druckdifferenz zwischen der Stromlinie und dem Zentrum des Wirbels in Δn = 300 m Entfernung Δp = 9 hPa aus, das ist der Unterdruck im Zentrum gegenüber der Umgebung. Bei Annahme einer Windstärke von 50 m s^{-1} ergibt sich ein Δp von 25 hPa. Dieses Rechenbeispiel erhärtet unsere Vor-

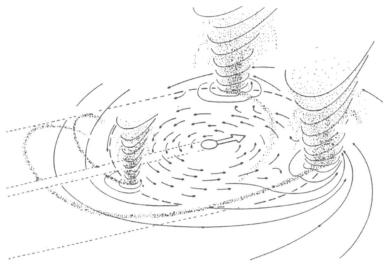

BILD 4.15.
Doppelter Tornado am 11. April (Palmsonntag) 1965 bei Elkhart im Norden des US-Staates Indiana. Näheres findet man bei Fujita et al. (1970). Quelle: NOAA Photo Library *(www.photolib.noaa.gov)*

BILD 4.16.
Modell eines Mehrfach-Tornados. Der *große offene Pfeil* symbolisiert die Zugrichtung des Gesamtsystems. Nach Fujita und Smith (1993)

stellung von dem starken Unterdruck, der im Kern von Tornados herrscht. Wenn ein Tornado mit großer Geschwindigkeit über einen Landstrich zieht, dann stülpt er diesen Unterdruck über alles, was auf seiner Bahn liegt, und man kann sich vorstellen, dass dabei Häuser mit geschlossenen Fenstern und Türen regelrecht „explodieren". Wir kommen in Abschn. 4.2.5 auf dieses Problem zurück.

Wenn man sich als Tornado generell eine einzelne, sich aus der Wolke zum Boden absenkende Wirbelröhre vorstellt, wird man der Gesamtheit der Erscheinungen nicht gerecht. Beobachtungen zeigen nämlich auch Tornadosysteme, die aus zwei (s. Bild 4.15) oder sogar mehreren Einzeltornados bestehen und insgesamt ein recht umfangreiches zyklonales Windfeld mit einem Durchmesser von einigen Kilometern besitzen. Eine dadurch angeregte Modellvorstellung zeigt Bild 4.16.

4.1.6
Mesoskalige Konvektive Komplexe

Bisher haben wir nur einzelne Gewitter oder einzelne lokale Stürme besprochen. Wir haben dabei gesehen, dass eine große konvektive Labilität oft nicht die einzige Einflussgröße aus dem überlagerten größerskaligen Feld ist, dass vielmehr bei den Multi-cell Storms und den Supercell Storms die großskalige Windscherung eine für die Entwicklung des Sturmes entscheidende Rolle spielt. Ferner kann der Sturm durch im großskaligen Feld vorhandene Druckunterschiede oder Druckwellen und damit verbundene Aufwindgebiete sehr stark positiv beeinflusst, ja unter Umständen erst ermöglicht werden. Insgesamt ist so jedes Gewitter in seiner Existenz und in seiner Ausprägung ein System, das sich aus dem der Gewitterskala übergeordneten Skala entwickelt. Diese Steuerung aus der größeren Skala kann aber noch viel weiter als zu einzelnen Stürmen führen, es können sich vielmehr ganze Komplexe von konvektiven Elementen bilden, die sich dann aus vielen einzelnen konvektiven Zellen jeder Größe bis hin zu Superzellen zusammensetzen. Eine solche Ansammlung konvektiver Elemente nennt man einen Mesoskaligen Konvektiven Komplex (engl.: mesoscale convective complex = MCC, oder mesoscale convective system = MCS). Er kann prinzipiell in zwei Formen auftreten, entweder als ein langgezogenes Wolkenband, das mindestens 5-mal länger als breit ist, oder als ein eher rundes Gebilde, das man als Cloud Cluster bezeichnet. Beide Gebilde können über viele Stunden, ja über Tage hinweg aktiv sein. Sie besitzen große kalte Cirrus-Schirme. Es gibt eine Definition für den MCC als eine Ansammlung konvektiver Elemente, bei der die Gesamtfläche mit Wolkenoberflächentemperaturen tiefer als $-32\,°C$ größer als $100\,000\ km^2$ (das entspricht bei einem kreisrun-

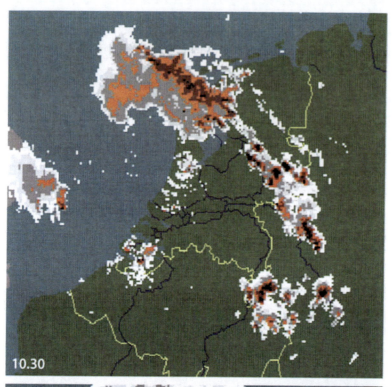

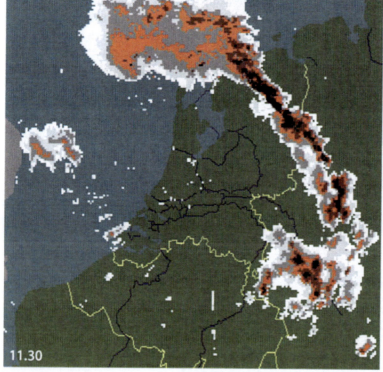

BILD 4.17.
Radarbild einer als Wolkenband ausgeprägten Kaltfront am 4. Juli 1994,
10.30 und 11.30 Uhr UTC. Die empfan-
genen Radarechos sind in Werte der
Niederschlagsintensität in $mm\,h^{-1}$
umgerechnet ($< 0,3\,mm\,h^{-1}$ weiß;
$0,3{-}1,0\,mm\,h^{-1}$ hellgrau;
$1,0{-}3,0\,mm\,h^{-1}$ dunkelgrau;
$3{-}10\,mm\,h^{-1}$ rot; $10{-}30\,mm\,h^{-1}$ braun,
$> 30\,mm\,h^{-1}$ schwarz; s. auch die Legende zu Bild 4.4). Die Front erstreckt
sich von der Nordsee über die West-
friesischen Inseln nach Südosten und
bewegt sich, an Intensität gewinnend,
in nordöstliche Richtung. Sie besitzt
im Süden einen nach Westen versetz-
ten Ausläufer, der als Cloud Cluster
ausgebildet ist und gegen 11.30 Uhr im
Großraum von Köln liegt, wo zwischen
11.30 und 12.00 Uhr das „Kölner Hagelunwetter" niederging. Quelle: KNMI

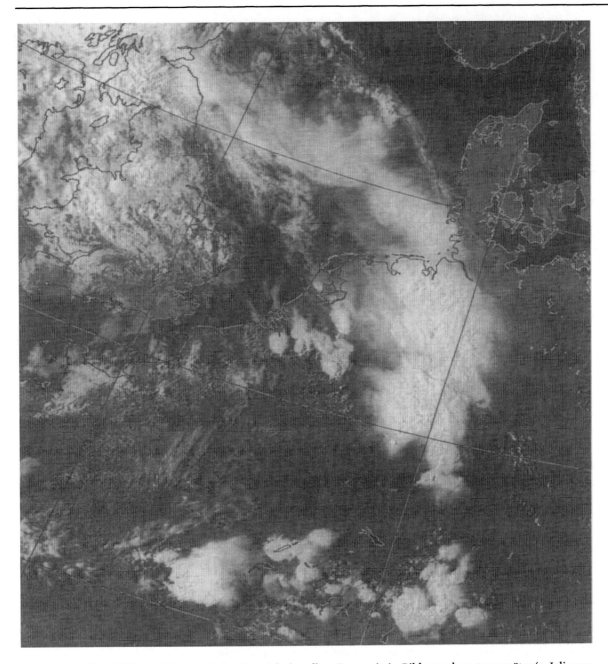

BILD 4.18. Satellitenbild im sichtbaren Spektralbereich derselben Front wie in Bild 4.17, aber etwas später (4. Juli 1994, 15.30 Uhr UTC). Die Front ist inzwischen nach Osten weitergezogen und hat mit ihrem nördlichen Teil Hamburg erreicht. Man erkennt einen riesigen Cirrus-Schirm über dem frontalen Gebilde, aber vor allem auf der Ostseite durchstoßen Konvektionszellen diese sehr hohen Eiswolken. Die Stadt Köln, wo um die Mittagszeit das große Hagelunwetter niederging, liegt bereits wieder hinter (westlich von) diesem Cirrus-Schirm. Weiter westlich erkennt man über Belgien und den Niederlanden einen kleineren Cloud Cluster aus mehreren sehr starken konvektiven Zellen. Ein großer Cloud Cluster liegt über den Alpen. Copyright University of Dundee

BILD 4.19a.
Am Horizont erkennbare, aus vielen einzelnen großen konvektiven Systemen bestehende Kaltfront. Das Bild wurde nach dem Start vom Flughafen München-Riem *(unten rechts)* wenig oberhalb der Dunstgrenze aufgenommen. Man erkennt auch einige erste, frühmorgendliche, sehr kleine Cumuli (Cumulus humilis). Foto: H. Kraus

den Gebilde einem Durchmesser von etwa 360 km) und die Gesamtfläche mit Wolkenoberflächentemperaturen tiefer als −52 °C größer als 50 000 km² (entsprechend einem Durchmesser von etwa 250 km) ist.

MCCs als Wolkenbänder treten in mittleren Breiten vor allem als Fronten (s. Abschn. 2.8.3 und Kap. 6) auf. Das sind vor allem Kaltfronten, aber auch sommerliche Warmfronten. Die frontale Querzirkulation (s. Bild 2.25) stellt in ihrem Ast mit positivem Vertikalwind einen großskaligen Antrieb dar, der die Bildung der Konvektionszellen stark fördert. In den Tropen, wo es so starke horizontale Temperaturgradienten wie in den mittleren Breiten nicht gibt, treten Linien starker Strömungskonvergenz mit bandartig angeordneten hochreichenden konvektiven Zellen auf; diese nennt man Squall-Lines = Böenlinien; der Ausdruck bezieht sich auf die mit den einzelnen Lokalen Stürmen verbundenen böenartigen Winde.

Bild 4.17 zeigt eine Kaltfront als eine Kette von Konvektionszellen in einem Radarbild und so die Gebiete mit Niederschlagsteilchen und damit die aktiven Konvektions-Zellen. Bild 4.18 stellt dieselbe Front etwas später als Wolkenband in einem Satellitenbild dar. Die sich nach

BILD 4.19b.
Einzelne Konvektions-Elemente in
diesem Wolkenband; links eine ältere,
vereiste (vergreiste) Zelle, rechts eine
junge, stark quellende (noch) Wasser-
wolke in Blumenkohlform.
Foto: H. Kraus

den Seiten immer stark ausbreitenden Cirrus-Schirme verhindern,
dass man die einzelnen konvektiven Elemente erkennt. Ferner sieht
man in Bild 4.18, dass sich hinter der Front kräftige Konvektionszellen
über Belgien und den Niederlanden gebildet haben. Ein großer lang
gestreckter Cloud Cluster liegt über den Alpen. Bild 4.19a zeigt – in
einer anderen Situation – eine herannahende Kaltfront als eine Linie

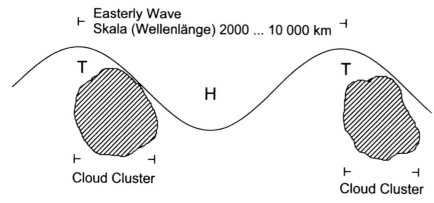

Easterly Wave
Skala (Wellenlänge) 2000 ... 10 000 km

T   H   T

Cloud Cluster   Cloud Cluster

BILD 4.19c.
Blick auf eine tropische Squall-Line in Längsrichtung. Man erkennt, wie die Luft von unten rechts in das Wolkenband einströmt, in ihm aufsteigt und oben rechts ausströmt. Der große Cirrus-Schirm ragt bis 12 km Höhe hinauf. Foto: H. Kraus

BILD 4.21a,b. ▶
Das Innere eines Cloud Clusters besteht aus hochschießenden konvektiven Wolken, zwischen denen sich weite Felder von Schichtwolken (stratiforme Wolken) erstrecken. Sind die Cumulonimbus-Türme stark vereist, dann haben sie den Höhepunkt ihrer Entwicklung überschritten. Die Quellungen, die noch kein oder nur wenig Eis zeigen, sind jung und in voller Entwicklung. Fotos: H. Kraus

BILD 4.20. Schema, wie tropische Cloud Cluster in die Wellenstruktur der von Ost nach West ziehenden Easterly Waves eingebettet sind. Die hier angedeutete Welle kann als nordhemisphärische Druckwelle verstanden werden mit von der ITCZ ausgehenden Tiefdruckausläufern (**T**) und vom Subtropenhoch ausgehendem höheren Luftdruck (**H**). Die Cloud Cluster (*schraffiert*) treten innerhalb der Tiefdrucktröge auf und sind im Satellitenbild als Gebiete erkennbar, in denen hochreichende konvektive Bewölkung mit teilweise schweren Gewittern konzentriert ist

von Gewittern. In Bild 4.19b sieht man in einer solchen Front zwei
einzelne konvektive Zellen. Bild 4.19c zeigt einen Blick auf ein kon-
vektives Wolkenband in Längsrichtung.

Cloud Cluster sind *die* Wolkenelemente der Innertropischen
Konvergenzzone (ITCZ, s. Abschn. 2.2, die Satellitenbilder 2.3 und
Abschn. 2.3). In den Tropen gibt es von Osten nach Westen ziehende
Wellen, die Easterly Waves. Die Druckunterschiede zwischen den Rük-
ken und den Trögen sind mit 4 hPa zwar recht klein, aber die Windkonvergenz erreicht im Mittel beachtliche Werte. Dadurch wird ein
positiver Vertikalwind erzeugt, und bei bedingt labiler Schichtung
ergibt sich ein mesoskaliges Gebiet der Skala von einigen 100 km, in
dem sich ein Ensemble von konvektiven Zellen aufbaut und als riesi-
ger Wolkenhaufen = Cloud Cluster erscheint. In diesen tropischen
Cloud Clustern konzentriert sich der Konvergenzeffekt der ITCZ. In
Bild 4.20 ist diese Situation skizziert. Das Innere des Clusters enthält
konvektive Systeme unterschiedlicher Skala. Die Bilder 4.21a,b veranschaulichen, wie innerhalb eines Cloud Clusters konvektive und stratiforme Wolken abwechseln. Bild 4.22 lässt die konvektiven Zellen an
Radarechos erkennen. Nähere Erläuterungen möge der Leser den
Legenden entnehmen. In Kap. 5 werden wir sehen, dass die Tropischen
Zyklonen vielfach aus Cloud Clustern hervorgehen.

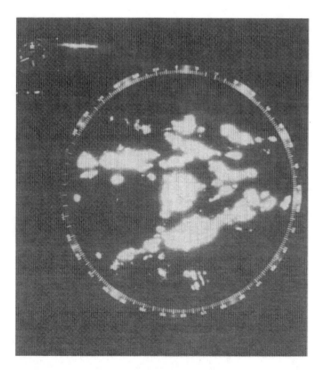

BILD 4.22.
Verteilung der Niederschlagechos
(helle Flecken) in einem Radarbild
mit einem Durchmesser von 200 km
am 05. 09. 1974. Position des Radars:
auf dem Forschungsschiff „Planet" in
9° N, 23° W. Aus Hinzpeter (1976)

4.2
GEFAHREN UND SCHÄDEN DURCH LOKALE STÜRME

Die möglichen Gefahren aus den Lokalen Stürmen wachsen natürlich mit deren Größe. So sind die Supercell Storms und die Multi-cell Storms gefährlicher als die normalerweise deutlich kleineren Single-cell Storms. Große Gefahren können von MCCs, also von großen konvektiven Clustern, Squall Lines und Fronten ausgehen.

Das in Abschn. 4.1 aufgebaute Verständnis für das Bewegungssystem „Lokaler Sturm" lässt uns auch die Mannigfaltigkeit der Gefahren erkennen, die mit ihm verbunden sind. Es wird dabei deutlich, dass diese räumlich sehr begrenzt, also mehr „lokal", auftreten. So schlägt ein Blitz an einem bestimmten Punkte ein, und ein Downdraft ist selten breiter als 5 km.

Alle Arten von Gefahren sind in den großen Lokalen Stürmen vereint:

- *große horizontale Windgeschwindigkeiten*, Stürme am Boden, vor allem im Zusammenhang mit den Downdrafts und den Tornados;
- *starke Vertikalwinde* und Änderungen der Windvektoren auf engem Raum, was vor allem für Flugzeuge „lokal" außerordentlich gefährlich ist;
- *Hagel*, der auf einen Hagelstrich lokalisiert fällt;
- *Starkregen*, der z. B. auf das Einzugsgebiet eines kleinen Gewässers lokalisiert fällt und in diesem enorme Überflutungen auslöst;
- *Blitzschlag*, der z. B. nur ein Gebäude in Brand setzt;
- *Tornados* mit scharf definierten Bahnen der Zerstörung.

Treten diese Stürme in MCCs gebündelt auf, also in Cloud Clustern, Fronten oder Squall Lines, dann ist ein viel größeres Gebiet betroffen als bei einem einzelnen Lokalen Sturm. Es gibt dann eine Vielzahl von lokalen Schwerpunkten entsprechend der Vielzahl der Einzelstürme, aus denen die MCCs bestehen.

4.2.1
DOWNBURSTS UND STURM

Große bodennahe Windstärken treten in Gewittern vor allem entweder in Tornados (s. Abschn. 4.2.5) oder zusammen mit den auf den Erdboden treffenden Fallwinden (Downdrafts) auf. Die Rolle der Downdrafts im Gesamtaufbau eines Lokalen Sturmes wurde in Abschn. 4.1 erläutert. Wenn es sich um starke Downdrafts handelt, die

Gewitter kommen nie aus „heiterem Himmel". Ihre nicht zu übersehenden und zu überhörenden Vorboten lassen dem, der sehen und hören kann, Zeit, sich in Sicherheit zu bringen. *Eine* der Ausnahmen: der Kletterer, dem die Wand die Sicht versperrt oder der noch Stunden bis zum Ausstieg aus der Wand benötigt.

Bild 4.23.
Einfaches zweidimensionales Schema eines Downburst mit einer ihm vorauslaufenden Böenwalze

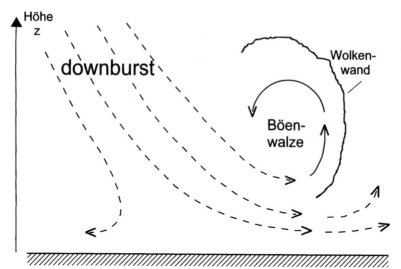

Bild 4.25. ▶
Mit Starkniederschlag verbundener Downburst in einer Gewitterzelle. Foto: H. Kraus

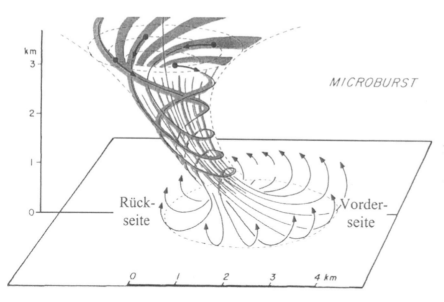

Bild 4.24.
Perspektivisches Bild eines Downburst an der Erdoberfläche. Er besitzt die Eigenschaft, dass die hinunterstürzende Luft sich dreht, also Wirbelstärke im Sinne der Ausführungen in Abschn. 4.1.4 besitzt. Man erkennt in diesem Beispiel, dass im Prinzip jede atmosphärische Strömung verwirbelt sein kann, speziell in einem so „wilden" System, wie es ein Gewitter darstellt. Nach Fujita (1985)

am Erdboden so umgelenkt werden, dass es dort zu sehr starken Horizontalwinden kommt, spricht man (nach Fujita 1985) von *Downbursts*. Häufig ist solch ein Windstoß mit einer deutlich sichtbaren Böenwalze (dazu s. Abschn. 4.1 und Bild 4.8) verbunden. Ein zweidimensionales Schema eines solchen Rotors mit horizontaler Achse zeigt Bild 4.23. In Bild 4.24 wird die horizontale Begrenzung eines Downburst deutlich.

Bei der Größe der Downbursts unterscheidet Fujita zwischen Microbursts und Macrobursts; bei ersteren ist der Durchmesser des

Bild 4.26a. ▶
Blick von unten in einen trockenen Downdraft. Foto: H. Kraus

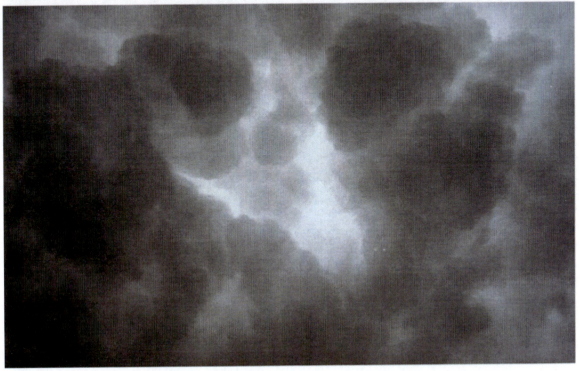

BILD 4.26b.
Mit großer Geschwindigkeit sich nach unten bewegende verdunstende Wolkenfetzen eines trockenen Downdraft. Foto: H. Kraus

BILD 4.27. ▶
Querschnitt durch einen Downburst in den untersten 1200 m *(vertikale Achse)* der Atmosphäre und für eine Horizontalskala von 15 km *(horizontale Achse)* in 3 min-Abstand (von oben nach unten, die Zeit ist oben rechts in jedem Teilbild angegeben). Die Pfeile stellen die aus Horizontal- und Vertikalkomponente zusammengesetzten Windvektoren dar; sie sind in dem linken und rechten Bild jeweils gleich gezeichnet. Die Isolinien sind Linien gleicher Vertikalwindstärke *(links)* bzw. Horizontalwindstärke *(rechts)*.
Man erkennt die nach rechts fortschreitende Böenwalze, an deren Unterseite um 18.48 Uhr ein maximaler Horizontalwind von 23 m s^{-1} auftritt. Die größten nach unten gerichteten Vertikalwinde betragen 8 m s^{-1}. Die Messungen fanden am 7. Juni 1978 am O'Hare Airport (Chicago) mit Hilfe eines Doppler-Radar und einer Bodenmessstation (markiert durch ▲ auf der Abzisse) statt. Aus Fujita (1985)

horizontalen Starkwindfeldes kleiner als 4 km, bei letzteren größer als 4 km, was natürlich nicht so genau messbar ist. Es gibt Downbursts, die mit Niederschlag verbunden sind, meist ist dieser sehr stark, aber eben nur kurz andauernd. Es gibt aber auch „trockene" Downbursts, wenn in der Gewitterwolke sehr viel trockene Luft von außen zugemischt wird, in der die Niederschlagsteilchen rasch verdunsten können, so dass kein Niederschlag bis zum Erdboden gelan-

Vertikalwind   ## Horizontalwind

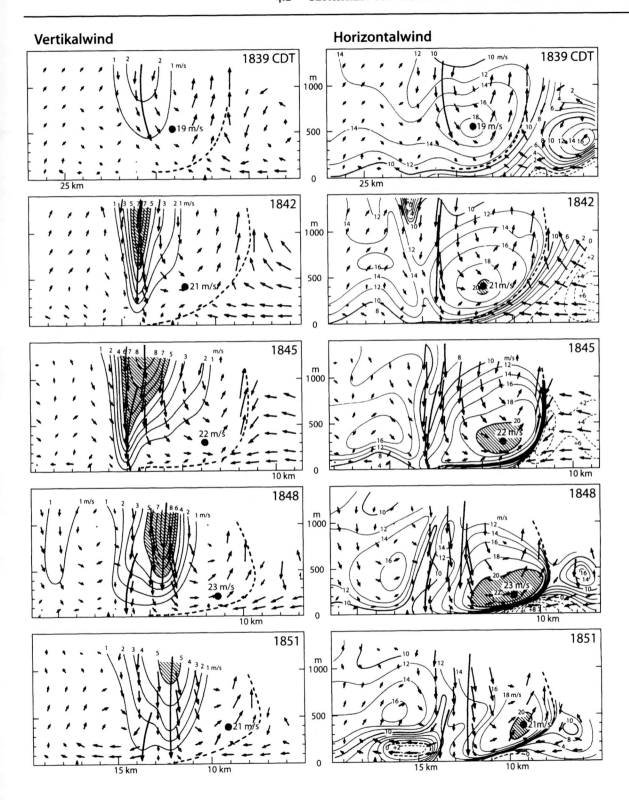

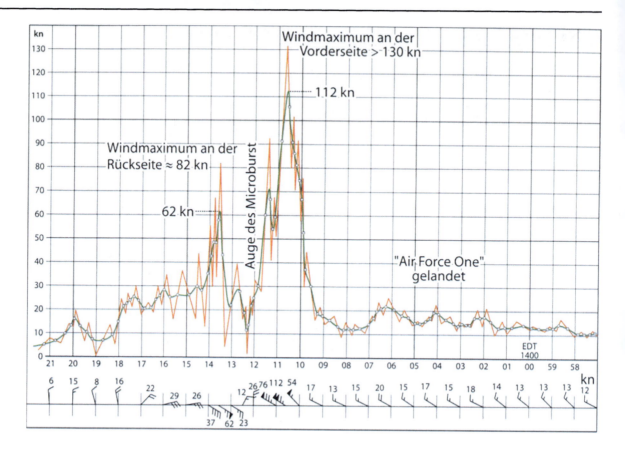

gen kann. Bild 4.25 zeigt einen nassen Downburst. Bild 4.26a erlaubt einen Blick hinauf in einen Downdraft, dessen Niederschlagsteilchen oberhalb des Beobachters verdunsten, und Bild 4.26b auf die verdunstenden Wolkenfetzen.

Bild 4.27 zeigt Messergebnisse der Windgeschwindigkeit in einem Downburst. Dargestellt sind Isotachen, das sind Linien gleicher Windstärke, getrennt für den Vertikalwind und den Horizontalwind. Die Messung erfolgte mit einem Doppler-Radar. Die Sequenz von Bildern jeweils im Abstand von drei Minuten zeigt die große zeitliche Variabilität des Phänomens. Die horizontale Skala der Abszisse umfasst insgesamt 15 km. Der größte in dieser Sequenz gemessene Horizontalwind von 23 m s^{-1} besitzt zwar Sturmstärke (nach der Beaufort-Skala, s. Tabelle 2.2), tritt aber nicht unmittelbar an der Erdoberfläche auf und ist nur von kurzer Dauer. Wenn dieser Fall auch nicht besonders gefährlich war für Gegenstände an der Erdoberfläche, ein landendes Flugzeug wäre in diesem Downburst in arge Bedrängnis geraten. Dies Beispiel eignet sich zudem besonders gut, um eine Vorstel-

BILD 4.28.
Registrierung eines Windmessers in 5 m Höhe, über den ein Downburst gezogen ist, am 1. August 1983. In der unteren Bildreihe zeigen Windpfeile für einige Zeitpunkte die bodennahen Werte von Windrichtung und Windstärke. Alle Windstärken sind in Knoten (1 kn = 1,852 km h^{-1} = 0,51 m s^{-1}) angegeben, die Werte an der Zeitskala in min. Die Zeit 00 ist 14.00 Ortszeit. Die glatte Kurve verbindet die mittleren Werte von aufeinander folgenden sekundären Maxima und Minima. Nach Fujita (1985)

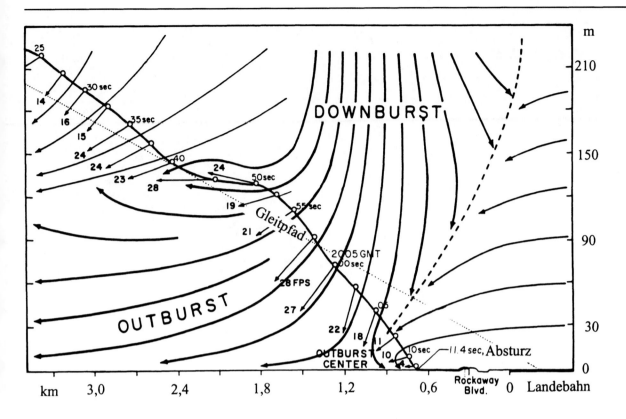

BILD 4.29. Landeanflug einer Boeing 727 auf dem John F. Kennedy International Airport am 24. Juni 1975 direkt in einen Downburst hinein. Das Flugzeug konnte die Landebahn nicht erreichen, es stürzte etwa 700 m davor zu Boden. Das Unglück forderte 112 Tote und 12 Verletzte. An den Windgeschwindigkeitspfeilen sind die Windstärken in „feet per second" (FPS) angegeben; 10 FPS ≈ 3 m s^{-1}. Siehe auch die Erläuterungen zu Bild 2.11b. Aus Fujita (1976)

lung des Phänomens zu gewinnen. Bodennah können in Downbursts horizontale Windstärken bis 80 m s^{-1} auftreten, natürlich nur sehr selten. Fujita (1985) schätzt, dass im gesamten Gebiet der USA pro Jahr statistisch nur 4-mal der Wert von 67 m s^{-1} erreicht wird.

Eine Anemometermessung auf der Andrews Air Force Base zeigt Bild 4.28. Hier wurde eine besondere Art von Downburst beobachtet; er enthält zwei Spitzenwerte von 67 und 43 m s^{-1} aus entgegengesetzten Richtungen und dazwischen eine relativ ruhige Zone mit einem Auge wie bei einem Hurrikan. Dieser Fall zeichnet sich nicht nur durch die im Zusammenhang mit einem Microburst ungewöhnlich hohen Windstärken aus, sondern auch durch den Umstand, dass die Maschine mit dem US-Präsidenten Ronald Reagan an Bord nur wenige Minuten vor diesem Ereignis landete.

Wie es einem Flugzeug ergehen kann, wenn es in der Lande- oder Startphase in einen Downburst gerät, wurde in Abschn. 2.4 im Rahmen der prinzipiellen Auswirkungen des Windes bereits erörtert. Hier wird nun in Bild 4.29 ein konkreter Fall dargestellt. Er ist den vielen von Fujita rekonstruierten Fällen entnommen, bei denen es beinahe oder wirklich zu einem Flugzeugunglück gekommen ist.

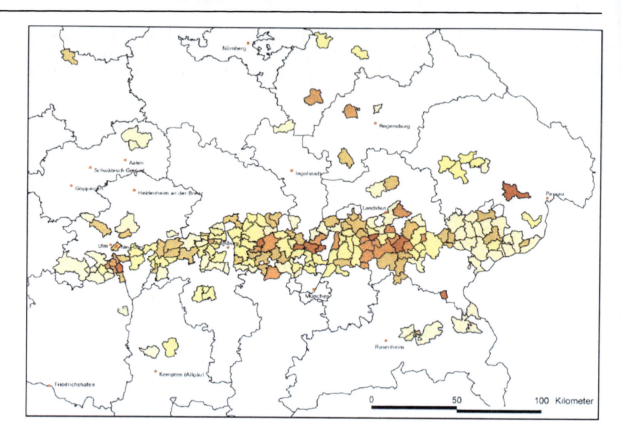

4.2.2
HAGEL

Ein Hagelunwetter, das mit einem Lokalen Sturm verbunden ist, besitzt eine mit der Größe dieses Sturms vergleichbare Raumskala und kann so leicht auf einer Breite von mehr als 10 km niedergehen und in der Zugrichtung des Sturmes einen Hagelzug (Hagelstrich, Hagelbahn) von über 100 km bilden. Es gibt auch breitere und längere Schadenbahnen, wie das in Bild 4.30 gezeigte Beispiel vom 27. 05. 1993 mit einer Breite von etwa 50 km und einer Länge von etwa 350 km zeigt. Das sind deutlich größere Dimensionen als bei den Bahnen der meisten Tornados. Ein einziger Hagelschlag, der eine Großstadt zu Geschäftszeiten heimsucht, kann ein unbeschreibliches Chaos und riesige Schäden an Kraftfahrzeugen und Gebäuden sowie an Geschäftseinbußen anrichten. Auf dem Land verursacht Hagel großflächige Totalverluste an Feldfrüchten. Hagel ist extrem gefährlich für die Luftfahrt. Moderne Flugzeuge „sehen" die Hagelgebiete in einem Lokalen Sturm mittels ihres Radargerätes und hüten sich, dort hinein zu fliegen. Aber am Boden haben sie oft keine Ausweichmöglichkeit.

BILD 4.30.
Landwirtschaftliche Hagelschäden in Süddeutschland in Postleitzahlgebieten am 27.05.1993. Dargestellt sind 5 Klassen *(leichtes Gelb bis dunkles Rot)* unterschiedlicher Schadenquote (d. i. das Verhältnis von Schadensumme zu Versicherungsprämie) als Maß der Intensität des Ereignisses. Das Bild zeigt besonders eindrucksvoll Breite und Länge des Hagelzuges. Bild: Swiss Re Germany

BILD 4.31.
a Ein Hagelkorn – besser Hagelstein – mit einem Durchmesser von etwa 6 inches (entspricht 15 cm) Durchmesser. Man erkennt, wie sich dieses Gebilde aus vielen zusammengebackenen kleineren Hagelkörnern zusammensetzt. Quelle: NOAA Photo Library *(www.photolib.noaa.gov).* **b** Große, plötzlich vom Himmel fallende Hagelsteine im abendlichen Verkehr beim Münchener Hagelunwetter am 12. Juli 1984. Quelle: SV-Bilderdienst

Die Bilder 4.31a,b veranschaulichen die mögliche Größe von Hagelkörnern und die durch sie entstehenden Gefahren, wenn sie in großer Zahl vom Himmel fallen.

Eines der größten Hagelunwetter in Deutschland traf München am Abend des 12. Juli 1984. Es gab eindrucksvolle Bilder von verhagelten Autos, Flugzeugen, Dächern, Treibhäusern und Gärten. Ursachen und Folgen wurden in der wissenschaftlichen Literatur behandelt (z. B. Heimann und Kurz 1985; Höller und Reinhardt 1986). Die Bilder 4.32a–c zeigen drei Darstellungen, wobei in Bild 4.32c sehr deutlich zu sehen ist, dass es sich bei dem konvektiven Gesamtgebilde,

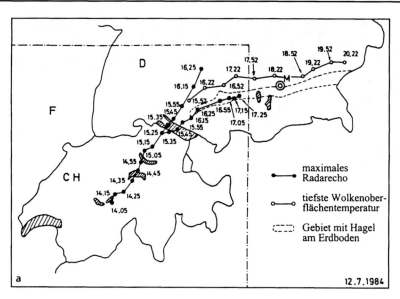

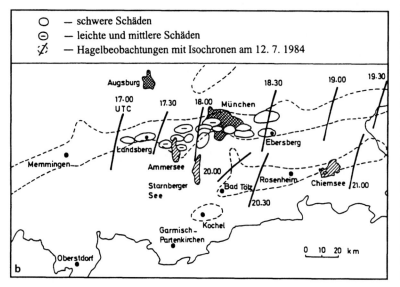

BILD 4.32.
Das Münchener Hagelunwetter. Aus Höller und Reinhardt (1986).
a Zugrichtung der Sturmzelle, die innerhalb des MCC für das Münchener Hagelunwetter verantwortlich war, sichtbar an der maximalen Radarreflektivität *(ausgefüllte Punkte)*, der tiefsten Wolkenoberflächentemperatur *(offene Punkte)* und dem Gebiet *(zwischen den gestrichelten Linien)*, in dem der Hagel auftrat (Hagelzug). Radarüberwachung gab es bei diesem Sturm nur innerhalb des *strich-punktiert gezeichneten Rechtecks.* Alle Zeiten sind UTC. Die Lage der Stadt München ist durch den *Doppelkreis* und den *Buchstaben „M"* markiert. **b** Hagelzüge *(zwischen den gestrichelten Linien).* Es gab nicht nur die Bahn über München hinweg, sondern auch noch eine südlich davon. Die *dick gezeichneten Isochronen* (Linien gleichzeitigen Auftretens) des Hagelbeginns zeigen das rasche Fortschreiten des Unwetters. Die Schadenaufnahme (aus der Luft am 14.07.1984) erstreckte sich nur auf den Hagelzug, der über München verlief und auch nur auf das Gebiet zwischen Landsberg und Ebersberg. **c** Eine Auswertung der Wolkenoberflächentemperatur aus dem Infrarotkanal des geostationären Satelliten Meteosat zeigt die Veränderungen und die Verlagerung des Mesoskaligen Konvektiven Komplexes (MCC). Die Zahlen markieren einzelne Zellen oder Subsysteme. Die Lage von München ist im 17.00 Uhr-Bild durch ein *Kreuz* gekennzeichnet

das über der Schweiz entstanden ist, um einen Mesoskaligen Konvektiven Komplex (MCC; s. Abschn. 4.1.6) gehandelt hat. Bild 4.33 zeigt die Auswertung eines ähnlichen Falles, der sich am 21.09.1936 ereignete. Das Münchener Hagelunwetter am 12. Juli 1984 betraf bei einer Zuglänge von 300 km eine Schadenfläche von etwa 1 500 km². Es verursachte Schäden an 70 000 Gebäuden, 1 000 Gewerbebetrieben, 240 000 Autos, 150 Flugzeugen und in der Vieh- und Landwirtschaft. Es gab 400 Verletzte. Der Gesamtschaden betrug etwa 3 Milliarden DM.

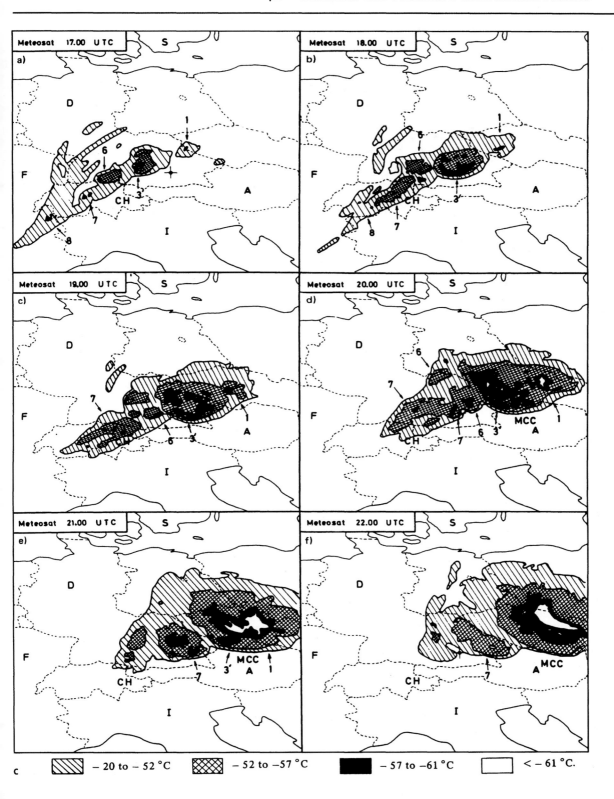

c ▨ – 20 to – 52 °C   ▧ – 52 to –57 °C   ■ – 57 to –61 °C   □ < – 61 °C.

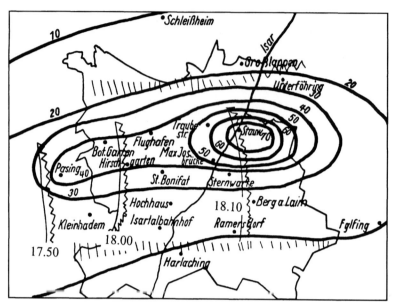

BILD 4.33.
Hagelfall in München am 21.09.1936 mit Linien der gleichen Niederschlagssumme in mm für den ganzen Tag (21.09.). Die *kurzen Striche* im Norden und Süden des Stadtgebietes bezeichnen die seitlichen Grenzen des Hagelzuges. Die Lage der von West nach Ost fortschreitenden Hagelfront zu den Zeiten 17.50, 18.00 und 18.10 Uhr ist durch die *gezackten Linien* dargestellt. Aus Kratzer (1937)

Dagegen verblasst der Gesamtschaden des Hagelunwetters in Süddeutschland vom 27.05.1993 (s. Bild 4.30), der mit etwa 300 Millionen DM angegeben wird. (Zahlen: Münchener Rückversicherungs-Gesellschaft 1999).

4.2.3
STARKREGEN UND ÜBERFLUTUNGEN

Aus den Wolkenmassen eines Gewitters fallen oft gewaltige Wassermengen in ein recht kleines Gebiet. Man spricht von Starkregen, dessen *Intensität* man durch den gefallenen Niederschlag pro Zeiteinheit definiert. Da die in einem Zeitintervall erreichte *Niederschlagsmenge (Niederschlagssumme)* entweder in Liter pro Quadratmeter [$l\,m^{-2}$] oder in mm Niederschlagshöhe ($1\,l\,m^{-2}$ entspricht genau 1 mm) angegeben wird, ist mm min^{-1} oder mm h^{-1} als Maßeinheit für die *Intensität* des Starkregens üblich. Um Starkregen handelt es sich nur dann, wenn mindestens

5 mm/5 min oder 7 mm/10 min oder
10 mm/20 min oder etwa 20 mm h^{-1}

fallen.

Wie verheerend solche Starkregen sein können, beobachtet man z. B. im Sommer, wenn ein Gewitterguss von über 50 mm in einer halben Stunde über einem städtischen Gebiet niedergeht. Die mit einer sol-

chen Intensität fallende Niederschlagsmenge übersteigt das Fassungs-
vermögen der meisten Kanalisationsanlagen, führt zu Überschwemmungen auf Straßen und Plätzen und lässt die Keller voll laufen.

In stärker gegliedertem gebirgigem Gelände werden nicht allzu
selten auch die kleinen Einzugsgebiete kleinerer Gerinne von einem
derartigen Starkniederschlag getroffen. Die Folge ist, dass der kleine
Bach zu einem reißenden Gewässer wird und oft unvorstellbar große Schäden vor allem dort verursacht, wo der sonst kleine Abfluss
durch bewohnte Gebiete führt. Bild 4.34 zeigt ein Beispiel.

Ein weiteres Beispiel ist das Unwetter von Sachseln (Kanton Obwalden in der Schweiz) am Abend des 15. August 1997. Während in
Neukirchen b. Hl. Blut (Bild 4.34) der Starkniederschlag über den
sanften Mittelgebirgshängen des Bayerischen Waldes niederging, tobte sich hier eine stationäre Gewitterzelle etwa 2 Stunden lang über den
sich über etwa 20 km² erstreckenden, nach NW orientierten, im Mittel
35 % steilen Hängen an der SE-Seite des Sarner Sees aus. In diesem
Gebiet kam es zu mehr als 400 Erdrutschen, und die 5 „Sachsler Wild-
bäche" transportierten ungeheure Mengen an Gestein, Erdreich und
Holz zu Tale, d. h. an das SE-Ufer des Sarner Sees, um dieses Material
dort, wo das Gefälle kleiner wurde, abzulagern. Die größte Gefahr ging
von einem der 5 Bäche, dem Dorfbach (Einzugsgebiet 3 km²) aus, der
normalerweise als kleines Gerinne durch den Wallfahrtsort Sachseln
fließt, nun aber den Ort mit Geschiebe und Schwemmholz zuschüt-
tete (Bild 4.35). Ehe dieses Material zur Ruhe kam, wirkte es mit seiner kinetischen Energie zusätzlich zu den Fluten zerstörend an Häusern und allem, was sich ihm in den Weg stellte. Außerhalb des Ortes
wurden weite landwirtschaftlich genutzte Flächen mit Felsschutt und
Schlamm zugedeckt. Glücklicherweise waren keine Verluste an Menschenleben zu beklagen. Der Gesamtschaden betrug etwa 70 Millionen Schweizer Franken, die Aufwendungen für die notwendigen Fol-
geprojekte zur Verbesserung des Hochwasserschutzes werden mit
20 Millionen Franken angegeben. Es gibt eine sehr informative „Ereig-
nisdokumentation Sachseln" als Veröffentlichung des schweizerischen
Bundesamtes für Wasserwirtschaft. In diesem Bericht sind auch die
Niederschlagsverhältnisse sehr gut erfasst, was bei so kleinräumigen
Ereignissen meist nicht gelingt. In dem etwa 20 km² großen, von den
Starkniederschlägen betroffenen Gebiet fielen zwischen 19.00 und
22.00 Uhr MESZ im Mittel 100 mm Niederschlag mit einem Maximum von etwa 150 mm vor allem im Einzugsgebiet des Dorfbaches.
Diese Daten stammen aus einer Analyse der Daten des Niederschlags-
radars in Zürich-Klothen. Die Daten von drei konventionellen Nie-
derschlagsmessstellen in der nächsten Umgebung charakterisieren
die Kleinräumigkeit des Ereignisses in besonderer Weise: in Sarnen
(5 km nördlich des Niederschlagszentrums) fielen nur 14 mm, in Gis-

Photos von Unwetterereignissen und -schäden entstehen oft erst am Tag danach, wenn wieder die Sonne scheint. Sie dokumentieren dann zwar das ganze Ausmaß der Verwüstung, können aber kaum wiedergeben, wie es während des Ereignisses aussah. Die Bilder 4.34a,b wurden jedoch etwa zur Zeit des Höhepunktes der Flut aufgenommen.

◀ BILD 4.34.
Nach schweren Gewittern fließen die schlammigen Wassermassen des Freybaches durch Neukirchen b. Hl. Blut im Hinteren Bayerischen Wald. Am 1. August 1991 gegen 18 Uhr überrollte eine nahezu vier Meter hohe Flutwelle den Ort und riss Menschen, Fahrzeuge und Gebäude mit. Zwei Menschen ertranken. Gegen 20 Uhr ging das Hochwasser zurück. Bild 4.34a zeigt den Lauf des Wassers in der Trasse des Baches, Bild 4.34b in der Hauptstraße. Der Freybach besitzt ein Einzugsgebiet von nur 20 km². Quelle: Marktgemeinde Neukirchen b. Hl. Blut

BILD 4.35.
Mit Schutt und Schwemmholz zugeschüttete Straße in Sachseln. Auch die Forstfahrzeuge gerieten in den Geschiebetransport. Quelle: Bau- und Umweltdepartement des Kantons Obwalden, Schweiz *(www.obwalden.ch)*

wil (6 km westsüdwestlich) 10 mm und auf der Stöckalp (5 km südsüdöstlich) fast gar kein Niederschlag.

Ein Beispiel, für das es gelang, Linien gleicher Niederschlagssumme zu zeichnen, ist die Gewitter- und Hagelnacht vom 25. auf den 26. Juli 1985 in Nordirland (s. Bild 4.36). In einem Gebiet mit einem Durchmesser von etwa 25 km im Südwesten des großen glazialen Sees Lough Neagh fielen mehr als 50 mm mit Maximalwerten über 80 mm, mehr als die Hälfte davon in nur einer Stunde zwischen 23 und 24 Uhr.

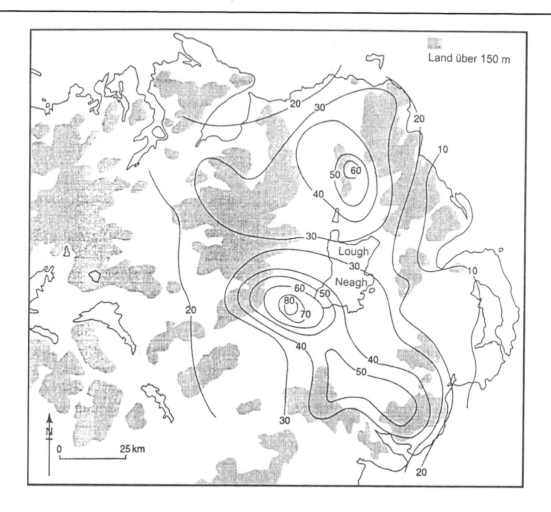

Auch nördlich und südlich dieses Sees bewirkte die Vielzahl der in dieser Nacht aktiven konvektiven Zellen Niederschlagsmaxima bis zu 60 mm.

BILD 4.36.
Niederschlagssummen in Nordirland vom 25.07.1985 22.00 Uhr bis 26.07.1985 9.00 Uhr GMT.
Nach Betts (2000)

4.2.4
BLITZSCHLAG

Von der Gewitterelektrizität, von Blitz und Donner war schon in Abschn. 4.1.3 (s. Kasten 4.1) die Rede, auch von der gewaltigen elektrischen Energie von bis zu 100 kWh, die ein Blitz beinhalten kann. Schlägt ein Blitz in ein Bodenziel (Haus, Kirche, Baum etc.) ein, so kommt es zu Bränden und mechanischen Zerstörungen. Blitzableiter, bekannt seit ihrer Erfindung im Jahre 1752 durch Benjamin Franklin (amerikanischer Staatsmann und Schriftsteller, der nebenbei auch naturwissenschaftliche Studien betrieb), können solche Schäden wirksam verhüten. Kaum geschützt sind jedoch Mensch und Tier im Freien, stark gefährdet vor allem Bergsteiger an Graten oder anderen exponierten Stellen, wenn sie das herannahende Gewitter nicht zeitig erkennen oder nicht ernst nehmen.

Man schätzt, dass es auf der Erde insgesamt ständig etwa 2 000 aktive Gewitter gibt und in jeder Sekunde etwa 100 Blitze. Blitze töten nicht nur Menschen und Tiere, sie führen zu Waldbränden und Gebäudeschäden, sie unterbrechen die Stromversorgung, sie stellen eine große Gefährdung sämtlicher elektrischer und elektronischer Kommunikationssysteme dar. So haben vor allem die großen Stromversorger und die Computerindustrie großes Interesse an einer Blitzvorhersage und an der Vermeidung von Blitzschäden.

Spezielle Angaben zeigen das Ausmaß der Schäden. Im Vereinigten Königreich (UK) werden im Mittel etwa 20 Personen im Jahr durch Blitzschlag verletzt und 4 getötet (Holt et al. 2001). In der Schweiz und in Deutschland beträgt bei der Feuerversicherung von Gebäuden der mittlere Anteil der Blitzschäden etwa 6 % der Gesamtschadensumme. Das entspricht in der Schweiz einem mittleren jährlichen Schaden von etwa 20 Millionen Schweizer Franken.

Interessant ist auch eine Angabe, an wie vielen Tagen im Jahr Blitze an einem bestimmten Ort im Mittel vorkommen. Eine Blitzklimatologie für Europa (Holt et al. 2001) gibt darüber Aufschluss. Aus der zitierten Arbeit stammen die Bilder 4.37a,b. In den drei Sommermonaten registriert man nur in den Alpen und in den Pyrenäen im Mittel mehr als 10 Gewittertage. Im Winter verschiebt sich die Gewittertätigkeit im wesentlichen auf das warme Wasser des Mittelmeeres und natürlich die anliegenden Küstengebiete, auf den Atlantik und den Englischen Kanal mit einem Ausläufer nach Nordwestdeutschland.

4.2.5
TORNADOS

Tornados gibt es im Prinzip überall auf der Erde, wo sich schwere Lokale Stürme (Gewitter) bilden. Sie treten vor allem im Zentrum der USA (genauer: im Gebiet der Great Plains) auf mit einem von Süd nach Nord verlaufenden Streifen größter Häufigkeit, der sich von Texas durch Oklahoma bis nach Nebraska erstreckt und der „Tornado Allee" genannt wird (s. dazu das hervorragend illustrierte Buch von H. B. Bluestein 1999).

Tornadostatistiken (z. B. Fujita 1973; Kelly et al. 1978; Schaefer et al. 1980) haften große Unsicherheiten an wegen der sehr unterschiedlichen, kaum messbaren Stärke der Wirbel und weil Tornados in dünn besiedelten Gebieten und bei nächtlichem Auftreten nicht lückenlos beobachtbar sind. Nach Kelly et al. (1978) wurden in den USA in den

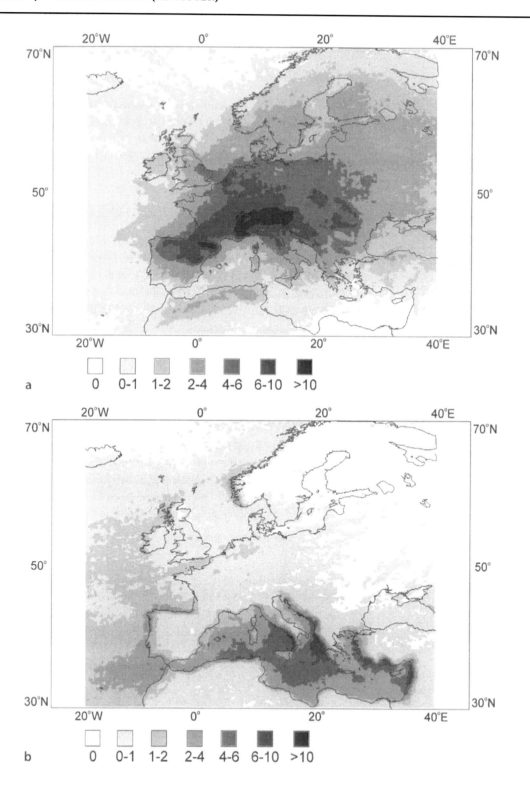

a   0   0-1   1-2   2-4   4-6   6-10   >10

b   0   0-1   1-2   2-4   4-6   6-10   >10

27 Jahren von 1950 bis 1976 im Mittel 650 Tornados pro Jahr *beobachtet*. Von diesen traten 40 % in den Monaten Mai und Juni, 24 % im März und April, 16 % im Juli und August, 8 % im September und Oktober und die restlichen 12 % in den vier Wintermonaten November bis Februar auf. Das Tornadomaximum liegt also im Frühjahr; es gibt aber auch winterliche Tornados, z. B. an den von Norden hereinbrechenden intensiven Kaltfronten, die in ihrem Gefolge oft Schnee und große Kälte mitbringen. In der „Tornado-Allee" liegt das Häufigkeitsmaximum im Staate Oklahoma mit 10 Tornados pro Jahr bezogen auf ein Gebiet von 150 km × 150 km.

Nach Davies-Jones et al. (2001) hat die Zahl der in den USA *beobachteten Tornados* in den letzten 50 Jahren von im Mittel 200 auf 1 200 pro Jahr zugenommen. Als Ursache für diese nun deutlich größere Zahl der *beobachteten* Ereignisse wird allein die zunehmende Bevölkerungsdichte, eine Zunahme der dem Phänomen gewidmeten Aufmerksamkeit, eine bessere Berichterstattung und vor allem dichte organisierte Beobachtungsnetze von „storm spotters" gesehen. Es gibt keine Anhaltspunkte für die Vermutung, die Bedrohung durch Tornados hätte mit der Erwärmung der Atmosphäre (um 0,6 °C in den letzten 100 Jahren, s. Abschn. 1.4) zugenommen.

Vor 1950 starben in den USA im Mittel jährlich über 100 Menschen durch direkte Tornadoeinwirkung. In neuerer Zeit liegt die Zahl der Tornadototen, dank der Warnsysteme und der Wachsamkeit der Menschen, deutlich darunter. Das gilt im Mittel über viele Jahre. In Einzelereignissen hat es immer wieder große Verluste an Menschenleben gegeben, s. dazu auch Tabelle 4.2. Einer der größten Tornadoausbrüche in der Zeit, aus der man Beobachtungen besitzt, ist der vom Palmsonntag (11. April) 1965. Zwischen 12 und 23 Uhr CST (Central Standard Time) traten im Zusammenhang mit heftigen Gewittern an einer von West nach Ost fortschreitenden Kaltfront in 6 Staaten des Mittleren Westens der USA (Iowa, Wisconsin, Illinois, Indiana, Michigan und Ohio) mindestens 50 Tornados auf. Sie forderten 258 Menschenleben. Über 3 000 Verletzte waren zu beklagen. Der materielle Schaden erwies sich als sehr groß. Einen ausführlicher Bericht über die Palmsonntag-Tornados findet man bei Fujita et al. (1970).

Auch in anderen Ländern treten natürlich Tornados auf, so z. B. in Japan und Australien. In Bangladesh tötete am 13. Mai 1996 ein Tornado mehr als 500 Menschen, Tausende wurden verletzt (nach Bluestein 1999).

Tornados sind auch in Deutschland nicht völlig unbekannt. In der sehr aufschlussreichen Zusammenstellung „der bedeutendsten Extremereignisse des 20. Jahrhunderts für Deutschland" (Bissoli et al. 2002) sind insgesamt 14 Tornados in 100 Jahren aufgeführt. Natürlich

◀ **BILD 4.37.**
Mittlere (für die 10 Jahre 1990 bis 1999) Anzahl der Gewittertage in Europa im Sommer (Bild **a**), gemeint sind die Monate Juni, Juli und August, und im Winter (Bild **b**), gemeint sind die Monate Dezember, Januar und Februar. Die Daten wurden über elektromagnetische Blitz-Detektions-Geräte (Lightning Detection Systems) erfaßt. Ein Gewittertag ist hier definiert als ein Tag, an dem mindestens 1 Blitz vorkommt. Quelle: Holt et al. (2001); © Crown Copyright 2001

kann eine Statistik von so kleinräumigen Ereignissen nicht vollständig sein, denn in dünn besiedelten Gebieten und außerhalb von Ort-
schaften entgeht mancher Tornado der Beobachtung und/oder richtet nur geringfügige Schäden an. Auch wird die Berichterstattung
umso lückenhafter, je weiter ein Ereignis zurück liegt. Vergleicht man
die in der genannten Zusammenstellung vermerkten 14 Tornados in
100 Jahren mit der Zahl von mindestens 500 signifikanten Tornados,
die jährlich in den USA auftreten, dann darf man mit Recht sagen,
dass Tornados in Deutschland sehr selten vorkommen. Besonders erwähnt wird oftmals der „Tornado von Pforzheim", der am Abend des
10. Juli 1968 mit einer 30 km langen Zugbahn über den Süden der
Stadt Pforzheim hinwegzog. Es entstand ein Schaden von 130 Millionen DM. 1750 Häuser wurden beschädigt, 2 Menschen kamen ums
Leben und mehr als 200 wurden verletzt.

Die Schäden, die Tornados anrichten, entstehen im wesentlichen
durch die extremen Windstärken. Die kinetische Energie des Windes und so auch der Winddruck auf die „Hindernisse" im Strömungsfeld nimmt mit dem Quadrat der Windstärke zu. Nach neueren Erkenntnissen (Marshall 1993) spielt der Unterdruck im Wirbel kaum
eine zerstörerische Rolle; man könnte ja vermuten, dass dieser zur
Explosion von Häusern führt; s. dazu auch die Bemerkung im Zusammenhang mit dem Rechenbeispiel in Abschn. 4.1.5. Der Wind wirft
selbst schwere Lastwagen um, schiebt sie weg oder trägt sie davon.
Herumfliegende Trümmer führen zu schweren Verletzungen, teilweise
mit Todesfolge. Ein Tornado hinterlässt in der Landschaft eine entsprechend seinem Durchmesser eng begrenzte Bahn der Zerstörung
(s. auch Bild 4.13b), die in Extremfällen über 3 km breit und über
50 km lang sein kann.

Die Stärke eines Tornados kann nach der Fujita-Pearson-Tornado-
skala beurteilt werden (Fujita 1973). Sie enthält jeweils 6 Grade für die
maximale Windstärke, die Bahnlänge und die Bahnbreite des beur-
teilten Tornados. Die *Windstärkenskala*, das ist der Fujita-Anteil mit
den Graden F0 bis F5, ist in Tabelle 4.1 wiedergegeben. Der Pearson-
Anteil klassifiziert

- die *Bahnlänge* in die 6 Grade P_L0 (kleiner als 600 m) bis P_L5 (bis
  200 km) und
- die *Bahnbreite* in die 6 Grade P_B0 (kleiner als 16 m) bis P_B5 (bis 5 km)

und wird hier nicht näher ausgeführt. Bei den Windstärkegraden
(F-Skala) wird häufig eine detaillierte Beschreibung der Verwüstungen angegeben. Diese hängen aber sehr stark von der Widerstands-
fähigkeit der in Mitleidenschaft gezogenen Häuser, Bäume usf. ab, so
dass diese Beschreibungen recht unscharf sind. Die Skala kann dazu

TABELLE 4.1.
Die Fujita-Skala der Stärke eines Tornados mit den Graden F0 bis F5. F6 würde Windstärken von mehr als 512 km h^{-1} bedeuten. Man glaubt aber nicht, dass so hohe Windstärken vorkommen. „Maximale Windstärke" ist hier die größte Windstärke, die im betreffenden Tornado irgendwo in dem recht kleinskaligen Gebilde und zu irgendeinem Moment geherrscht hat. Ein Vergleich mit den 10 min-Mitteln der Beaufort-Skala ist also nicht möglich

F-Grad	maximale Windstärke		Schaden
	m s^{-1}	km h^{-1}	
F0	< 33	< 118	leicht
F1	33 – 50	118 – 181	mäßig
F2	51 – 70	182 – 253	beträchtlich
F3	71 – 92	254 – 332	schwer
F4	93 – 116	333 – 419	verheerend
F5	117 – 142	420 – 512	unglaublich

dienen, die Tornadointensität an Hand der Verwüstungen, die er hinterlassen hat, abzuschätzen. In Tornadostatistiken können so die einzelnen Tornados nach ihrem Zerstörungspotential bewertet werden. Man kann also für jeden Tornado drei Indizes angeben, den F-Grad, den P_L-Grad und den P_B-Grad.

Die ökonomischen Schäden, die Tornados anrichten, haben im letzten Jahrhundert stark zugenommen, vor allem, weil die Bevölkerungsdichte und der allgemeine Wohlstand gewachsen sind. Beim Vergleich von Schäden innerhalb eines großen Zeitintervalls von vielen Jahrzehnten und über Ländergrenzen hinweg müssen auch Währungsunterschiede und Inflationsraten berücksichtigt werden. Von alledem war bereits in Abschn. 1.4 die Rede. Eine Studie über die Tornadoschäden in den USA zwischen 1890 und 1999 haben Brooks und Doswell III (2001) vorgelegt und dabei die zeitliche Entwicklung von Inflationsrate und Wohlstand berücksichtigt. Die aktuellen Schadensummen wurden in unterschiedlichen Statistiken entweder mit der Entwicklung der Inflation oder der des Wohlstandes normiert, so dass die angegebenen Schäden einem fiktiven Wert von 1997 entsprechen. Innerhalb des Untersuchungszeitraumes fanden die Autoren 138 Tornados, die – so die Schwellenwerte der Studie – entweder mindestens 20 Menschen getötet oder einen der Inflation angepassten Schaden von mindestens 50 Millionen US-$ zum Wert von 1997 verursacht oder beides bewirkt haben.

Tabelle 4.2 zeigt aus dieser Arbeit die 30 zerstörerischsten Tornados in den USA für das Zeitintervall 1890 bis 1999. Die Rangordnung entstand nach Anpassung der aktuellen Schadensummen an die Wohlstandsentwicklung und einer Normierung auf den Wert von 1997.

Eine Bewertung der Ergebnisse der Studie von Brooks und Doswell gibt keinerlei Hinweise darauf, dass die von einzelnen Tornados verursachten Schäden durch andere Einflüsse als durch steigende Kosten und die Akkumulation von Wohlstand zugenommen hätten. Es

Rang	Datum	Ort	Tote	Schaden
1	27. Mai 1896	St. Louis, MO, IL	255	2 916
2	29. Sept. 1927	St. Louis, MO	79	1 797
3	18. März 1925	Tri-State (MO-IL-IN)	695	1 392
4	10. April 1979	Wichita Falls, TX	45	1 141
5	09. Juni 1953	Worcester, MA	94	1 140
6	06. Mai 1975	Omaha, NE	3	1 127
7	08. Juni 1966	Topeka, KS	16	1 126
8	06. April 1936	Gainesville, GA	203	1 111
9	11. Mai 1970	Lubbock, TX	28	1 081
10	28. Juni 1924	Lorain-Sandusky, OH	85	1 023
11	03. Mai 1999	Oklahoma City, OK	36	909
12	11. Mai 1953	Waco, TX	114	899
13	27. März 1890	Louisville, KY	76	836
14	23. Juni 1944	Southwestern PA	30	697
15	20. Mai 1957	Ruskin Heights, MO	44	685
16	23. März 1913	Omaha, NE	103	589
17	03. Okt. 1979	Windsor Locks, CT	3	570
18	05. Dez. 1953	Vicksburg, MS	38	548
19	31. März 1973	Conyers, GA	1	515
20	03. April 1974	Xenia, OH	34	491
21	11. Jan. 1898	Fort Smith, AR	55	440
22	11. April 1965	Branch County, MI	44	410
23	08. Juni 1953	Flint, MI	115	400
24	22. Juni 1919	Fergus Falls, MN	57	354
25	03. Juni 1980	Grand Island, NE	4	337
26	04. April 1966	Polk County, FL	11	324
27	30. April 1953	Warner Robins, GA	19	316
28	03. Dez. 1978	Bossier City, LA	2	314
29	21. April 1967	Oak Lawn, IL	33	301
30	11. April 1965	Toledo, OH	18	293

TABELLE 4.2.
Rangfolge der von 1890 bis 1999 in den USA aufgetretenen Tornados, die die größten Schäden verursacht haben. Die Liste enthält die 30 zerstörerischsten Einzeltornados. Die Schäden, ausgedrückt in Millionen US-$ zum Wert von 1997, sind errechnet aus dem aktuellen Schaden zur Zeit des Auftretens des Tornados und einer Anpassung an den mit der Zeit angestiegenen Wohlstand. Die Großbuchstaben kennzeichnen den Staat der USA, in dem der betreffende Ort liegt. Auf Rang 22 steht einer der mehr als 50 Palmsonntag-Tornados mit allein 44 der an diesem Tag zu beklagenden 258 Tornado-Toten. Aus Brooks und Doswell III (2001)

fehlen auch hier wie bei den Hurrikanen und den Mittelbreitenzyklonen (s. dazu die Kapitel 1.4, 5.3 und 6.4) Hinweise darauf, dass Häufigkeit und/oder Stärke der atmosphärischen Erscheinungen an sich in den letzten 100 Jahren zugenommen hätten, wie dies ja häufig in den Diskussionen über die Veränderung des Klimas vermutet wird.

Am gefährlichsten sind schwere Tornados mit einer langen Zugbahn mitten durch das Herz großer Städte. Das sind glücklicherweise extrem seltene Erscheinungen. Zwei derartige Situationen trafen aber St. Louis in den Jahren 1896 und 1927 und stehen so auch an der Spitze der Liste von Tabelle 4.2 mit Schäden von 2,9 bzw. 1,8 Milliarden US-$ (Wert 1997). Vergleichen kann man diese beiden Ereignisse auch mit dem Oklahoma City Tornado (Schaden 0,9 Milliarden US-$), der vor allem über Wohngebiete zog. Das Szenario von Tornados, die mitten durch moderne Großstädte ziehen, ist ein Alptraum, den Bild 4.38 versinnbildlicht. Die Wahrscheinlichkeit, dass es passiert, ist zwar extrem klein, aber es ist schon geschehen und niemand weiß, wann, wo und wie es wieder geschieht. In den USA liegt der größte Schaden durch einen einzelnen Tornado also bei 3 Milliarden US-$ (Wert 1997). Werfen wir einen vergleichenden Blick auf die Gesamtschäden durch Tropische Zyklonen (s. Tabelle 5.4 in Abschn. 5.3) und durch Mittel-

BILD 4.38.
Tornado in der Nähe von Miami-Stadt.
Quelle: AP Bildarchiv

breitenzyklonen (s. Tabelle 6.1 in Abschn. 6.4), so erkennen wir, dass
der schadenträchtigste Hurrikan in den USA Schäden von 73 Milliarden US-$ (Wert 1995) verursacht hat und dass der höchste durch eine
Mittelbreitenzyklone bedingte Gesamtschaden fast 13 Milliarden US-$
beträgt. Der maximale Gesamtschaden durch einen einzelnen Tornado
ist also kleiner als der durch einen einzelnen Hurrikan oder eine einzelne Mittelbreitenzyklone. Bedenkt man aber, wie klein Durchmesser
und Bahn eines Tornados sind und welch kurze Lebensdauer er im
Vergleich zu den Größen- und Zeitskalen von Hurrikanen und Mittelbreitenzyklonen besitzt, dann ist die Schadendichte, also der Schaden
pro Flächen- und Zeiteinheit, beim Tornado die weitaus größte.

5

Tropische Zyklonen

Der Sturm heulte und tobte mit unbändiger Wut durch die Nacht. Dann und wann brach sich der Sturm, wie von einer ungeheuren konzentrierten Kraft durch einen Trichter gejagt, am Schiff; in solchen Augenblicken war es, als werde es über das Wasser hinausgehoben und in die Höhe gehalten, während nur ein leises Beben von seinem einen Ende bis zum andern spürbar war. Dann begann das Hinundherschleudern aufs neue, wie wenn das Schiff in einen siedenden Kessel geworfen worden wäre.
(Joseph Conrad, Typhoon, 1903)

5.1
DAS PHÄNOMEN

Das Wort Zyklone kommt aus dem Griechischen: kyklos = Kreis; kyklein = drehen, sich im Kreis bewegen.

Die bei weitem gefährlichsten atmosphärischen Bewegungssysteme sind die Tropischen Zyklonen, wenn sie Hurrikan- bzw. Taifun-Stärke erreichen. Sicher erweist sich ein Tornado dort, wo er zuschlägt, als überaus gewalttätig; aber sein Sturmfeld ist doch räumlich sehr begrenzt mit einem im Mittel kleineren Durchmesser als 1 km. Tropische Zyklonen können dagegen zu riesigen Gebilden anwachsen.

Allgemein nennt man ein tropisches Tiefdrucksystem der Skala von einigen 100 km mit einer deutlichen zyklonalen Zirkulation des oberflächennahen Windes eine *Tropische Zyklone*. Nicht jeder dieser Wirbel besitzt die Stärke eines Hurrikans oder Taifuns. Nach internationaler Vereinbarung unterscheidet man (s. Glossary of Meteorology der American Meteorological Society, 2000) bei den Tropischen Zyklonen nach der *höchsten im betreffenden Sturm auftretenden oberflächennahen mittleren Windstärke* (in der englischsprachigen Literatur als *maximum sustained surface wind* bezeichnet)

- *Tropische Depressionen* mit Windstärken bis zu 63 $km\,h^{-1} = 17\,m\,s^{-1}$,
- *Tropische Stürme* mit Windstärken zwischen 64 und 119 $km\,h^{-1}$ (18 bis 33 $m\,s^{-1}$) und
- *Hurrikane* oder *Taifune* mit Windstärken von mehr als 119 $km\,h^{-1}$ = 33 $m\,s^{-1}$.

Es gibt keine einheitliche Definition dafür, was hier mit „mittlerer" Windstärke (sustained wind) gemeint ist. Die WMO (World Meteorological Organization) empfiehlt ein 10 min-Mittel, womit die obigen Werte nach Tabelle 2.2 und dem in Abschn. 2.4 Gesagten direkt in den entsprechenden Graden der Beaufort-Skala ausgedrückt werden können. Die meisten Länder benutzen dies als Standard. Das National Hurricane Center (NHC) und das Joint Typhoon Warning Center (JTWC) der USA benutzen jedoch 1 min-Mittel. Dies führt natürlich zu Komplikationen, u. a. beim Vergleich von Statistiken. Es bleibt auch oft unklar, welche Art von Mittelung in einem aktuellen Fall oder in einer bestimmten Literaturstelle gemeint ist. Jedenfalls ist bei böigem Wind innerhalb eines bestimmten Zeitintervalls das maximale 1 min-Mittel der Windstärke größer als das maximale 10 min-Mittel. Als groben Verhältniswert kann man sich für turbulente Strömungen – und die Winde in Tropischen Zyklonen sind ja in höchstem Maße turbulent – die Zahl 1,2 merken: Das maximale 1 min-Mittel der Windstärke erreicht etwa den 1,2-fachen Wert des maximalen 10 min-Mittels. Wir benutzen diese Zahl in Tabelle 5.3. Man darf auch nicht vergessen, wie schwierig es ist, wirklich die maximalen Werte in einem so komplexen System, wie es eine Tropische Zyklone darstellt, zu erfassen, und wie wenig genau die Beobachtungsmethoden oft sind.

Die Bezeichnung Hurrikan (engl.: hurricane) oder Taifun (engl.: typhoon) hängt von der Region ihres Auftretens ab. Im Nordatlantik und im östlichen Nordpazifik spricht man von *Hurrikan*, im westlichen Pazifik und im Indischen Ozean von *Taifun*, s. dazu Bild 5.1. Im südlichen Atlantik und im östlichen Südpazifik treten solche Stürme

BILD 5.1.
Orte, an denen eine Tropische Zyklone, die sich zu einem Tropischen Sturm mit maximalen oberflächennahen Windstärken von mindestens 20–25 m s^{-1} (1 min-Mittelwerte) entwickelt hat, in den 20 Jahren von 1952 bis 1971 zum ersten Male als Tropische Zyklone (Definition s. o.) beobachtet wurde. Sieben verschiedene Entstehungsgebiete sind durch römische Zahlen gekennzeichnet (*I* nördlicher Indischer Ozean, *II* westlicher Nordpazifik, *III* südlicher Indischer Ozean, *IV* Nord- und Westaustralien, *V* Südpazifik, *VI* östlicher Nordpazifik, *VII* Nordatlantik). Siehe dazu auch Tabelle 5.1. Nach Gray (1975); s. auch Pielke (1990)

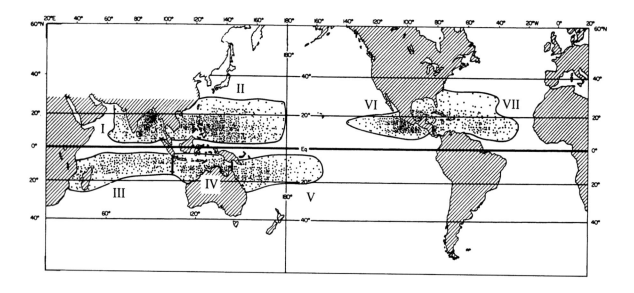

nicht auf. Ländergebundene Namen sind *Willy-Willy* in Australien, *Baguio* auf den Philippinen und *Cordonazo* in Mexiko.

Namen (z. B. Andrew, Agnes oder Isaac) bekommen die einzelnen Zyklonen dann, wenn sie das Stadium eines Tropischen Sturmes erreicht haben.

Tropische Zyklonen erscheinen nahezu kreissymmetrisch. Die Größe der Hurrikane (Taifune) lässt sich unterschiedlich angeben. Der Durchmesser mit zyklonaler Bewegung um den Kern erreicht Werte bis 2000 km, aber der der inneren starken Regenbänder und somit der starken Aufwinde und der starken Bewölkung im Mittel etwa 400 km. In diesem inneren Teil toben auch die zerstörerischen Winde, die in Extremfällen 1 min-Mittel der Windstärke von mehr als 70 m s^{-1} erreichen. Hurrikane (Taifune) sind also in vielen Fällen, was das zyklonale Windfeld angeht, nicht kleiner als Mittelbreitenzyklonen und deutlich größer als die in Abschn. 4.6 besprochenen Cloud Cluster.

Bild 5.2 zeigt ein Schema der mittleren Struktur und Größe von Tropischen Stürmen, Hurrikanen und Taifunen. Es wurde als Komposit aus 248 Systemen auf der Basis von Radiosonden-Daten erstellt, die von 1961 bis 1970 im Gebiet des nordwestlichen Pazifik gewonnen wurden. Die Bilder 5.3a–d zeigen Satellitenaufnahmen, die die typischen Strukturmerkmale verdeutlichen. Das sind die *spiralförmigen Wolkenbänder*, voneinander getrennt durch wolkenärmere Gebiete; sie münden in den mächtigen *Wolkenwall* (Eye-Wall), der kreisförmig das Zentrum umgibt; letzteres ist häufig als wolkenfreies *Auge* ausgebildet. Die Wolkenbänder bestehen aus einer Vielzahl von konvektiven Zellen, die

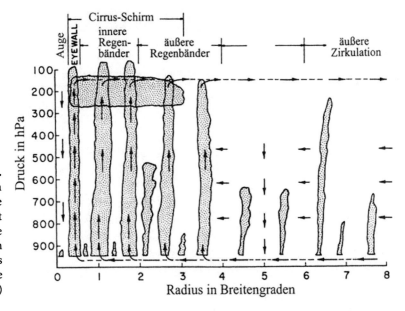

BILD 5.2.
Schema einer typischen Tropischen Zyklone, die mindestens die Stärke eines Tropischen Sturmes erreicht hat. Die Ordinate zeigt statt der Höhe über der Erdoberfläche den nach oben abnehmenden Luftdruck bis 100 hPa (das entspricht einer Höhe von etwa 15 km). Nach Frank (1977)

BILD 5.3. Satellitenbilder von Tropischen Zyklonen: Zur Konstruktion wurden mehrere Aufnahmen unterschiedlicher Spektralbereiche zusammengefasst (multichannel color composite imagery). Quelle: NOAA Operational Significant Event Imagery *(www.osei.noaa.gov)*.
a Dieser mächtige Taifun überschreitet, vom Golf von Bengalen kommend, gerade die Küste im Nordosten Indiens. Er bewegt sich mit mehr als 10 km h^{-1} nach Nordwesten. Er bringt flutartigen Regen, 1 min-Mittel der Windstärke bis zu 210 km h^{-1} und Böen bis zu 260 km h^{-1}. Der Durchmesser der hohen weißen Wolken ist mit ~ 500 km etwa so groß wie die Nord-Süd-Erstreckung von Bangladesh. Datum: 29. Oktober 1999. Das gut ausgebildete Auge liegt genau über der Küste

bis zur Tropopause hinauf reichen. In ihnen gibt es intensive, nach oben gerichtete Vertikalwinde mit starken internen Verwirbelungen, was, wie bei allen konvektiven Elementen mit starker Vorticity, auch hier zur Entwicklung von Tornados (s. Abschn. 4.1.5) führen kann. Es gibt also große Gebiete mit aufsteigender Luft, wie es auch Bild 5.2 zeigt. Im Auge aber steigt die Luft ab, die Wolken lösen sich dort deshalb auf, und es ist dort noch wärmer als in der übrigen warmen Zyklone. Einen Eindruck der Struktur der inneren Regionen eines Hurrikans vermittelt auch Bild 5.4.

BILD 5.3b. Hurrikan Floyd, hier am 14. September 1999, 20.30 Uhr UTC, über den Bahamas. Er bewegt sich mit etwa 20 km h⁻¹ nach Nordwesten und gefährdet so die Ostküste der USA. In der gezeigten Situation ist er mit maximalen 1 min-Mitteln der Windstärke von mehr als 210 km h⁻¹ in Kategorie 4 der Saffir-Simpson-Skala (s. Tabelle 5.3) einzustufen. Besonders hingewiesen sei auf das durch den Schattenwurf klar erkennbare Auge, die zyklonal einströmenden Bänder mit (den weißen) konvektiven Wolken und die antizyklonal spiralförmig ausströmenden sehr hohen (bläulichen) Cirrus-Wolken. Maßstab: die Basislinie des Bildes umfasst eine Länge von etwa 2300 km

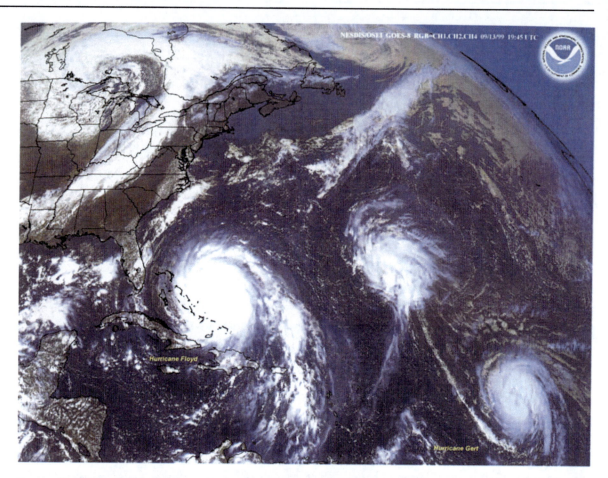

Bild 5.3c. Hurrikan Floyd am 13. September 1999, 19.45 Uhr UTC (also einen Tag früher als in Bild 5.3b) noch östlich der Bahamas. Zur gleichen Zeit sieht man einen zweiten Hurrikan mit Namen Gert in der rechten unteren Bildecke. Zwischen diesen beiden Stürmen erkennt man, etwas nach Norden versetzt, einen Cloud Cluster, der im Moment weder eine geschlossene Zirkulation noch so hohe Windstärken besitzt, dass er auch nur als „Tropische Depression" eingestuft werden könnte. Die drei Systeme bewegen sich westwärts über den tropischen Atlantik. Die höchsten 1 min-Mittel der Windstärke von Hurrikan Floyd betragen in dieser Situation 250 km h^{-1}, die stärksten Böen mehr als 300 km h^{-1}. Bei Hurrikan Gert sind es „nur" etwa 140 bzw. 160 km h^{-1}; er folgt Hurrikan Floyd in einem Abstand von etwa 3 400 km. Interessant an diesem Bild sind auch die beiden Mittelbreitenzyklonen; die östliche besitzt einen Kern unweit der Südspitze Grönlands und eine langgestreckte Kaltfront nördlich des Cloud Clusters, die westliche einen Kern über Kanada und eine Kaltfront, die sich über den USA nach Südwesten erstreckt. Man erkennt, dass diese Systeme deutlich größer sind als die Tropischen Zyklonen

Der Luftdruck in Tropischen Zyklonen zeigt ein für die Tropen außergewöhnliches Verhalten. Während ganz allgemein die Luftdruckschwankungen in den Tropen recht klein sind (sie bewegen sich in der Größenordnung von ±3 hPa oder – bei einem Luftdruck in NN von etwa 1 000 hPa – von ±0,3 %), kann der Luftdruck in Meeresniveau in einem Hurrikan (Taifun) bis unter 900 hPa fallen, das entspricht einer Änderung von 10 %. Natürlich ist nicht jeder Hurrikan

BILD 5.3d. Hurrikan Isaac am 28. September 2000, 19.39 Uhr UTC über dem mittleren Atlantik mit Kern in 26° N und 53° W mit einem sehr schön ausgebildeten Auge, durch das man die Wasseroberfläche sieht. Maßstab: die Basislinie des Bildes umfaßt eine Länge von etwa 1000 km

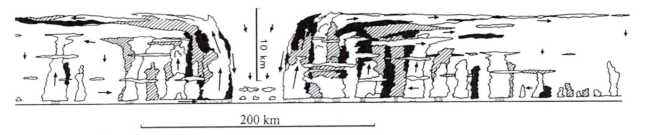

BILD 5.4. Querschnitt durch eine Tropische Zyklone. Die unterschiedliche Schattierung deutet den unterschiedlichen Gehalt an Niederschlagsteilchen in den Wolkentürmen oder Spiralbändern an. Die seitliche Ausbreitung der Wolken an der Obergrenze in Tropopausenhöhe führt dort zu einem riesigen Cirrus-Schirm. In seiner Mitte besitzt der Sturm ein wolkenfreies Auge mit absinkender Luft. Nach Scorer, „Clouds of the World" (1972)

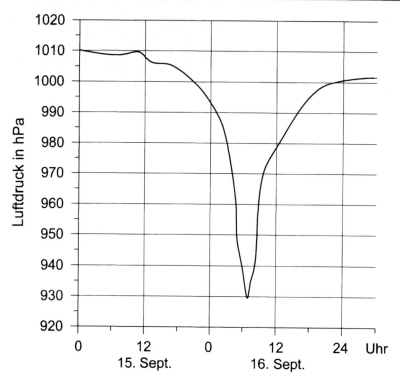

BILD 5.5.
Barogramm gemessen beim Durch-
zug eines sehr starken Hurrikans in
West Palm Beach, Florida, zwischen
dem 15. und 17. September 1928.
Nach Tannehill (1952)

BILD 5.6. ▶
Der Verlauf des Kerndruckes von Taifun Irma mit einem Rekord-Mini-
mum von 883 hPa und Rekord-Fall-
raten von 97 hPa in 24½ h bzw. 78 hPa
in 12 h. Nach Holliday (1973)

(Taifun) solch ein extremes Druckgebilde. Bild 5.5 zeigt den Verlauf
des Luftdruckes am Erdboden beim Durchzug eines Hurrikans über
eine Messstation.

In Bild 5.6 ist der Kerndruck von Taifun Irma in NN dargestellt,
wie er sich zwischen dem 8. und 15. November 1971 auf der Zugbahn
westlich bis nordwestlich von Guam entwickelte. Dabei traten ein Minimum von 883 hPa und maximale Druckfallraten von 97 hPa in
24½ h bzw. 78 hPa in 12 h auf.

Im Zusammenhang mit Struktur und Druckverlauf von Tropischen
Zyklonen wird in Bild 5.7 eine charakteristische Windregistrierung
gezeigt.

Natürlich hängen die maximalen Windstärken, die in einem Sturm
auftreten, eng mit der Druckdifferenz zwischen dem Kern des Sturmes und seiner Umgebung zusammen. Dies ist in Bild 5.8 dargestellt.

Der Windschub auf dem Wasser erzeugt Wellen, und die Wellenhöhe wächst mit der Windstärke. Bild 5.9 zeigt, wie sich Luftdruck,
Windstärke und Wellenhöhe beim Durchzug eines Hurrikans ändern.
Die ausgezogene Luftdruckkurve besitzt die bereits in Bild 5.5 gezeigte
charakteristische Form. Die Windstärke (kurz gestrichelt) weist im
Zentrum des Sturmes, d. h. im Auge, ein relatives Minimum auf. Dies
wird von zwei Maxima flankiert, die aber nicht symmetrisch ausge-

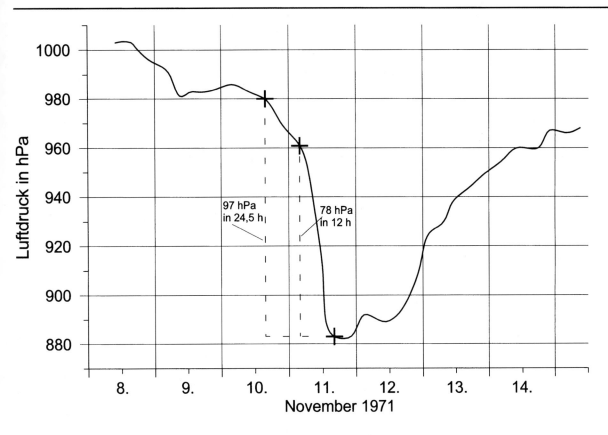

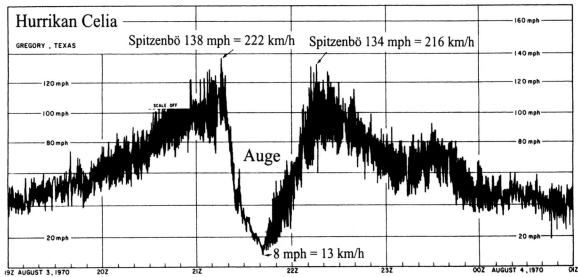

BILD 5.7. Registrierung der Windstärke beim Durchzug des Hurrikans Celia am 3. August 1970 in Gregory, Texas. Das Auge des Sturmes zog direkt über die Station. Man beachte die starken Schwankungen und die Spitzenböen. Für die Geschwindigkeitsskala gilt 1 mph (miles per hour) = 1,609 km h^{-1}. Aus Simpson und Riehl (1981)

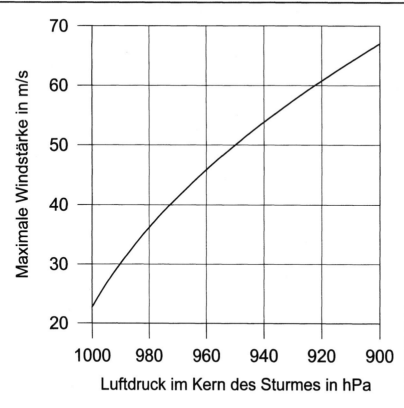

BILD 5.8.
Zusammenhang zwischen der maximalen Windstärke (1 min-Mittel) in einer Tropischen Zyklone und ihrem Kerndruck. Nach Simpson und Riehl (1981)

bildet sein müssen. Im vorliegenden Fall besitzt eines den Wert von fast 170 km h⁻¹. Die Wellenhöhe (strich-punktiert) verläuft etwa invers zum Luftdruck und überschreitet im Zentrum des Hurrikans den Wert von 10 m.

Wie die tropischen Cloud Cluster (s. Abschn. 4.1.6) ziehen auch die Tropischen Zyklonen primär von Ost nach West, werden allerdings vom größerskaligen Feld gesteuert und biegen vor allem sehr häufig polwärts ab, wenn sie sich den Kontinenten nähern. Einen Eindruck von den Zugbahnen dieser Störungen soll Bild 5.10 vermitteln.

Im Zusammenhang mit den unterschiedlichen Bezeichnungen (Hurrikan, Taifun, Willy-Willy usf.) zeigt Bild 5.1 die Entstehungsgebiete Tropischer Stürme. Dies Bild gibt mittels der kleinen Punkte an, wie viele derartige Stürme in dem betreffenden Zeitintervall von 20 Jahren in den einzelnen Gebieten entstanden sind. Auf dem gleichen Datenmaterial wie Bild 5.1 beruhend, zeigt Tabelle 5.1 diese Informationen in Zahlen. Man erkennt dort nicht nur die Häufigkeit des Auftretens (die Zahlen bedeuten die Anzahl der in dem betreffenden Gebiet entstandenen Stürme pro Jahr), sondern auch den Jahresgang, grob gegliedert in 4 Dreimonatsintervalle mit in den Herbst verschobenen Maxima im Sommer der betreffenden Nord- oder Südhalbkugel.

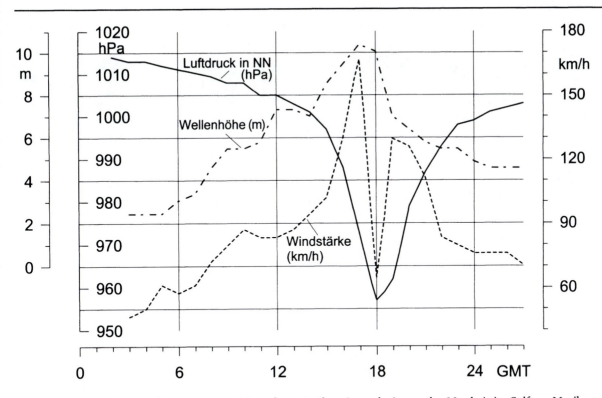

Bild 5.9. Durchzug des Hurrikans Kate am 20. November 1985 über einer schwimmenden Messboje im Golf von Mexiko. Dargestellt ist, wie sich Luftdruck und Windstärke in der Nähe der Wasseroberfläche und mit ihnen auch die Wellenhöhe in Abhängigkeit von der Zeit ändern. Nach Pielke (1990)

Tabelle 5.1. Anzahl der Tropischen Zyklonen, die sich im Mittel pro Jahr in den in der ersten Spalte genannten Meeresgebieten in den entsprechenden Monatsintervallen (oberste Zeile) gebildet haben. Gezählt sind nur diejenigen Tropischen Zyklonen, die sich zu einem Tropischen Sturm mit Windstärken von mindestens 20–25 m s^{-1} (1 min-Mittelwerte) entwickelten. Die Statistik gilt für die 20 Jahre von 1952 bis 1971. Ihr liegt dasselbe Datenmaterial zu Grunde wie dem oben gezeigten Bild 5.1. In diesem Bild sind auch die hier in Spalte 1 angegeben römischen Zahlen zur Kennzeichnung der Entstehungsgebiete eingetragen. Nach Gray (1975)

Entstehungsgebiete		Entstehungszeiten			
		Jan./Febr./März	April/Mai/Juni	Juli/Aug./Sept.	Okt./Nov./Dez.
I	nördlicher Indischer Ozean	0,3	3,3	5,8	5
II	westlicher Nordpazifik	1,4	4	11,7	12,4
III	südlicher Indischer Ozean	8,6	1,2	0	4
IV	Nord- und Westaustralien	5,8	0,8	0	0,6
V	Südpazifik	6,3	2,3	0	2
VI	östlicher Nordpazifik	0	1,9	7,7	1,8
VII	Nordatlantik	0	0,6	8,4	2,7

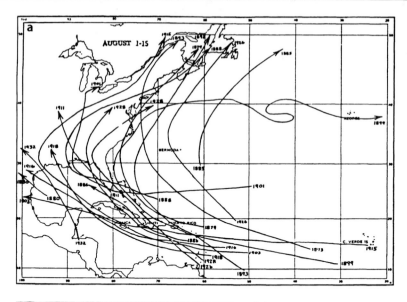

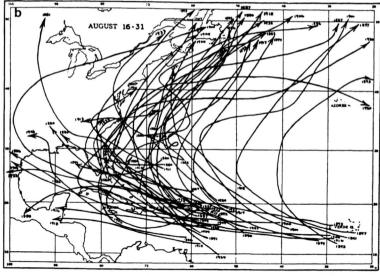

BILD 5.10.
Zugbahnen Tropischer Zyklonen mit Hurrikan-Intensität von 1874 bis 1944 im Nordatlantik für die Zeit vom 1. bis 15. August (a) und vom 16. bis 31. August (b). An jeder Kurve steht das Jahr, in dem der betreffende Sturm aufgetreten ist. Teilbild c zeigt die globale Verteilung von Zugbahnen für eine 3-Jahres-Periode. In Teilbild d sind historische Zugbahnen von Taifunen, die schwere Schäden verursacht haben, im Golf von Bengalen dargestellt. Teilbilder a, b und d aus Tannehill (1952); c aus Gray (1978)

Summiert man die Tabellenwerte, dann ergibt sich eine Gesamtzahl von 99 Tropischen Stürmen pro Jahr auf der gesamten Erde, also im Rahmen aller Unsicherheiten solcher Erhebungen etwa 100 pro Jahr. Nach Pielke (1990) entwickelten sich davon etwa 2/3 zu Zyklonen von Hurrikan-Stärke. Etwas andere Zahlen liest man bei Gray (1978): Die gleiche Art der Statistik für die Jahre 1958 bis 1977 führt dort zu einer Gesamtzahl der Tropischen Stürme von 80 pro Jahr, von denen sich etwa die Hälfte bis 2/3 zu Hurrikanen oder Taifunen entwickelt hätten.

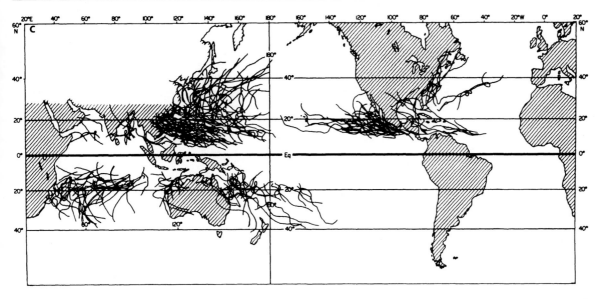

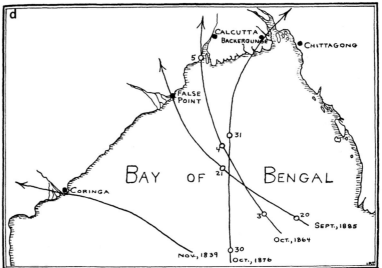

5.2
ENTSTEHUNG

Tropische Zyklonen sind die intensivsten Bewegungssysteme im tropischen Teil der Allgemeinen Zirkulation der Atmosphäre (AZA, s. Kap. 3). Wo und zu welcher Jahreszeit sie entstehen, wie häufig sie sich bilden, wie groß sie sind und wie ihre Struktur aussieht, darüber gibt Abschn. 5.1 Auskunft. Vergleicht man all dies etwa mit den Charakteristika von Mittelbreitenzyklonen (s. Kap. 6), dann erkennt man, dass es sich bei beiden Systemarten um sehr unterschiedliche zyklonale Bewegungsformen in der Atmosphäre handelt. Das gilt nicht nur für das Aussehen und Auftreten, sondern auch für die Physik der Entstehung dieser Systeme. Der Unterschied soll hier bereits in Kurzform präzisiert werden: Tropische Stürme entstehen aus der Intensivierung von großen konvektiven Bewegungssystemen, den tropischen Cloud Clustern, die einen Durchmesser von einigen 100 km aufweisen; Mittelbreitenzyklonen entwickeln sich aus dem großskaligen (> 1 000 km) Nebeneinander von warmer subtropischer und kalter polarer Luft (Näheres s. Kap. 6).

Die Wissenschaft ist sich heute noch nicht vollkommen klar über die Entstehungsprozesse und darüber, wie sie im einzelnen ablaufen. Es gibt noch viele Kontroversen und Unsicherheiten. Dennoch können wir hier ein grobes qualitatives Bild zeichnen, wie es zur Bildung der gewaltigen Tropischen Stürme kommt. Jedenfalls, würde man sie nicht aus unmittelbarem Erleben kennen, kein Hydrodynamiker würde dieses faszinierende und gewaltige Phänomen allein aus seiner experimentellen und theoretischen Kenntnis heraus ableiten.

Wir wissen sicher, dass sich Tropische Zyklonen nur bilden, wenn zwei entscheidende Voraussetzungen gegeben sind:

a) als *Keimzelle* eine größerskalige atmosphärische Störung, wie etwa der Trog einer „Easterly Wave" und in den meisten Fällen ein damit verbundener Cloud Cluster, und

b) *spezielle Bedingungen*, in die diese von Ost nach West sich fortpflanzende Vorläuferstörung hineinwandert.

Diese speziellen Bedingungen sind (s. Riehl 1979, S. 464; Pielke 1990, S. 25):

- Eine *Oberflächentemperatur des Ozeans von mindestens 26 °C*. Damit kann durch den Verdunstungsprozess an der Oberfläche genügend Wasserdampf zum Einsaugen in den Sturm bereitgestellt werden. Im Kondensationsprozess in der Wolke wird umso mehr Wärme frei, je mehr Wasserdampf kondensiert. Je größer diese Kondensationserwärmung ist, umso freier können sich die konvektiven Elemente entfalten und umso kräftiger wächst der Sturm.
- Eine nur *geringe vertikale Windscherung*. Eine große Windscherung würde die aufsteigenden Wolken von der Atmosphärischen Grenzschicht, aus der sich der Nachschub von Wärme, Wasserdampf und Drehimpuls vollzieht, separieren.
- Eine *atmosphärische Schichtung, die bedingt labil ist*, so dass die aufsteigenden Teilchen nach Erreichen des Kondensationsniveaus

Die Oberflächentemperatur des tropischen Ozeans erreicht sogar in größeren Gebieten Werte von über 29 °C.

ungehindert in höhere Atmosphärenschichten gelangen können (Erklärungen dazu finden sich in Abschn. 2.7). Die atmosphärische Schichtung muss die für das Wachsen der Störung so wichtige hochreichende Konvektion ermöglichen.

- Eine *Entfernung vom Äquator von mindestens 4 bis 5 Breitengraden*. Dies betrifft die Rolle der Erdvorticity (zyklonale, durch die Umdrehung der Erde gegebene Wirbelstärke), die in der Horizontalbewegung der Luft auf der Erde enthalten ist. Ein horizontaler Luftwirbel am Äquator besitzt eine Achse, die senkrecht zur Erdachse steht; er kann deshalb keine Erdvorticity enthalten. Ein horizontaler Luftwirbel am Pol besitzt dagegen eine Achse, die parallel zur Erdachse steht, und kann so ein Maximum an Erdvorticity enthalten. Bei 5° N oder 5° S enthält ein Wirbel schon so viel Erdvorticity, dass diese bei einer Entwicklung wie der eines Tropischen Sturmes bedeutsam werden kann. Diese wird dann in den Wirbel hineingezogen und trägt entsprechend dem Prozess der Vorticity-Verstärkung durch Konvergenz der Wirbelströmung (s. die Erklärungen in Abschn. 4.1.4 und Bild 4.10a) zur Intensivierung des zyklonalen Wirbels bei.
- Ein größerskaliges *Feld mit stärkerer zyklonaler Vorticity* in dem beobachteten Wind, d. h. in der Geschwindigkeit der Luft relativ zu der sich bewegenden Erde. Diese Bedingung wirkt genau so wie die zuletzt genannte.
- *Verstärkende Einflüsse in der oberen Troposphäre*. Die vertikale Bewegung im Sturm wird ja von unten genährt. Sie mündet in einen Ausfluss am oberen Rand der Troposphäre. Wird dieser Ausfluss durch eine übergeordnete Störung gefördert, so verstärkt dies den Tropischen Sturm. Gerade bei der Rolle, die die Zustände in der oberen Troposphäre spielen, gibt es wissenschaftlich noch keine Klarheit.

Tropische Stürme entwickeln sich also aus einer bereits vorher bestehenden „Störung" unter den oben aufgeführten Bedingungen. Wie kann man sich nun vorstellen, dass dies geschieht? Wir gehen hier von einem tropischen Cloud Cluster aus, z. B. über dem tropischen Nordatlantik nördlich von 5° N (s. dazu Abschn. 4.1.6). Er besitzt bereits zyklonale Wirbelstärke in dem beobachteten Windfeld und rotiert im Gegenuhrzeigersinn. Der Cloud Cluster gerät bei seinem Weg nach Westen über wärmeres Wasser, wobei die Oberflächentemperatur höher als 27 °C sei. Auch die anderen Bedingungen seien erfüllt: es liege keine wesentliche vertikale Windscherung vor; die atmosphärische Schichtung sei so, dass hochreichende Konvektion möglich ist; das Umgebungsfeld habe eine positive, also zyklonale Vorticity. Im Cloud

Cluster selbst ist bereits heftige Konvektion im Gange. Die höhere Wasseroberflächentemperatur sorgt für einen höheren Dampfdruck (also höheren Wasserdampfgehalt) in der Atmosphärischen Grenzschicht, aus der sich die Konvektionszellen ernähren. Der Sättigungsdampfdruck steigt sogar exponentiell mit der Temperatur. Damit saugt der Wirbel mehr Wasserdampf ein, wodurch sich auch eine größere Kondensationserwärmung in der aufsteigenden, Wolken bildenden Luft ergibt. Dies erhöht die gesamte Saugwirkung, und die Konvektionszellen werden größer und kräftiger. Das stärkere Einsaugen führt darüber hinaus zu einer Zunahme der Konvergenz der eingesaugten Luft aus einem nun wachsenden Umkreis. Damit nimmt die Wirbelstärke infolge des in Bild 4.10a erklärten Prozesses der Konvergenz der Wirbelströmung zu. Der Luftdruck fällt wegen der starken Erwärmung (s. die entsprechenden Betrachtungen in Abschn. 2.8). So entwickelt sich ein warmer Wirbel mit tiefem Kerndruck, der laufend seine Saugwirkung und seine Vorticity verstärkt und dessen Kerndruck weiter

BILD 5.11.
Der in der linken Bildhälfte sichtbare Tropische Sturm Alberto ist aus einem vom afrikanischen Kontinent nach Westen ziehenden Cloud Cluster entstanden, nachdem dieser nach Überschreiten der afrikanischen Westküste das offene und warme Wasser des Atlantik erreicht hatte. Er ist noch kein Hurrikan, „nur" ein Tropischer Sturm mit einem maximalen 1 min-Mittel der Windstärke von 65 km h^{-1} und maximalen Böen von 85 km h^{-1}. Die gesamte sichtbare Wolkenmasse besitzt einen Durchmesser von etwa 600 km. Auf Alberto folgt über dem afrikanischen Kontinent ein weiterer Cloud Cluster. Quelle: NOAA Operational Significant Event Imagery (*www.osei.noaa.gov*)

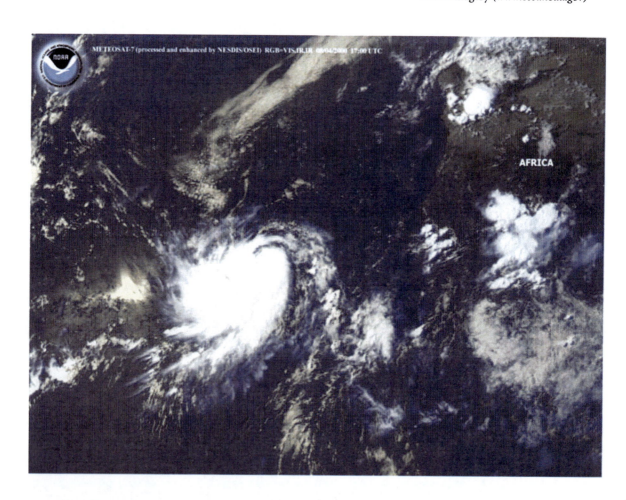

fällt. Bild 5.11 zeigt einen Tropischen Sturm etwa 1 000 km westlich der westafrikanischen Küste, der sich aus einem Cloud Cluster entwickelt hat. Ein weiterer Cloud Cluster, der auf dem Bild noch über dem afrikanischen Kontinent liegt, folgt von Osten her.

In so einem Wirbel gibt es nun ein großes Druckgefälle zum Kern hin und entsprechend große Druckgradientkräfte. Andere auftretende Kräfte sind die Zentrifugalkraft und natürlich auch die Corioliskraft, da der Wirbel ja eine gewisse Entfernung vom Äquator besitzt. Letztere ist bei geringem Abstand vom Äquator klein im Vergleich zur Druckgradient- und Zentrifugalkraft. Dies sind also die Kräfte, die sich in etwa balancieren. Ein exaktes Gleichgewicht dieser drei Kräfte (s. auch die Betrachtungen in Abschn. 2.5) gibt es nur, wenn der Sturm sich nicht mehr verändert und keine Reibungseffekte hinzutreten. Rechnet man etwas, so gelangt man zu Tabelle 5.2 und zu Bild 5.12.

Die Tabelle 5.2 zeigt, dass im Inneren des Sturmes die Corioliskraft fast keine Rolle spielt: es herrscht dort (nahezu) ein Gleichgewicht zwischen der Druckgradientkraft und der Zentrifugalkraft, das wir bereits von der Behandlung der Tornados her kennen (s. Bild 4.14a). Der Wind, der diesem Gleichgewicht entspricht, heißt *zyklostrophischer Wind*. Je weiter man sich vom Zentrum des Sturmes entfernt, umso mehr schwächt sich die Windstärke und damit auch die Rolle der Zentrifugalkraft ab, und die Corioliskraft kommt mehr und mehr ins Spiel. Das ist der Übergang zu dem in Bild 2.16 erläuterten Gradientwind.

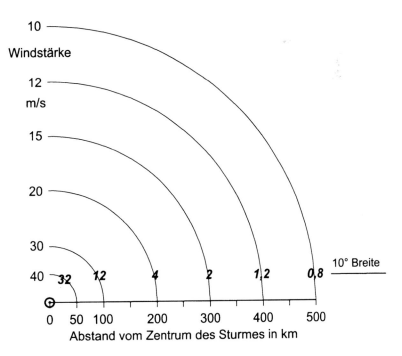

BILD 5.12.
Das Verhältnis von Zentrifugalbeschleunigung Z zur Coriolisbeschleunigung C in 10° Breite für das Rechenbeispiel der Tabelle 5.2. Eingezeichnet sind:

- die Abstände vom Zentrum des Sturmes,
- die in diesen herrschenden Windstärken und
- die hier interessierenden Verhältnisse Z/C (*fett und kursiv*)

TABELLE 5.2. Die horizontalen Kräfte bzw. Beschleunigungen in einer Tropischen Zyklone, wenn keine Reibungskräfte wirksam sind. In dem hier präsentierten Rechenbeispiel sind im radialen Abstand R vom Kern des Sturmes die Windstärken V angenommen. Diesen entsprechen Druckgradientbeschleunigungen P, Zentrifugalbeschleunigungen $Z = V^2/R$ und Coriolisbeschleunigungen $C = fV$ (mit f = Coriolisparameter = $2\,\Omega \sin \varphi$; Ω = Winkelgeschwindigkeit der Erde = $2\pi / 1$ Sterntag = $2\pi / 86164$ s = $7{,}292 \cdot 10^{-5}$ s^{-1}; φ = geographische Breite). C ist hier für $\varphi = 10°$ berechnet; das bedeutet, dass der Kern des Sturmes bei 10° N liegt und das Rechenbeispiel für ein Profil entlang des Breitenkreises von 10° N gilt. In dieser Tabelle sind nur die *Beträge* der betreffenden Beschleunigungen aufgelistet. Ihre Richtungen lassen sich aus Bild 5.13 ablesen

radialer Abstand R in km	Windstärke V in m s^{-1}	Druckgradient-beschleunigung P in 10^{-3} m s^{-2}	Zentrifugal-beschleunigung $Z = V^2/R$ in 10^{-3} m s^{-2}	Coriolis-beschleunigung $C = fV$ in 10^{-3} m s^{-2}	Verhältnis Z/C
50	40	33,0	32,0	1,01	31,7
100	30	9,8	9,0	0,76	11,8
200	20	2,51	2,0	0,51	3,95
300	15	1,13	0,75	0,38	1,97
500	10	0,45	0,20	0,25	0,79

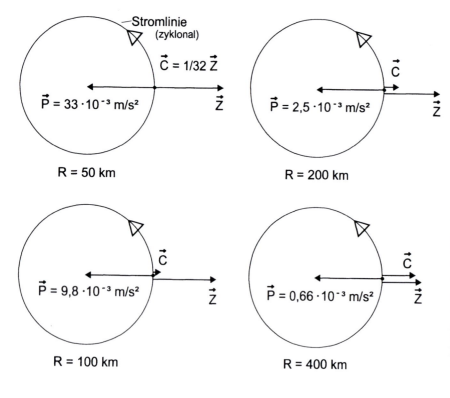

BILD 5.13.
Das Verhältnis von Zentrifugalbeschleunigung Z zur Coriolisbeschleunigung C in 10° nördlicher Breite für das Rechenbeispiel der Tabelle 5.2 in einer anderen Darstellung als in Bild 5.12. Für einige Entfernungen vom Zentrum sind Kräftediagramme gezeichnet, die verdeutlichen, wie die Druckgradientkraft mit größerem Radius R abnimmt und wie die Corioliskraft im Verhältnis zur Zentrifugalkraft an Bedeutung gewinnt. Die *Pfeile* (Beschleunigungen, also Kräfte pro Masseneinheit) gelten exakt nur für den gezeichneten Punkt, von dem hier angenommen wird, dass er in 10° N liegt

Die Kräftediagramme von Bild 5.13 sind in der aus Abschn. 2.5 bereits vertrauten Weise gezeichnet. Hier ist $\vec{P}$ die Druckgradientkraft, $\vec{Z}$ die Zentrifugalkraft und $\vec{C}$ die Corioliskraft. Erinnert sei an Abschn. 2.4, wo die mit dem Pfeil versehenen Größen als Vektoren, das sind gerichtete Größen, eingeführt wurden. $\vec{P}$ und $(\vec{Z} + \vec{C})$ kompensieren sich, wenn man einen beschleunigungsfreien (d. h. stationären) Zustand annimmt. Es gilt also $\vec{P} + \vec{Z} + \vec{C} = 0$, wobei $\vec{P}$ radial nach innen und $(\vec{Z} + \vec{C})$ radial nach außen zeigt. Die Druckgradientbeschleunigung ist bei dem angenommenen kreissymmetrischen Wirbel genau radial ins Zentrum hinein gerichtet. Entsprechend muss die Summe $\vec{Z} + \vec{C}$ genau entgegengesetzt wirken. Würde $\vec{Z}$ allein das radial wirkende $\vec{P}$ kompensieren, so müsste der zugehörige Windvektor tangential zur Stromlinie verlaufen, dieser könnte aber sowohl zyklonal als auch antizyklonal den Kern des Sturmes umströmen. Würde $\vec{C}$ allein das radial wirkende $\vec{P}$ kompensieren, so müsste der Windvektor gleichermaßen tangential verlaufen, aber so, dass $\vec{C}$ im rechten Winkel auf der Nordhalbkugel nach rechts und auf der Südhalbkugel nach links zeigt. Dies geht nur bei zyklonaler Umströmung. Wirken $\vec{Z}$ und $\vec{C}$ zusammen, so gilt die gleiche tangentiale Richtung des Windes. Da $\vec{C}$ zwar im Inneren einer gut entwickelten Tropischen Zyklone nur eine sehr untergeordnete Rolle spielt, aber nach außen hin an Bedeutung gewinnt und vor allem bei der Entwicklung wichtig ist (da ist es die *zyklonale* Vorticity, die eingesogen wird und die sich durch Konvergenz verstärkt), zeigen alle Tropischen Stürme eine zyklonale Zirkulation. Kommt noch die Reibung ins Spiel, was besonders in den untersten Luftschichten der Fall ist, dann ergibt sich eine zusätzliche Windkomponente in das Zentrum des Sturmes hinein. So erklären sich die zyklonal in den Sturm hinein laufenden spiralförmigen Wolkenbänder.

Nun bedarf noch das *Phänomen des Auges* einer Erklärung. Dazu gehört auch der besonders dicke Wall aus konvektiven Wolken, der das Auge umgibt. Im Englischen spricht man von *eye-wall*. Dies ist eine Zone besonders starker bodennaher Konvergenz, die von innen und außen gefüttert wird, s. die Skizze von Bild 5.14 und die Bilder 5.2 und 5.4.

Wie entsteht nun das Auge und die anscheinend wider alle Regel in der inneren zyklonalen Strömung nach außen (also zum höheren Luftdruck hin) gerichtete Komponente der Windgeschwindigkeit? Dazu ist zu sagen, dass man dies noch nicht ganz sicher weiß. Eine Möglichkeit, es zu erklären, ist folgende: Der Druckgradient wird nahe am Minimum des Druckes kleiner, um am Minimum gleich Null zu sein. Folglich gibt es im inneren Teil des Sturmes auch eine geringe-

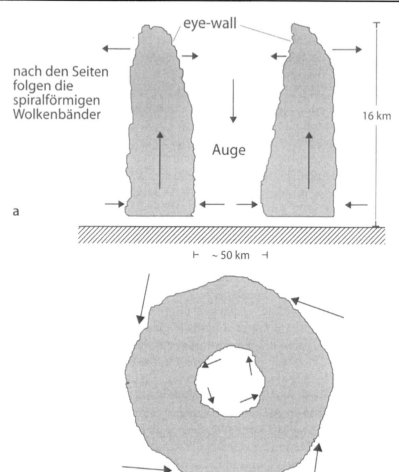

BILD 5.14.
Schema des wolkenfreien Auges und des Wolkenwalles (eye-wall) um das Auge bei einer Tropischen Zyklone. Die Pfeile deuten die Strömung an. Das *obere Bild* zeigt einen Vertikalschnitt, das *untere* einen Horizontalschnitt mit der oberflächennahen Strömung, in der die Reibung eine Rolle spielt. Der Drehsinn in der horizontalen Strömung ist innerhalb und außerhalb des Auges zyklonal. Man erkennt, dass der oberflächennahe Horizontalwind innerhalb und außerhalb des Eye-Walls eine Komponente in diesen hinein besitzt

re Druckgradientkraft. Die hohe tangentiale Windgeschwindigkeit außerhalb des inneren Teiles nimmt nun die Luft im inneren Teil, die sich aufgrund des Gleichgewichtes zwischen Zentrifugalkraft und Druckgradientkraft etwas langsamer bewegen würde, wie bei einer Mitnehmerscheibe oder bei einer Scheibenkupplung mit und vermittelt ihr so eine höhere Geschwindigkeit, als es dem einfachen zyklostrophischen Gleichgewicht entsprechen würde. Man kann sich diesen „Mitnahmeeffekt" durch Reibung über den Austausch von Turbulenzelementen vorstellen, aber auch dadurch, dass höherer Drehimpuls von außen nach innen transportiert wird. Damit bleibt also bei nach innen kleiner werdendem Betrag der Druckgradientkraft die Zentrifugalkraft groß, was die nach außen in den eye-wall gerichtete Komponente des Windes erklärt.

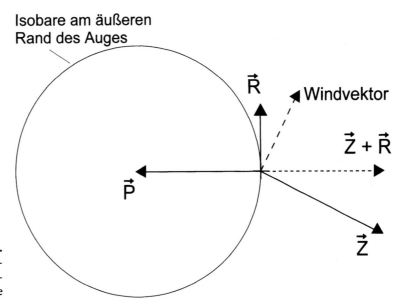

Isobare am äußeren
Rand des Auges

$\vec{R}$

Windvektor

$\vec{Z} + \vec{R}$

$\vec{P}$

$\vec{Z}$

BILD 5.15.
Kräftediagramm der oberflächennahen Strömung im Auge einer Tropischen Zyklone

Man kann dies auch in der Form eines Kräftediagramms zeigen.
Das geschieht in Bild 5.15. Hier ist $\vec{P}$ die Druckgradientkraft, $\vec{Z}$ die
Zentrifugalkraft und $\vec{R}$ die oben postulierte Reibungskraft. $\vec{P}$ und
$(\vec{Z} + \vec{R})$ kompensieren sich, wenn man einen beschleunigungsfreien
(d. h. stationären) Zustand annimmt. Es gilt also $\vec{P} + \vec{Z} + \vec{R} = 0$, wobei
$\vec{P}$ radial nach innen und $(\vec{Z} + \vec{R})$ radial nach außen zeigt. Der
Reibungseffekt wird hier so angenommen, dass er aus zwei Anteilen
besteht. Der eine wirkt, wie üblich (s. Bild 2.17), in der Nähe der Erdoberfläche, entgegen der Windrichtung. Der andere, hier viel stärkere, resultiert aus dem oben erläuterten Mitnahmeeffekt und ist in
Bild 5.15 tangential zum kreisrunden Sturm in die zyklonale Drehrichtung gezeichnet. Das bedeutet, dass die Luftteilchen am äußeren
Rand des Auges durch den stärkeren Wind außerhalb in diese Richtung eine Beschleunigung erfahren. Zeichnet man dies so, dann muss
man nur noch das Gesetz des Parallelogramms der Kräfte anwenden,
um zu $\vec{Z}$ zu gelangen. Der nun noch einzuzeichnende Windvektor
steht senkrecht auf $\vec{Z}$. Er besitzt in der Tat eine radiale Komponente
vom Zentrum weg, in den Eye-Wall hinein, so die Konvergenz im Eye-
Wall unterstützend.

Der innere Teil des Tropischen Sturmes besitzt also eine nach außen gerichtete Komponente des Windes (vor allem im unteren Teil),
was bedeutet, dass der Wind im Kernbereich des Sturmes divergiert.
Dies verlangt ein Nachfließen der Luft von oben, also Absinken der
Luft und damit Wolkenauflösung, womit das Auge erklärt ist.

5.3
GEFAHREN UND SCHÄDEN DURCH TROPISCHE ZYKLONEN

Gefährdet durch Tropische Zyklonen sind alle Ozeane und Küstengebiete, über denen in Bild 5.10c Zugbahnen dieser Stürme eingezeichnet sind. Auf und über dem Ozean sind Ölförderanlagen, die
Schiffahrt und der Flugverkehr durch hohe Wellen, Sturm und Tornados betroffen. Auf Land sind vor allem die küstennahen Gebiete und
dort die menschlichen Siedlungen, industrielle Aktivitäten und natürlich auch jede Art von Verkehr bedroht, und zwar durch Flutwellen,
orkanartige Winde, wolkenbruchartige Niederschläge und Tornados.

Die gefährlichsten Erscheinungen im Zusammenhang mit diesen
Stürmen sind die durch sie ausgelösten *Flutwellen* (engl.: storm surges,
storm waves, inundations), von denen eine einzige den Tod von *mehreren hunderttausend* Menschen bringen kann. Eine Flutwelle entsteht
durch einen plötzlichen starken Anstieg des Meeresspiegels, wenn ein
Sturm sich der Küste nähert. Ein solcher Anstieg hat im wesentlichen
zwei Ursachen: (a) der deutlich tiefere Luftdruck im Kern des Sturmes und (b) der Stau des Wassers an der Küste bei starken auflandigen
Winden. Zum Beispiel bewirkt ein um 100 hPa niedrigerer Luftdruck
in NN im Inneren der Zyklone einen Anstieg der Ozeanoberfläche um
etwa 1 m. Wie intensiv eine Flutwelle ist, hängt davon ab, wie stark der
Sturm ist, wie er sich der Küste nähert und welche Lage die betreffende Küste zum Sturm und seiner Zugrichtung besitzt. Verstärkend
wirkt natürlich, wenn die Welle gerade mit dem normalen, zweimal
täglich auftretenden Tidenhub zusammenfällt. Es gibt heute Modellrechnungen, die im aktuellen Falle eines Tropischen Sturmes die Höhe
der Flutwelle für die gefährdeten Küsten prognostizieren können. Eindrucksvolle Beispiele von Flutwellen finden sich in dem Buch „Hurricanes" von Tannehill (1952):

Es ist schwierig, jemandem, der nie eine Tropische Zyklone erlebt hat, den Horror zu vermitteln, den große Hurrikane Schiffen auf See oder Menschen, die nahe der Küste leben, bringen (R. A. Anthes, 1982).

- *Hugli*, ein viele 100 km landeinwärts schiffbarer Mündungsarm
  des Ganges am nördlichen Ende des Golf von Bengalen, 7. Oktober 1737: Die Flutwelle erreichte eine Höhe von 12 m. Es wird berichtet, dass im gesamten Tiefland von Bengalen 300 000 Menschen
  den Tod fanden. Eine ähnliche Katastrophe gab es im gleichen Gebiet im Jahre 1864 mit etwa 50 000 Toten und am 14. 11. 1970 wieder mit 300 000 Toten.
- *Coringa*, Golf von Bengalen, Dezember 1789: Mitten im wütenden
  Sturmbrausen sahen die Bewohner dieser Stadt mit Entsetzen, wie
  drei riesige Wellen vom Meer her nahten. Die Stadt mit 20 000 Einwohnern verschwand von der Oberfläche, ankernde Schiffe wurden weit ins Land hinein getragen. An der gleichen Stelle ereignete sich 1839 ein vergleichbares Desaster.

- *Indianola*, Texas, 19. August 1886: Die Stadt wurde vollständig verwüstet und nie mehr aufgebaut.
- *Galveston*, Texas, 8. September 1900: eine 4 m hohe Flutwelle tötete etwa 6 000 Menschen.
- *Santa Cruz del Sur*, Cuba, 9. November 1932: Es gibt keine meteorologischen Aufzeichnungen über diesen Sturm, weil die Überflutung alles wegschwemmte; der Beobachter ertrank, die Instrumente wurden vernichtet. Von 4 000 Einwohnern starben 2 500.

Christoph Kolumbus wurde auf seinen ersten drei Reisen (1492–1500) von einem Zusammentreffen mit Tropischen Zyklonen verschont. Aber auf seiner vierten (1502–1504) traf ihn die volle Wucht eines Hurrikans mit wütendem Sturm, furiosen Blitzen und sintflutartigem Regen.

Die Gefahren der Tropischen Stürme lassen sich am deutlichsten durch Erlebnisberichte über solche Ereignisse vermitteln, wie man sie in verschiedenen belletristischen (z. B. Joseph Conrad: Typhoon; oder Erik Larson: Isaac's Storm), aber auch wissenschaftlichen Büchern (z. B. bei Asnani 1993, in seinem Buch über Tropische Meteorologie; oder bei Anthes 1982) nachlesen kann.

Die Angaben der *Windstärke* in Tropischen Zyklonen sind extrem unsicher. Das liegt einmal an Problemen mit den Messfühlern, die oft nicht robust genug sind, den gewaltigen Windkräften standzuhalten. Bei vielen Stürmen sind die Messgeräte einfach mit dem Wind davon geflogen. Selbst die in Hütten oder festen Gebäuden untergebrachten Registriergeräte wurden vielfach zerstört, wenn die Gebäude Opfer von Sturm oder Flutwelle wurden. Werden Messwerte angegeben, dann ist in vielen Fällen unklar, ob dabei längerzeitliche (z. B. über 10 min) oder kurzzeitige (z. B. über 1 min) Mittelwerte oder gar extreme Böen gemeint sind. Da die Windstärke erheblichen Schwankungen unterworfen ist (s. Abschn. 2.4), sind die größten 1 min-Mittelwerte innerhalb eines 10 min-Intervalls größer als das 10 min-Mittel und die größten kurzzeitigen Böen noch deutlich größer als die größten 1 min-Mittelwerte. Da Böenwerte bis zu einem Faktor 2 über den längerzeitlichen Mittelwerten liegen können, sind Windgeschwindigkeitswerte ohne nähere Angaben in diesem Rahmen unsicher.

Die Winde erreichen in Tropischen Stürmen 1 min-Mittelwerte der Geschwindigkeit von mehr als 155 kn entsprechend 80 m s^{-1} oder 290 km h^{-1}. Ihr Zerstörungspotential liegt in der großen kinetischen Energie und dem starken Winddruck. Dabei spielen nicht nur die mittleren und maximalen Werte dieser Größen eine Rolle, sondern vor allem auch ihre Schwankungen in bestimmten Frequenzen, die zu sehr starken dynamischen Belastungen führen können. Das ist besonders fatal, wenn es zur Anregung von Schwingungen in den Eigenfrequenzen der dem Wind ausgesetzten Hindernisse (z. B. Bäume, Türme, Brücken) kommt. So ergeben sich Schäden an allen möglichen vom Wind getroffenen Strukturen auf Land und See, aber auch Gefahren durch herumfliegende Gegenstände und Trümmer.

TABELLE 5.3. Die Saffir-Simpson Skala des Zerstörungspotentials von Hurrikanen. Unter „Windstärke" ist hier das höchste 1 min-Mittel gemeint, das in dem betreffenden Hurrikan auftritt. Die Beziehung zur Beaufort-Skala (Tabelle 2.2) wurde mit der sehr groben Annahme ermittelt, dass das höchste 1 min-Mittel um den Faktor 1,2 größer sei als das höchste 10 min-Mittel

S-Grad	Kerndruck	Windstärke		Flutwelle	Schaden	Beaufort-Grad
	hPa	m s^{-1}	km h^{-1}	m		
1	> 980	33 – 42	118 – 153	1,2 – 1,7	minimal	10 – 12
2	965 – 980	43 – 49	154 – 178	1,8 – 2,6	mäßig	12 – 13
3	945 – 964	50 – 58	179 – 209	2,7 – 3,9	extensiv	13 – 15
4	920 – 944	59 – 69	210 – 249	4,0 – 5,5	extrem	15 – 17
5	< 920	> 69	> 249	> 5,5	katastrophal	17

Die Stärke eines Hurrikans kann nach der Saffir-Simpson-Skala beurteilt werden (Simpson und Riehl 1981). Sie ist in Tabelle 5.3 wiedergegeben. Die Skala dient als einfaches Maß, um das Zerstörungspotential eines Hurrikans entweder in der Vorhersage eines heranziehenden Sturmes oder bei seiner nachträglichen Beurteilung zu bewerten.

Aus den gewaltigen konvektiven Wolken fällt oft ergiebiger *Starkniederschlag*, was vor allem auf Inseln und beim Übertritt einer solchen Zyklone aufs Land zu verheerenden Überflutungen führen kann. Werte von 500 mm in wenigen Tagen sind keine Seltenheit, ja dieser Wert kommt selbst innerhalb von 24 h öfters vor. Große Schäden verursachende Erdrutsche sind die Folge. Mensch und Tier können auch in diesen Süßwasserfluten ertrinken.

In den gewaltigen konvektiven Wolken kommt es auch zu *elektrischen Phänomenen* und auch zur Bildung von *Tornados*. Diese wurden bereits in Abschn. 4.1.6 ausführlich erklärt; Abschn. 4.2.5 befasst sich mit den durch sie verursachten Gefahren und Schäden. Beide Erscheinungen vermehren das Gefährdungspotential der Tropischen Zyklonen.

Es gibt eine Flut von Bildern über die verheerende Wirkung von Hurrikanen und Taifunen, vor allem, wenn sie auf Land übertreten. Bild 5.16 zeigt stellvertretend nur zwei historische Beispiele.

In der Einleitung haben wir bereits die Frage angesprochen, ob sich die atmosphärischen Gefahren mit der derzeit zu beobachtenden globalen Erwärmung ändern. Wir haben auch festgestellt, dass man sehr wohl weiß, dass die *Schäden*, die durch atmosphärische Vorgänge verursacht werden, mit der Zeit enorm anwachsen, wenn Bevölkerungsdichte, Wohlstand, technische Installationen und deren Wetterempfindlichkeit zunehmen. Letzteres ist in ganz erheblichem Maße der Fall. Als griffigen pauschalen Hinweis darauf erwähnen wir hier nur, dass

BILD 5.16.
Zerstörungen durch Hurrikane.
a Die Stadt Galveston an der Texanischen Golfküste nach Sturm und Flutwelle vom 8. September 1900.
b Island Park, Rhode Island, nach dem „New England Hurrikan" im September 1938. Die Flutwelle erreichte eine Höhe von 10 bis 12 m.
Quelle: NOAA Photo Library
(www.photolib.noaa.gov)

sich die Anzahl der Menschen auf der Erde von 3 Milliarden im Jahre 1960 auf 6 Milliarden im Jahre 2000 verdoppelt hat. Man erkennt also klar, wo die Hauptursache für die Zunahme der Schäden bei Naturkatastrophen liegt.

In Bezug auf die Tropischen Zyklonen wird nun häufig behauptet, sie hätten im Rahmen der globalen Erwärmung (von 0,6 °C in den letzten 100 Jahren) an Intensität und Häufigkeit zugenommen. Man begründet dies damit, dass mit der globalen Erwärmung auch die Wasseroberflächentemperatur in den Tropen gestiegen sei und der Schwellenwert von 26 °C, der für die Entwicklung eines solchen Sturmes notwendig ist (s. Abschn. 5.2), nun häufiger und stärker überschritten werde. Diese Argumentation lässt die anderen in Abschn. 5.1 erwähnten Kriterien für die Entwicklung von Tropischen Stürmen außer acht, also vor allem die geringe vertikale Windscherung, die eine hochreichende Konvektion ermöglichende Temperaturschichtung und die verstärkenden Einflüsse in Tropopausennähe. Aber auch diese sind von einer möglichen Klimaänderung betroffen, so dass die einfache obige Argumentation doch etwas zu kurz greift.

Zu diesem Problem gibt es eine sorgfältige Studie von Landsea et al. (1999) für die Tropischen Zyklonen im Nordatlantik, die mindestens die Stärke eines Tropischen Sturmes (zur Definition s. o.) erreicht haben. Sie umfasst die Zeit von 1944 bis 1996. Im Jahre 1944 begann die Routineüberwachung dieser Stürme mit Flugzeugen, später kam vor allem die lückenlose Information über Satelliten hinzu. So gibt es für dieses Zeitintervall sehr genaue Aufzeichnungen über die Tropischen Stürme im nördlichen Atlantik und natürlich auch über diejenigen, die auf das amerikanische Festland übergetreten sind. Wir zeigen hier 5 Bilder aus dieser Studie. Die hier erwähnten Windstärken sind in jedem Falle 1 min-Mittel des oberflächennahen Windes.

Bild 5.17 lässt erkennen, dass die jährliche Zahl der Tropischen Stürme über die ausgewerteten 53 Jahre hinweg keinerlei signifikanten Trend zeigt, dass das Bild vielmehr von einer sehr starken Schwankung von Jahr zu Jahr geprägt ist.

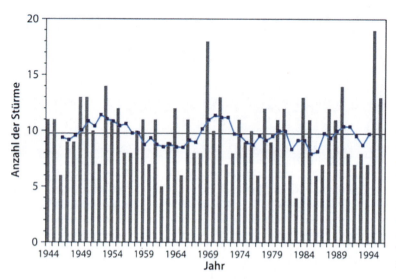

BILD 5.17.
Anzahl der Tropischen Stürme (1 min-Mittel der Windstärke mindestens 18 m s^{-1}) und Hurrikane, die in jedem der Jahre von 1944 bis 1996 im nördlichen Atlantik einschließlich der Subtropen aufgetreten sind. Die *ausgezogene gerade Linie* markiert den Mittelwert von 9,8 pro Jahr für das Intervall 1950 bis 1990. Die Kurve verbindet die übergreifenden 5-Jahres-Mittel. Nach Landsea et al. (1999)

Betrachtet man in Bild 5.18 nur die sehr starken Stürme, hier als Intensive Hurrikane bezeichnet, so zeigen sich Schwankungen zwischen den einzelnen Dekaden mit großer Hurrikan-Aktivität vom Ende der 40er bis zur Mitte der 60er Jahre, einer relativ ruhigen Zeit von den 70er bis zu den frühen 90er Jahren und sodann ein Sprung zu den enorm aktiven Jahren 1995 und 1996. Auch vor dem hier erfassten Zeitintervall gab es solche „Multidekadenschwankungen" mit einer ruhigen Zeit von 1900 bis in die Mitte der 20er Jahre, der dann eine Aktivitätsphase bis in die Mitte der 60er Jahre folgte.

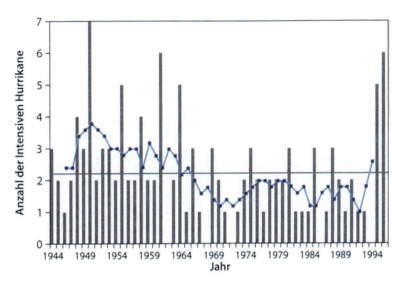

BILD 5.18.
Anzahl der Intensiven Hurrikane (1 min-Mittel der Windstärke mindestens 50 m s^{-1}), die in jedem der Jahre von 1944 bis 1996 im nördlichen Atlantik aufgetreten sind. Die *ausgezogene gerade Linie* markiert den Mittelwert von 2,2 pro Jahr für das Intervall 1950 bis 1990. Die Kurve verbindet die übergreifenden 5-Jahres-Mittel. Nach Landsea et al. (1999)

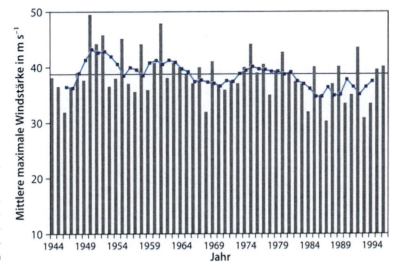

BILD 5.19.
Mittelwerte der maximalen Windstärke der einzelnen Tropischen Stürme (1 min-Mittel der Windstärke mindestens 18 m s^{-1}) und Hurrikane, die in jedem der Jahre von 1944 bis 1996 im nördlichen Atlantik einschließlich der Subtropen aufgetreten sind. Die *ausgezogene gerade Linie* markiert den Mittelwert von 39,0 m s^{-1} für das Intervall 1950 bis 1990. Die Kurve verbindet die übergreifenden 5-Jahres-Mittel. Nach Landsea et al. (1999)

Bild 5.19 gibt Auskunft über die Jahresmittel der maximalen Windstärke der einzelnen Tropischen Stürme als Maß für die „mittlere
Intensität" der Stürme im betreffenden Jahr. Der Trend ist hier eher
negativ. Auch erkennt man die bei Bild 5.18 erwähnten Multidekadenschwankungen. Die in jedem Jahr erreichten Höchstwerte der Windstärke in Bild 5.20 sind geprägt von einzelnen besonders starken Stürmen und zeigen keinen bedeutsamen Trend.

Bild 5.21 zeigt schließlich eine Zeitreihe der in den USA bewirk-
ten Schäden durch Tropische Zyklonen mit sehr unterschiedlichen

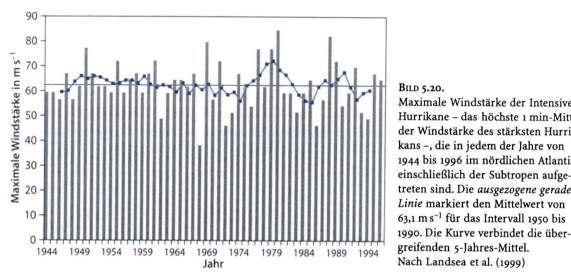

BILD 5.20.
Maximale Windstärke der Intensiven
Hurrikane – das höchste 1 min-Mittel
der Windstärke des stärksten Hurrikans –, die in jedem der Jahre von
1944 bis 1996 im nördlichen Atlantik
einschließlich der Subtropen aufgetreten sind. Die *ausgezogene gerade
Linie* markiert den Mittelwert von
63,1 m s^{-1} für das Intervall 1950 bis
1990. Die Kurve verbindet die übergreifenden 5-Jahres-Mittel.
Nach Landsea et al. (1999)

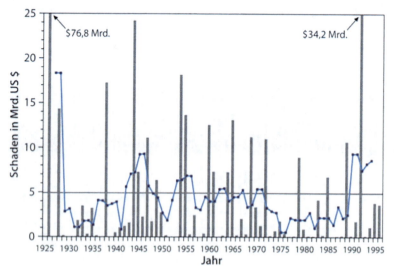

BILD 5.21.
Jährliche Schäden durch Tropische
Zyklonen in den USA von 1925 bis
1996 inflationsbereinigt auf den Wert
des US-$ von 1996 und normiert mit
der Bevölkerung der Küstenregionen
und dem Wohlstand. Die *ausgezogene
gerade Linie* markiert den Mittelwert
von 4,9 Milliarden US-$ pro Jahr.
(Für das Teilintervall 1950 bis 1990
ergeben sich 3,5 Milliarden US-$ pro
Jahr). Die Kurve verbindet die übergreifenden 5-Jahres-Mittel.
Nach Landsea et al. (1999)

TABELLE 5.4.
Die 30 zerstörerischsten Hurrikane in den USA von 1890 bis 1995. Die Schäden sind normiert auf den US-$-Wert von 1995 unter Berücksichtigung von Inflation, Zunahme des persönlichen Besitzes und Zunahme der Bevölkerung in den Küstengebieten. Die zwei großen Buchstaben in der zweiten Spalte (Ort) kennzeichnen die Staaten in den USA, in denen die Schäden auftraten. Aus Pielke Jr. und Landsea (1998)

Rang	Name (Ort)	Jahr	Kategorie (Saffir-Simpson Skala)	Schaden Mrd. US-$
1	– (FL, AL)	1926	4	72,3
2	Andrew (FL, LA)	1992	4	33,1
3	– (TX, Galveston)	1900	4	26,6
4	– (TX, Galveston)	1915	4	22,6
5	– (FL)	1944	3	16,8
6	– (New England)	1938	3	16,6
7	– (FL, Lake Okeechobee)	1928	4	13,8
8	Betsy (FL, LA)	1965	3	12,4
9	Donna (FL, Osten der USA)	1960	4	12,0
10	Camille (MS, LA, VA)	1969	5	11,0
11	Agnes (FL, Nordosten der USA)	1972	1	10,7
12	Diane (Nordosten der USA)	1955	1	10,2
13	Hugo (SC)	1989	4	9,4
14	Carol (Nordosten der USA)	1954	3	9,1
15	– (FL, LA, AL)	1947	4	8,3
16	Carla (TX)	1961	4	7,1
17	Hazel (SC, NC)	1954	4	7,0
18	– (Nordosten der USA)	1944	3	6,5
19	– (FL)	1945	3	6,3
20	Frederic (AL, MS)	1979	3	6,3
21	– (FL)	1949	3	5,8
22	– (TX)	1919	4	5,4
23	Alicia (TX)	1983	3	4,1
24	Celia (TX)	1970	3	3,3
25	Dora (FL)	1964	2	3,1
26	Opal (FL, AL)	1995	3	3,0
27	Cleo (FL)	1964	2	2,4
28	Juan (LA)	1985	1	2,4
29	Audrey (LA, TX)	1957	4	2,4
30	King (FL)	1950	3	2,3

Schäden von Jahr zu Jahr. Man erkennt wieder die oben erwähnte relativ ruhige Zeit von den 70er bis zu den frühen 90er Jahren, bis Hurrikan Andrew 1992 zuschlug. Interessant ist in diesem Zusammenhang, dass die Bevölkerung der Küstenregionen in Florida von 1900 (von 0,2 Mill. Menschen) über 1930 (1 Mill.) und 1960 (4 Mill.) bis 1990 auf über 10 Mill. anwuchs. Es war gerade die oben mehrmals genannte „ruhige Zeit" der 70er und 80er Jahre, die zu starker Entwicklung in den Küstenregionen verführte. Die Statistik zeigt auch, dass 83 % aller Schäden auf die Intensiven Hurrikane (also die, in denen das 1 min-Mittel der Windstärke mindestens 50 m s^{-1} erreicht) entfallen.

Die 30 schadenträchtigsten Hurrikane, die in den USA zwischen 1890 und 1995 auftraten, sind in Tabelle 5.4 aufgelistet. Aus ihr geht

TABELLE 5.5. Von Tropischen Zyklonen erreichte Rekorde. Nach Holland (2000)

Eigenschaft	Wert	Ereignis
tiefster Kerndruck	870 hPa	12. 10. 1979, Taifun "Tip", westl. Nordpazifik
stärkster Druckfall im Kern	97 hPa in 24,5 h 78 hPa in 12 h	10./11. 11. 1971, Taifun "Irma", westl. Nordpazifik, s. auch Bild 5.6
größte Windstärke (1 min-Mittel)	>80 m s^{-1}	verschiedene
stärkster Luftdruckgradient	5,5 hPa km^{-1}	24. 12. 1974, gemessen über 2 km im Sturm "Tracy", Darwin, Australien
höchste Ozeanwellen	34 m	06./07. 02. 1933, westl. Nordpazifik
größte Niederschlagssummen	1 144 mm in 12 h 1 825 mm in 24 h 2 467 mm in 48 h 3 240 mm in 72 h 5 678 mm in 10 d	07./08. 01. 1966, Sturm "Denise" 07./08. 01. 1966, Sturm "Denise" 08.–10. 04. 1958 24.–27. 01. 1980, Sturm "Hyacinthe" 18.–27. 01. 1980, Sturm "Hyacinthe" alle Ereignisse auf der Insel Réunion (Indischer Ozean) in Höhen zwischen 940 und 2 300 m
wärmstes Auge	30 ˚C in 700 hPa 17 ˚C in 500 hPa	Taifun "Nora", westl. Nordpazifik Taifun "Marge", westl. Nordpazifik
größte horizontale Ausdehnung (Radius, in dem die mittlere Windstärke > 15 m s^{-1} ist)	1 100 km	12. 10. 1979, Taifun "Tip", westl. Nordpazifik
kleinste horizontale Ausdehnung (Radius, in dem die mittlere Windstärke > 15 m s^{-1} ist)	50 km	24. 12. 1974, Sturm "Tracy", Darwin, Australien
größtes Auge (Radius)	90 km	21. 02. 1979, Sturm "Kerry", Korallen-See
kleinstes Auge (Radius)	6 km	24. 12. 1974, Sturm "Tracy", Darwin, Australien
größte Zahl von Todesopfern	≈300 000	14. 11. 1970, Bangladesh
größte materielle Schäden	s. Tabelle 5.4	

auch hervor, dass die Hurrikane, die die größten auf den US-$-Wert von 1995 normierten Schäden brachten, nicht etwa in jüngster Zeit aufgetreten sind.

Das Gefahrenpotential der Tropischen Zyklonen wird besonders deutlich, wenn man, wie in Tabelle 5.5 geschehen, die bisher beobachteten „Rekordwerte" zusammenstellt.

6

Mittelbreitenzyklonen

Der Sturm hatte, solange er lebte, ein Drittel des Weges um die Welt zurückgelegt; als er auf seiner Höhe stand, hatte er ein Gebiet umfaßt, das größer war als die Vereinigten Staaten von Amerika.

Indem er nördliche und südliche Luft in gigantischem Ausmaß miteinander vermischte, hatte er zum Wärmeausgleich zwischen Äquator und Pol beigetragen.

Als nächste nennenswerte Tätigkeit hatte er Wasser vom Meer aufs Land gebracht. [...]

Das dritte bemerkenswerte Werk des Sturmes war die Senkung der Landoberfläche. Das Wasser hatte hier durch einen Erdrutsch, dort durch weniger auffällige Erosion Millionen Kubikmeter Erde eine größere oder kleinere Strecke zum Meer hingeschleppt.

„Sechzehn Todesopfer des Sturms", meldete der Register. [...] Aber wenn der Redakteur den Sturm für sechzehn Todesfälle verantwortlich machte, warum dann nicht gleich für Hunderte? Viele Kranke starben während der Sturmtage, ihr Tod wurde durch Erkältungen und Herzaffektionen beschleunigt, die man dem Wetter zuschreiben konnte. [...]

(George R. Steward, Sturm, 1950)

6.1
ENTSTEHUNG

Wir befassen uns nun mit einer weiteren Art von Wirbeln, die wir auch als Störungen der ruhigen Atmosphäre auffassen können. Sie sind deutlich größer als die bisher beschriebenen, sie besitzen eine andere Struktur, weisen andere Entstehungsursachen und -prozesse auf und zeigen auch einen anderen Lebenslauf. Ihr Anderssein rührt daher, dass sie eine einzigartige Rolle bei dem so wichtigen Ausgleich zwischen dem Energieüberschuss in den Tropen und dem Energiedefizit in den polaren Regionen spielen: Sie sind die großen Transporträder, die den atmosphärischen Teil dieses Ausgleichs zwischen den Subtropen und den polaren Gebieten übernehmen, wie wir dies ausführlich in Kap. 3 studiert haben. Sie treten so in den mittleren Breiten auf, weshalb wir von *Mittelbreitenzyklonen* sprechen. Da sie als auffallendstes Strukturmerkmal Fronten besitzen, nennt man sie auch *Frontalzyklonen*.

Diese Mittelbreitenzyklonen sind uns von den Wetterkarten (z. B. auch denen in Zeitungen und im Fernsehen) her recht vertraut. Von ihnen war auch in den verschiedenen Kapiteln dieses Buches bereits öfters die Rede. Man kann sie z. B. auf den Satellitenbildern 2.3, den Wetterkarten 2.5, der langjährigen mittleren Luftdruckverteilung in Bild 2.6 und dem Schema des Bildes 3.6 erkennen. Die in ihnen auftretenden Fronten wurden in Abschn. 2.8.3 erläutert.

In Kap. 3 wurde gezeigt, dass die Mittelbreitenzyklonen aus dem Temperaturgegensatz zwischen warmer subtropischer und kalter polarer Luft entstehen und dass sich diese Entstehungsursache auch in ihrer Struktur widerspiegelt. Wie kann man nun verstehen, dass sich aus einem Nebeneinander von warmer und kalter Luft so ein Wirbel bildet? Im Prinzip geht das einfach deswegen, weil die warme Luft leichter ist als die kalte. Wenn im unteren Teil einer Luftsäule kalte Luft von warmer verdrängt wird, dann fällt am Boden der Luftdruck. Findet dies in einem begrenzten Areal statt, dann haben wir dort ein kleines Tief mit geschlossenen Isobaren. Ein einfaches Schema zur Erläuterung zeigt Bild 6.1. Der etwas niedrigere Luftdruck würde sich durch hereinströmende Luft gleich wieder auffüllen, wenn das Tief so klein wäre, dass die Corioliskraft keinen Einfluss auf die Windrichtung nehmen könnte. Ist das Areal aber groß genug (z. B. mehr als 1 000 km Durchmesser) und hält der Advektionsprozess von warmer Luft an, dann kann sich allmählich das Gleichgewicht des Gradientwindes einstellen, der isobarenparallel weht und nicht gleich wieder das junge Tief auffüllt. Es wirken hier also Erzeugungs- und Auflösungsprozesse gegeneinander; letztere bedienen sich der Windkom-

BILD 6.1.
Einfaches qualitatives Schema einer Luftdruckänderung in Bodennähe, wenn eine Warmluftzunge bodennah von oberhalb der Zeichenebene (Süden) in diese hinein (also nach Norden) vorstößt. Dabei sollen Druck- und Temperaturverhältnisse in der Höhe unverändert bleiben. Gezeichnet ist hier ein Vertikalschnitt von West nach Ost. a Ausgangszustand der Betrachtung; b nach Warmluftvorstoß. Die *ausgezogenen Linien* sind Isobaren (Linien gleichen Luftdrucks *p*), die *gestrichelten Isothermen* (Linien gleicher Temperatur *T*), beide in Abhängigkeit von der horizontalen Koordinate und der Höhe *z*. Druck und Temperatur nehmen mit der Höhe ab, das ist durch die Indizes an *p* und *T* angedeutet. Das *fett gezeichnete* **T** kennzeichnet die Lage des Bodentiefs

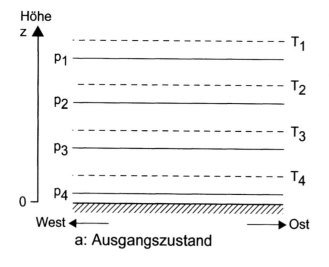

a: Ausgangszustand

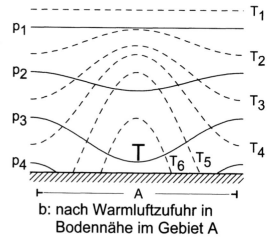

b: nach Warmluftzufuhr in Bodennähe im Gebiet A

ponenten, die in das junge Tief hinein gerichtet und bestrebt sind, den tieferen Luftdruck aufzufüllen. Überwiegen die Erzeugungsprozesse (das ist vor allem die unterschiedliche Advektion warmer bzw. kalter Luft in verschiedenen Höhen), dann kann der Luftdruck in dem kleinen Tief weiter fallen, die Störung verstärkt sich. Mit Ausnahme der oberflächennahen Luftschichten, in denen die Reibung wirksam bleibt, umkreist der Gradientwind das Gebilde. Auf der Ostseite dringt warme Luft nach Norden vor, auf der Westseite kalte nach Süden. So ist in diesem embryonalen Wirbel schon angedeutet, was später eine voll erwachsene Zyklone leisten soll. Bis es aber soweit ist, muss das Baby-Tief noch wachsen. Man erkennt an unserer Erklärung über den Gradientwind auch, dass ein sehr kleiner Wirbel keine Chance hat zu wachsen, dass also eine Mindestgröße der Anfangsstörung vorhanden sein muss, und das ist in der Regel ein Durchmesser von vielen 100 km. Auch andere Parameter beeinflussen dieses Wachstum, so vor allem natürlich die horizontale Änderung der Temperatur (ihr Süd-Nord-Gefälle ist ja die eigentliche Ursache dieser Art von Zyklonen) und damit Advektion von warmer und kalter Luft, in der Umgebung vorhandene Wirbelstärke und auch deren Advektion, die Stabilität der Atmosphäre (s. Abschn. 2.7) und markant auch Einflüsse aus der Stratosphäre. Dieser Wachstumsprozess erweist sich als ein sehr komplexes Geschehen. Er lässt sich durch die Gleichungen der Theoretischen Meteorologie darstellen, aber er ist mit einfachen Erklärungen nicht zu bewältigen, ist also im Sinne der Ausführungen in Abschn. 1.2 ein P2C2E, ein „Process Too Complicated To Explain". Wir können deshalb hier das Verständnis für diese Zyklonen nur dadurch fördern, dass wir ihre Struktur und ihr Erscheinungsbild beschreiben.

6.2
STRUKTUR

Da die Mittelbreitenzyklonen ihre Entstehung dem großräumigen Nebeneinander von warmer (meist äquatorseitig) und kalter (meist polseitig) Luft verdanken, ist auch ihre Struktur durch benachbarte warme und kalte Luft charakterisiert. Die Grenzen verlaufen – grob gesagt – radial durch den Wirbel: man nennt sie *Fronten*. Von ihnen war auch in Abschn. 2.8.3 bereits die Rede.

Mit Hilfe der Bilder 6.2 bis 6.6 wird nun die Struktur einer Mittelbreitenzyklone erläutert. In Bild 6.2 ist die Entwicklung bis etwa zu dem Stadium dargestellt, in dem das Tief seinen Höhepunkt erreicht. Teilbild 6.2a zeigt eine erste schwache Welle, die in einer gleichmäßigen, hier westlichen Höhenströmung entsteht. Der Leser kann sich diese Strömung als geostrophischen Wind vorstellen, der parallel zu

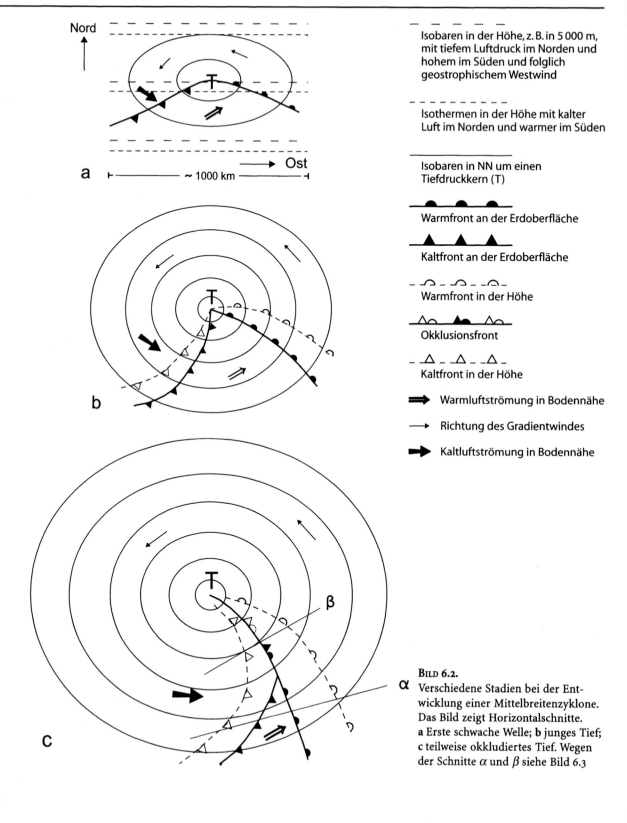

Isobaren in der Höhe, z. B. in 5 000 m, mit tiefem Luftdruck im Norden und hohem im Süden und folglich geostrophischem Westwind

Isothermen in der Höhe mit kalter Luft im Norden und warmer im Süden

Isobaren in NN um einen Tiefdruckkern (T)

Warmfront an der Erdoberfläche

Kaltfront an der Erdoberfläche

Warmfront in der Höhe

Okklusionsfront

Kaltfront in der Höhe

Warmluftströmung in Bodennähe

Richtung des Gradientwindes

Kaltluftströmung in Bodennähe

BILD 6.2.
Verschiedene Stadien bei der Entwicklung einer Mittelbreitenzyklone. Das Bild zeigt Horizontalschnitte. **a** Erste schwache Welle; **b** junges Tief; **c** teilweise okkludiertes Tief. Wegen der Schnitte α und β siehe Bild 6.3

den gezeichneten langgestrichelten, für eine bestimmte Höhe (z. B. 5 000 m) gültigen Isobaren weht. Dabei herrscht in der Höhe tiefer Luftdruck im Norden und hoher im Süden. In der Höhe nimmt auch die Temperatur (die Höhenisothermen sind kurz gestrichelt) nach Süden zu. In Bodennähe gibt es eine „Störung" derart, dass warme Luft nach Norden vorstößt und zum Ausgleich kalte nach Süden. Dort, wo die warme Luft vorstößt, entwickelt sich ein immer stärkeres Temperaturgefälle zur kälteren Luft hin. Das Maximum des Gefälles findet sich auf einer Linie, die man Front nennt. Wenn wärmere Luft gegen kältere vordringt, spricht man von einer Warmfront. Warmfronten sind in Bild 6.2 dick ausgezogen und mit halbkreisförmigen Symbolen versehen, die in die Richtung weisen, in die sich die Front bewegt. Wo die kalte Luft vorstößt, entwickelt sich eine Kaltfront. In Bild 6.2 sind Kaltfronten ebenfalls dick ausgezogen, aber mit Dreieckssymbolen in Richtung des Vordringens gekennzeichnet.

In Bild 6.2a besitzt der Frontenverlauf die Form einer Welle. Dies ist, wenn man sich die eng gedrängten Isothermen an den Fronten vorstellt, eine horizontal liegende Temperaturwelle. Man kann sich die oben angeführte „Störung" auch so vorstellen, dass die westliche Grundströmung nie stabil sein kann, sondern zu einer Wellenbildung in der gezeigten Form neigt. Bildet sich eine solche erste schwache Welle, so fällt auch der Luftdruck – wie an Hand von Bild 6.1 erklärt – aus hydrostatischen Gründen leicht; es entsteht ein Minimum im Scheitel der Welle. Unsere Skizze 6.2a zeigt daher auch ein schwaches Tief mit in sich geschlossenen Isobaren in NN. Nach dem in Abschn. 2.5 Gesagten kann man sich nun auch leicht vorstellen, wie der Gradientwind oder der oberflächennahe reibungsbehaftete Wind das Tief im zyklonalen Sinne (das ist auf der Nordhalbkugel im Gegenuhrzeigersinn) umkreist. Im Zusammenhang mit den Fronten entwickeln sich auch Wolken- und Niederschlagsfelder in der in Abschn. 2.8.3 erläuterten Querzirkulation.

Die wellenförmige Störung zieht mit der vorherrschenden Höhenströmung, in unserem Beispiel also nach Osten. Dabei verstärkt sie sich, und sehr bald schon, oft bereits nach ½ oder einem Tag, hat sich aus der schwachen Welle ein junges Tief (s. Bild 6.2b) gebildet. Alles hat sich intensiviert und verstärkt sich noch weiter: das Temperaturgefälle an beiden Fronten, damit auch die Querzirkulation und mit ihr die Wolken und die Niederschläge. Der Luftdruck in NN fällt weiter, auf der Bodenwetterkarte findet man nun ein viel größeres Tief mit deutlich tieferem Kerndruck als zuvor. Das Gebiet mit zyklonaler Strömung überdeckt schon eine recht große Fläche. Auch in den Höhenwetterkarten ist das Tief nun deutlich erkennbar. Mit dem tieferen Luftdruck verstärkt sich das Druckgefälle zur Umgebung des Tiefs und somit die Windstärke. Ob sich ein Sturm entwickelt, hängt da-

von ab, wie sehr sich die Zyklone weiter verstärkt. In Bild 6.2b sind
außer der Warmfront und der Kaltfront nahe der Erdoberfläche auch
noch Höhenfronten (markiert durch offene Symbole) eingezeichnet,
die für die Höhe von 3000 m oder 5000 m über der Erdoberfläche
gelten mögen. Mit Hilfe dieser Skizze von Boden- und Höhenfronten
kann man sich vorstellen, dass es Frontflächen gibt, die schräg im
Raum liegen. Dies wird auch durch Bild 6.3 (oben) gezeigt, in dem
ein Vertikalschnitt durch ein System aus einer Warmfront und einer
ihr folgenden Kaltfront skizziert ist. Darin erkennt man auch die an
beiden Fronten auftretenden Querzirkulationen und die mit diesen
verbundenen Wolkenfelder. Auch der Niederschlag ist skizziert. Dieser Schnitt gehört direkt zu Bild 6.2c, kann aber sinngemäß auch auf
Bild 6.2b angewendet werden.

Bis zu dem in Bild 6.2c gezeigten Stadium der Entwicklung hat sich
das Tief weiter verstärkt. Aber hier beginnt auch bereits der Zerfall
dadurch, dass der Warmsektor im inneren Teil der Zyklone vom Erdboden nach oben abgehoben wird. Da bei diesen Tiefs die Kaltluft
immer schneller vorankommt als die warme, holt die Kaltfront die
Warmfront, meist vom Zentrum des Tiefs her beginnend, ein. Die
Kaltluft schiebt sich wie ein Keil vor und hebt die wärmere Luft nach
oben ab. Man kann sich diese Entwicklung auch mit Hilfe des obe-

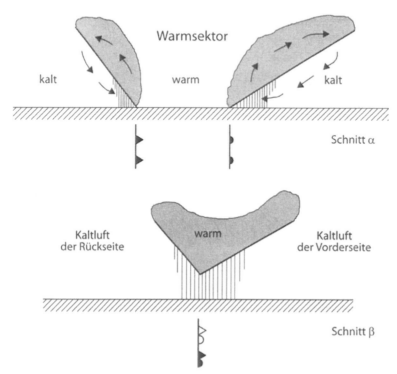

BILD 6.3.
Vertikalschnitte durch das Tief des
Bildes 6.2c. Um die *dick ausgezogenen
Frontflächen* entwickelt sich die durch
Pfeile angedeutete (nur im oberen
Bild) Querzirkulation mit Wolken
(schattiert) im aufsteigenden Ast. Der
Niederschlag ist durch *senkrechte Stri-
che* unter der Wolke schematisiert.
Unter dem durch *Schrägstriche* ange-
deuteten Boden ist durch die Fronten-
symbolik eingezeichnet, wo die Front-
flächen den Erdboden schneiden bzw.
(bei der im unteren Bild skizzierten
Okklusion) wo in der Höhe die Kaltfront auf die Warmfront trifft

ren Teils des Bildes 6.3, dies als Ausgangslage betrachtend, vorstellen. Wie dann ein solcher Vertikalschnitt mit abgehobener Warmluft aussieht, zeigt der untere Teil von Bild 6.3. Das Tief in Bild 6.2c besitzt immer noch einen kleinen Warmsektor zwischen der bodennahen

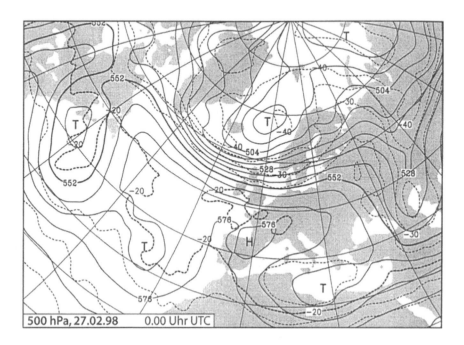

500 hPa, 27.02.98   0.00 Uhr UTC

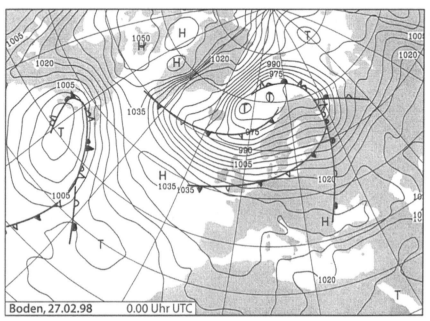

Boden, 27.02.98   0.00 Uhr UTC

BILD 6.4.
Bodenwetterkarte *(unten)* und Höhenwetterkarte *(oben)* für den 27. 02. 1998 0.00 Uhr UTC. Hier gelten auch die Erläuterungen der Legende und des Textes zu Bild 2.5. Bild: P. Gross (Meteor. Inst. Univ. Bonn)

Warm- und der nachfolgenden Kaltfront. Im Inneren ist aber die wärmere Luft vollends in die Höhe abgehoben. Man sagt, das Tief sei dort okkludiert (lat.: occludere = verschließen), die Warmluft ist nach oben weggeschlossen.

Die weitere Entwicklung verläuft dann so, dass das Tief vollends okkludiert. Diese Zyklone ist nun im wesentlichen mit Kaltluft gefüllt, warme Luft gibt es erst wieder weiter südlich des Wirbels. Das Tief füllt sich dann auch meist rasch auf und dissipiert. Die hier geschilderte Gesamtentwicklung nennt man den *Lebenslauf einer Mittelbreitenzyklone.*

Zur weiteren Veranschaulichung wird in Bild 6.4 eine Boden- und eine Höhenwetterkarte gezeigt, wie wir sie bereits von Bild 2.5 her kennen. Die Situation wird von einem riesigen Tief mit Zentrum über dem Europäischen Nordmeer beherrscht. Sein zyklonales Strömungsfeld besitzt eine Nord-Süd-Erstreckung von über 3 000 km, eine West-Ost-Erstreckung von etwa 6 000 km. Die eingezeichneten Fronten sind komplexer als in unserem einfachen Schema des Bildes 6.2. Im

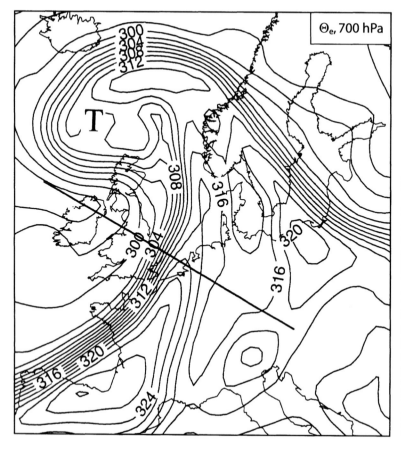

BILD 6.5.
Warm- und Kaltfront eines Tiefs nördlich der Britischen Inseln am 31. 05. 1996 6.00 Uhr UTC. Der Ort des tiefsten Bodendruckes ist durch ein **T** gekennzeichnet. Dargestellt sind Isolinien der äquivalent-potentiellen Temperatur, angegeben in K für die Druckfläche von 700 hPa, also für etwa 3 000 m Höhe. An dem von SO nach NW verlaufenden, *dick gezeichneten Strich* durch die Kaltfront fällt die äquivalent-potentielle Temperatur in 700 hPa von 316 auf 296 K, die Lufttemperatur von +5 auf –10 °C. Wie das Bild zeigt, sind diese Änderungen an der Front konzentriert. Näheres s. Text. Aus Gross (1997)

wesentlichen handelt es sich aber um eine teilweise okkludierte Zyklone, wie sie in Bild 6.2c skizziert ist. An den Isothermen der Höhenwetterkarte erkennt man die nach Norden vorstoßende Warmluft über Russland und eine enge Drängung vor der Bodenwarmfront und hinter der Bodenkaltfront. Letzteres entspricht den in Bild 6.2c gezeichneten Fronten in der Höhe. Diese Wetterkarten sollen verdeutlichen, dass Schemata wie die Bilder 6.2 und 6.3 nur das Prinzip zeigen können, dass die Natur aber eine sehr große Mannigfaltigkeit von Mittelbreitenzyklonen bereit hält. Die Vielfalt betrifft nicht nur die Größe und die Anordnung der Fronten, sondern auch sehr stark die Art der Querzirkulation und des Niederschlages an ihnen. Wie das Wetter an einer herannahenden Front abläuft, ist deshalb im einzelnen nur sehr schwer vorherzusagen.

Was die Höhenfronten angeht, so soll Bild 6.5 die Vorstellung noch verdeutlichen. Hier sind allerdings Isolinien einer etwas komplizierteren Größe, nämlich der äquivalent-potentiellen Temperatur, dargestellt. Dies ist ein Energiemaß, das außer der fühlbaren Wärme, ausgedrückt durch die Temperatur, auch die im Wasserdampf enthaltene Kondensationswärme und die potentielle Energie der Luftteilchen mit beinhaltet. Auch in Bild 2.25 haben wir diese Größe zur Veranschaulichung benutzt. Der Leser sei deshalb auf dieses Bild und seine Legende verwiesen. Man erkennt in Bild 6.5 die eng gedrängten „Isothermen" an der Warmfront und an der Kaltfront, dargestellt für die 700 hPa-Fläche (Erläuterungen wurden im Zusammenhang mit Bild 2.5 gegeben). Man sieht auch, wie sich diese Gebiete mit starkem

BILD 6.6.
Vertikalschnitt durch eine Zyklone. *Dünn ausgezogen* sind Isothermen, *dick ausgezogen* die Lage der Tropopause. Aus Palmén (1931)

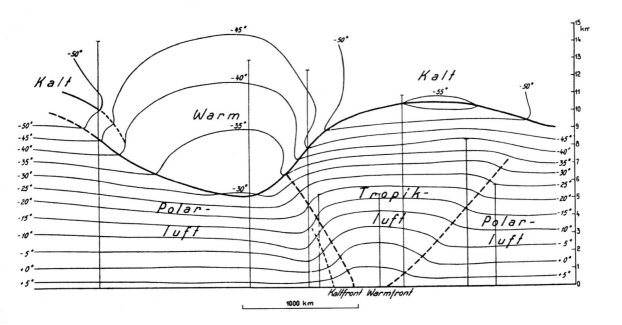

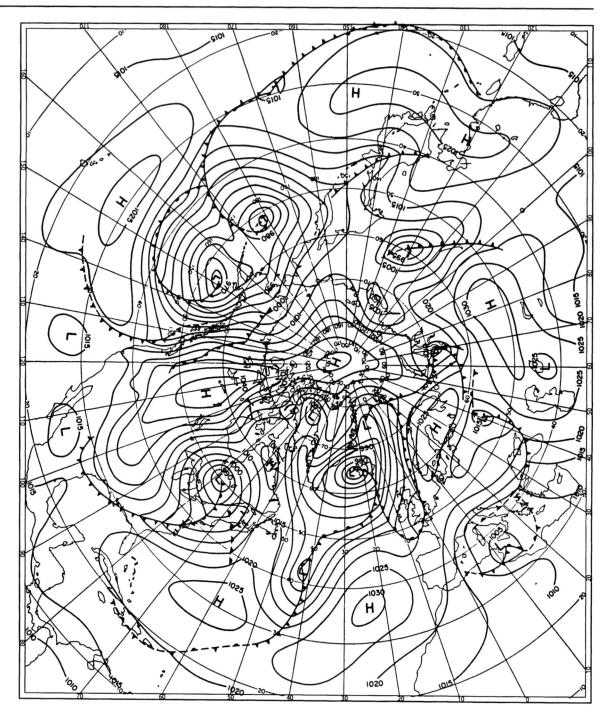

BILD 6.7. Zirkumpolare Bodenwetterkarte mit Isobaren und Fronten für 12.30 Uhr UTC am 1. März 1950. Aus Saucier (1959)

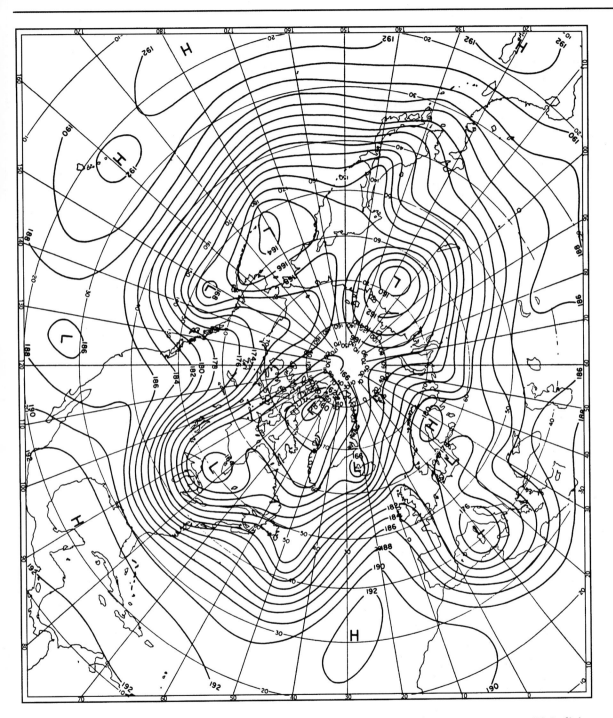

BILD 6.8. Zirkumpolare Höhenwetterkarte für das Druckniveau von 500 hPa für 15.00 Uhr UTC am 1. März 1950. Die Isolinien kennzeichnen die Höhe der 500 hPa-Fläche über NN, wobei die Höhe in 100 Fuß angegeben ist (also: 192 bedeutet 19 200 Fuß = 5 852 m). Aus Saucier (1959)

Temperaturgefälle um den Kern des Tiefs herum winden. Der Warmsektor der Zyklone kommt sehr gut heraus, weil in ihm nicht nur die
Temperatur, sondern auch der Wasserdampfgehalt deutlich höher ist
als in der Kaltluft.

Schließlich zeigt Bild 6.6 einen Vertikalschnitt durch ein Tiefdrucksystem, wobei die Struktur der Isothermen und die damit verbundene Lage der Tropopause besonders hervorgehoben sind. Ein Blick auf
Bild 2.20 lehrt, dass die Tropopause als Obergrenze der Troposphäre
die Höhe ist, von der an die Lufttemperatur nach oben nicht mehr fällt,
sondern nahezu konstant bleibt. Man erkennt eine hohe Tropopause
über der Warmluft der Zyklone und eine niedrige über der Kaltluft.

Bild 6.7 ist ein Schnappschuss der Verteilung von Mittelbreitenzyklonen rings um die Nordhalbkugel. Bild 6.8 zeigt eine Höhenwetterkarte für etwa die gleiche Zeit und lässt erkennen, wie die Zyklonen
von Bild 6.7 in die auf der Höhenwetterkarte sichtbare *Wellenstruktur*
eingebettet sind. Eine zirkumpolare Darstellung von Isothermen für
das Druckniveau von 500 hPa in Bild 6.9 (allerdings für ein anderes
Datum) zeigt, dass die Temperatur nicht gleichmäßig nach Norden
hin fällt, sondern in einem Wellenband rings um die Erde ein sehr
starkes Gefälle zwischen den Subtropen und den polaren Gebieten
besitzt. Diese Front wird Polarfront genannt, ihre Wellenstruktur
stimmt in etwa mit der der Druckwellen überein.

Wir sehen nun deutlich, dass die Mittelbreiten-Zyklonen das leisten können, was wir von ihnen erwarten, nämlich warme Luft nach
Norden und kalte Luft nach Süden zu transportieren. In der Natur
ist eine solche Zyklone, die auf den schematischen Bildern 6.2 so
harmlos aussieht, ein gigantisches hydrodynamisches System mit
einem Kerndruck, der in NN im Extremfall bis unter 915 hPa (also
etwa 100 hPa unter den mittleren Luftdruck) fallen kann. Seine Ausmaße können so groß sein wie der gesamte nordamerikanische
Kontinent oder der gesamte Atlantik mit riesigen Gebieten, in denen
Winde mit Sturm-, ja sogar Orkanstärke vorherrschen. Die Luft im
Warmsektor vermag, Schnee und Eis bis weit in das winterliche Russland hinein zu schmelzen. Die Kaltfront kann als ein Blizzard daher-
kommen, der alle unsere zivilisatorischen Errungenschaften einfrie-
ren lässt. Die Windstärken sind umso größer, je stärker das Druckgefälle ist, d. h. je dichter die Isobaren beieinander liegen. Damit besitzen solche Systeme ungeheuer viel Bewegungsenergie (kinetische Energie) und dadurch eine enorme, möglicherweise zerstörerische Kraft.
Schätzt man die kinetische Energie für ein Gesamtsystem ab (Näheres s. Anhang A5), so ergibt sich selbst für nur mittelgroße Systeme
ein Mehrfaches der Energie einer Wasserstoffbombe. Die im System
enthaltene thermische Energie und erst recht die latente Wärme des

Der polwärtige Energietransport
durch eine große Mittelbreitenzyklone liegt in der Größenordnung
von $500 \cdot 10^{12}$ J s^{-1}. Das entspricht
der Leistung von einer halben Million
Kernkraftwerken.

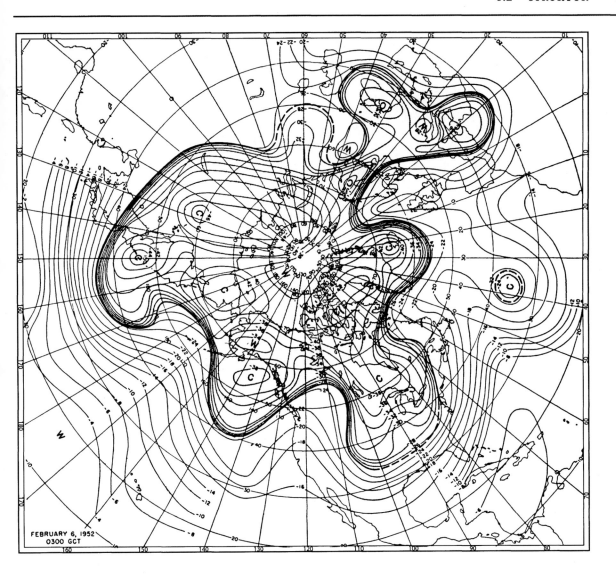

BILD 6.9.
Zirkumpolare Karte der Temperaturverteilung im 500 hPa-Niveau für 3.00 Uhr UTC am 6. Februar 1952. Dieses Bild zeigt ein Band mit einem sehr starken Temperaturgefälle von den Subtropen zu polaren Gebieten, das sich mäandrierend rings um die Nordhalbkugel erstreckt. Man nennt dies Band die Polarfront. Aus Bradbury und Palmén (1953)

Wasserdampfes sind noch mindestens 100-mal größer. Man erkennt daran, mit welch gewaltigen Gebilden man es zu tun hat und dass eine Wetterbeeinflussung durch den Menschen hier ganz ausgeschlossen ist.

Die Bilder 6.10 bis 6.12 zeigen von drei derartigen Stürmen jeweils das Luftdruckfeld in NN, darin eingezeichnet Gebiete gleicher mittlerer Windstärke (also *nicht* die maximalen Windstärken, die in Böen auftreten) und einen Blick auf den entsprechenden Sturm vom Satelliten aus. Die Details zu diesen Bildern möge der Leser den ausführlichen Legenden entnehmen.

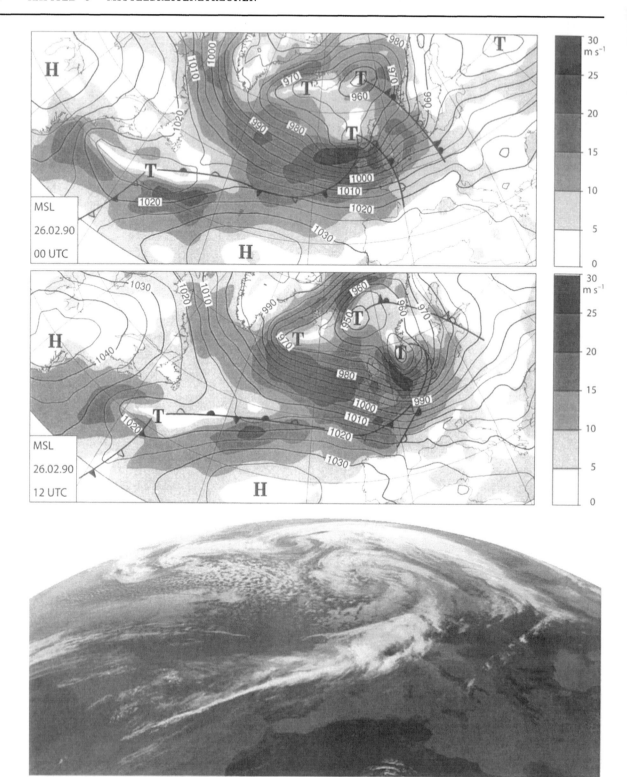

Natürlich erreicht nicht jede Mittelbreitenzyklone die Stärke der in den Bildern 6.10 bis 6.12 als Beispiele ausgewählten besonders starken Stürme. Die meisten sind mehr oder weniger harmlose Systeme, die aber für die große Variabilität unseres Mittelbreitenwetters sorgen. Wie viele von ihnen zu einem bestimmten Zeitpunkt auf der Nordhalbkugel ihre Aufgabe wahrnehmen, sieht man z. B. in der Mo-

◀ Bild 6.10.

Das Sturmtief „Vivian" am 26. Februar 1990. Das obere und das mittlere Bild stellen Luftdruck- und Windfelder um 0.00 und 12.00 Uhr UTC dar. Das untere Bild zeigt den Blick auf das gewaltige Bewegungssystem vom geostationären Satelliten Meteosat 3 aus (Position 36 000 km über dem Äquator bei 0° Länge) im infraroten Spektralbereich um 12.30 Uhr UTC. „Vivian" ist einer der großen Stürme, die von Januar bis März 1990 Europa heimsuchten – neben „Daria" (25./26. 01.), „Herta" (03./04. 02.), „Judith" (07./08. 02.) und „Wiebke" (28.02./01.03.). Siehe dazu auch Tabelle 6.1 und Bild 6.21.

Die oberen beiden Bilder enthalten Isobaren in NN (Mean Sea Level), Fronten und oberflächennahe ($\sim$ 10 m Höhe) mittlere ($\sim$ 10 min-Mittel) Windstärken entsprechend der rechts angebrachten Grauskala. Das Satellitenbild im infraroten Spektralbereich zeigt die Oberflächentemperatur der dem Satelliten am nächsten gelegenen Strahler: die kalten sehr hohen Wolken erscheinen weiß, die warme Sahara schwarz und die mittelhohen und niedrigen Wolken je nach höherer oder niedrigerer Temperatur ihrer Oberflächen in einem dunkleren oder helleren Grau. Auf diese Weise sieht man die dreidimensionale Wolkenstruktur des gewaltigen Wirbelsystems.

Die Isobarenkarten (oben und Mitte) zeigen, dass das System sowohl um 00.00 Uhr UTC als auch um 12.00 Uhr UTC aus drei Tiefdruckkernen besteht mit Luftdruckwerten, die bis unter 950 hPa reichen. Der südliche Teilwirbel hat sich in den 12 Stunden über die Britischen Inseln bis vor die Norwegische Küste bewegt, auch seine Fronten haben sich nach Osten verschoben. Die Windfelder ändern sich zeitlich mit dem Druckfeld. Zu beiden Zeiten gibt es Gebiete der Dimension 1 000 km × 2 000 km mit mittleren oberflächennahen Windstärken zwischen 20 und 25 m s^{-1} (d. i. Beaufort 9–10). In kleineren Gebieten, die aber immer noch etwa so groß sind wie England, treten mittlere Windstärken bis zu 30 m s^{-1} (Beaufort 11) auf mit Böen, die Orkanstärke übertreffen. Es gibt also riesige Gebiete, in denen schwere Stürme toben.

Im Satellitenbild liegt Grönland (nicht erkennbar) oben links. Rechts unterhalb sind die drei Wirbelzentren erkennbar. Die dicke Wolkenmasse über Mitteleuropa entspricht auf der Bodenwetterkarte für 12.00 Uhr UTC dem Gebiet von vor der Warmfront bis unmittelbar hinter der Kaltfront. Letztere erstreckt sich über Nordfrankreich in den Golf von Biskaya hinein und dann weit auf den Atlantik hinaus und liegt im Satellitenbild dort, wo die dicke Wolkenmasse über Europa im Norden abbricht und wo sich der feine, weiße Wolkenstrich in den Atlantik hinaus zieht. Nördlich der Kaltfront – sie markiert die Polarfront (s. Bild 6.9) – erkennt man stark konvektive Wolken, eine Folge der dort sehr labilen Schichtung in der Kaltluft über dem warmen Wasser des Golfstroms.

Quellen: Die oberen beiden Teilbilder wurden von K. Born (Meteor. Inst. Univ. Bonn) aus Analysen des Europäischen Zentrums für Mittelfristige Wettervorhersage erstellt. Copyright des Satellitenbildes: EUMETSAT

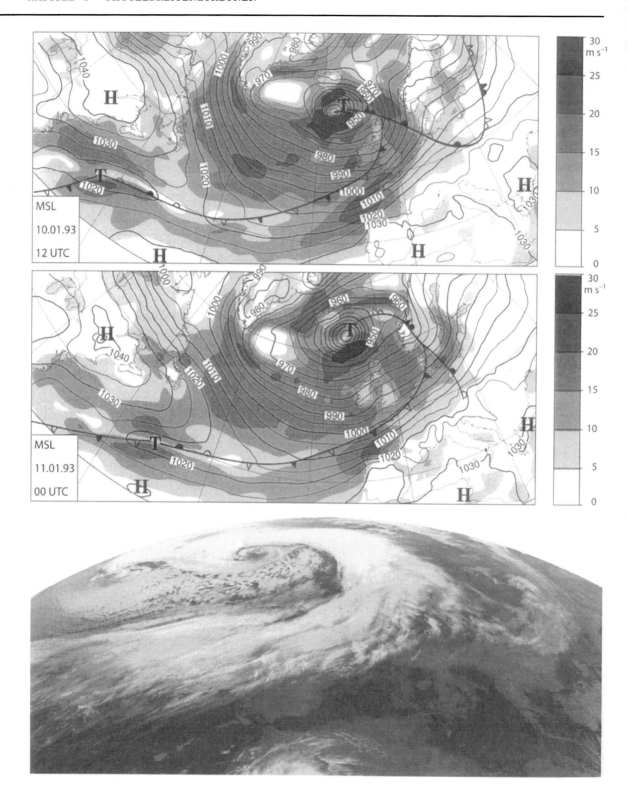

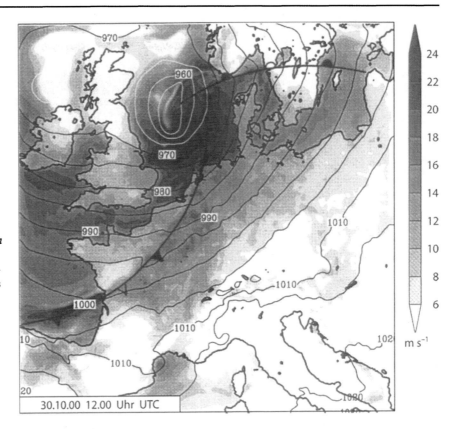

BILD 6.11.
Eine Mittelbreiten-Zyklone mit einem Rekordwert des Kerndruckes von 913 hPa in der gleichen Darstellungsart wie in Bild 6.10. Die Analysen des oberen (10. Januar 1993, 12.00 Uhr UTC) und des mittleren (11. Januar 1993, 00.00 Uhr UTC) Bildes lassen als Wert der innersten Isobare des Tiefs 915 bzw. 920 hPa erkennen. Da sich zu keiner Zeit ein Schiff in der Nähe des Sturm-Zentrums aufhielt (ein Glück für eventuell betroffene Seeleute, aber dennoch schade vom Standpunkt der direkten Messung eines solchen Ereignisses), konnte der tiefste Luftdruck nicht gemessen, sondern nur aus Modellanalysen abgeleitet werden. Hier interessieren die Sturmfelder, die wie bei Bild 6.10 große Flächen des Nordatlantik und so auch der Biskaya und der Nordsee überdecken. Die höchste mittlere Windstärke (bis 30 m s^{-1}) tritt in diesem Beispiel nahe am Tiefdruckkern auf, da hier besonders starke Luftdruckgradienten vorkommen, das Tief also im inneren Kern einem nach innen steiler werdenden Trichter ähnelt. Das Meteosat 3-Bild vom 10. 01. 1993 um 18.00 Uhr UTC zeigt eine in den inneren Kern laufende Wolkenspirale, auf deren Süd- und Westseite man (wie bei Bild 6.10) konvektive Wolkenfelder bis zu der weiter südlich liegenden Kaltfront erkennt. Quellen wie bei Bild 6.10

BILD 6.12a. *Sturm „Oratia" über der Nordsee am 30. Oktober 2000.* Bodenwetterkarte mit Luftdruck in NN, mittlerer oberflächennaher Windstärke (s. Grauskala) und Fronten um 12.00 Uhr UTC. Über der Nordsee liegen der Tiefdruckkern mit einem Wert von unter 955 hPa und ein Sturmfeld mit mittleren Windstärken größer als 24 m s^{-1} (Beaufort 10 und mehr). Sturm gibt es auch im Golf von Biskaya im Zusammenhang mit der Kaltfront. Bei den angegebenen mittleren Windstärken sollte man stets daran denken, dass der Wind in Böen bis doppelt so stark sein kann. Die hier vorliegende Analyse besitzt eine deutlich höhere Auflösung als die Bodenwetterkarten in den Bildern 6.10 und 6.11. Man erkennt eine Reihe wichtiger Eigenschaften solcher Sturmfelder:

– Die oberflächennahe mittlere Windstärke ist über dem Meer bei gleichem Luftdruckgradienten viel größer als über Land (s. dazu Bild 2.19). Die küstennahen Landstriche sind stärker vom Sturm betroffen als das Landesinnere (s. auch Bild 6.21).
– Über Land gibt es große lokale Unterschiede, die vor allem von der Orogaphie abhängen.
– Die Kaltfront spiegelt sich in den Grautönen der Windstärke wider. In einigem Abstand hinter ihr lässt der Wind deutlich nach.

Das Bild wurde von P. Gross (Meteor. Inst. Univ. Bonn) als Analyse mit dem Lokal-Modell des Deutschen Wetterdienstes erstellt

BILD 6.12b.
Blick auf das Tief „Oratia" vom in
einer Höhe von etwa 850 km polumlaufenden Satelliten NOAA 14 am
30.10.2000 um 15.00 Uhr UTC im
infraroten Spektralbereich.
Copyright University of Dundee

mentaufnahme von Bild 6.7. Auf der Südhalbkugel findet man jeweils die gleiche Mannigfaltigkeit.

Innerhalb dieser Systeme treten auch deutlich kleinerskalige Bewegungsformen auf, besonders solche, die wir bereits ausführlich in Kap. 4 studiert haben. Das sind die großen Gewitter, die sich innerhalb der Zyklonen vor allem an der Kaltfront und in der Kaltluft dahinter bilden. Im Zusammenhang mit den Gewittern gibt es dann auch Tornados, die wir in Abschn. 4.1.5 ausführlich behandelt haben.

Es wurde schon betont (s. Abschn. 5.1), dass Tropische Zyklonen durchaus in die Mittelbreiten gelangen können und dabei ihre Struktur vollständig ändern; aus den rein konvektiven Gebilden werden dann Frontalzyklonen.

6.3
Zentral-, Rand- und Mesozyklonen

Die großen Mittelbreitentiefs beherrschen oft die Wetterkarte, so wie es Bild 6.4 beispielhaft zeigt. Häufig bilden sich am Rand solcher Gebilde deutlich kleinere Tiefs, deren Bewegung vom Strömungsfeld des großen gesteuert wird. Das große Tief agiert dann als *steuernde Zentralzyklone*, das kleine bezeichnet man als *Randzyklone* und, weil es einer kleineren Skala angehört, auch als *Mesozyklone*. Im Gegensatz zum großen Tief, das mit einem Durchmesser von deutlich über 2 000 km der Makro-Skala angehört, fällt die kleine Zyklone in die Meso-Skala. Beispiele zeigen die Bilder 6.13 und 6.14. Beim ersten sehen wir gleich drei Mesozyklonen, als Frontalzyklonen ausgebildet. Sie ziehen in Wellenform hintereinander über den Nordatlantik nach Osten. Das erste dieser Tiefs mit Namen „Lothar" hat sich in der gezeigten Situation und kurz danach derart vertieft, dass es am 26.12.1999 (2. Weihnachtstag) mit einem großen Sturm über Frankreich, Süddeutschland und die Schweiz hinweg zog. Auch das in Bild 6.13 südlich von Neufundland liegende Tief, später „Martin" genannt, entwickelte sich zu einem starken Sturm, der am 27. und 28.12.1999 vor allem in Frankreich wütete. Wegen der deutlich erkennbaren Temperatur- und Druckwellen, die nach Osten fortschreiten, spricht man auch von *Wellentiefs*. Von diesen beiden Stürmen wird in Abschn. 6.4.1 noch die Rede sein.

Eine friedlichere Entwicklung zeigt die Satellitenaufnahme vom 9.08.1985. Auf der NW-Seite eines Tiefs mit Kern über der NW-Küste von Irland haben sich drei Mesozyklonen als ein langsam nach Süden ziehender Wellenzug gebildet. Ihre Zentren liegen etwa 500 km auseinander. Ihre Lebensdauer betrug weniger als 1 Tag.

In sehr vielen Fällen entstehen derartige Rand- oder Wellentiefs *äquatorwärts* der großen Zyklonen, die im Vergleich zu den rasch

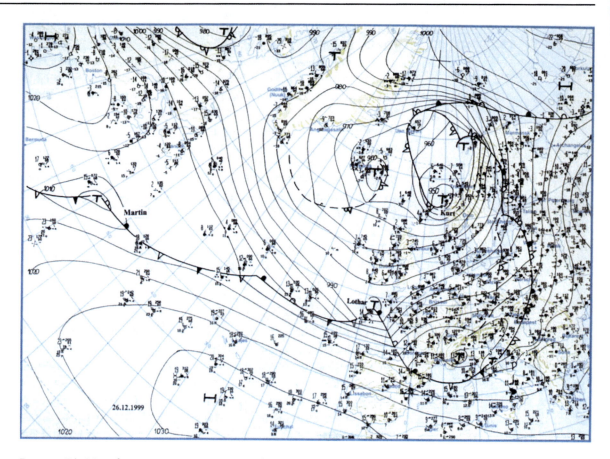

BILD 6.13. Die Wetterkarte vom 26.12.1999, 00.00 Uhr UTC (Quelle: Berliner Wetterkarte) zeigt drei Wellentiefs, die über den Atlantik nach Osten ziehen. Die östlichste dieser Mesozyklonen mit Namen „Lothar" führte zu den starken Weihnachtsstürmen in Frankreich, Süddeutschland und der Schweiz am 26.12.1999. Die übernächste Welle wuchs auch wieder zu einem Sturm heran. Er hieß „Martin" und tobte am 27. und 28.12.1999 vor allem in Frankreich, s. auch Tabelle 6.1. Die kleinen Ziffern und Symbole an den einzelnen Wetterstationen charakterisieren das dort zur Zeit der Beobachtung (hier 00.00 Uhr UTC) herrschende Wetter. Sie werden hier nicht im einzelnen erklärt. In Bezug auf diese Stationseintragungen sei der Leser auf die allgemeine meteorologische Literatur verwiesen

fortschreitenden kleinen mehr oder weniger fest liegen. Die großen Wirbel sind dann mit Kaltluft angefüllt. An ihrer subtropischen Seite gibt es das Nebeneinander von kalter und warmer Luft an der Polarfront, wie es in Bild 6.9 gezeigt wird. Dort entstehen dann neue Temperatur- und Druckwellen entsprechend dem Schema von Bild 6.2. Die Wellentiefs „Lothar" und „Martin" (Bild 6.13) sind typische Beispiele.

In einzelnen Fällen entstehen solche kleinen Randtiefs auch an der *polwärtigen kalten Seite*. Das sind dann sogenannte Polar Lows oder Polare Mesozyklonen. Bei ihrer Entstehung wirken meist mehrere Ur-

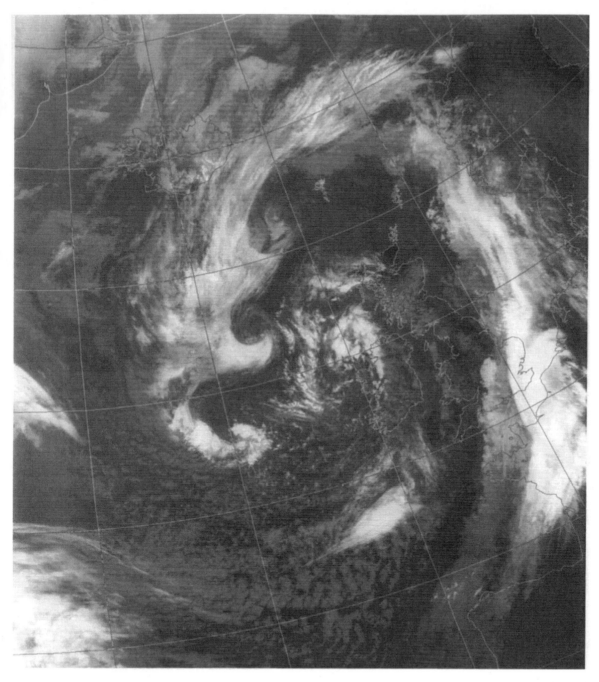

BILD 6.14. Ein Tripel von Mesozyklonen mit etwa 500 km Abstand westlich von Irland am 09. 08. 1985 um 9.00 Uhr UTC, aufgenommen vom polumlaufenden Satelliten NOAA 8 im infraroten Spektralbereich. Das steuernde Tief liegt über der NW-Küste Irlands, sein Kern ist an der dort liegenden Wolkenspirale zu erkennen. Die Kaltfront dieses Tiefs ist schon weit nach Osten vorangekommen. Sie wird durch das ausgeprägte Wolkenband markiert, das sich von Südnorwegen über die Nordsee bis nach Frankreich erstreckt. Copyright University of Dundee

sachen zusammen, so auch die horizontalen Temperaturunterschiede, die ja so wesentlich für die Entstehung der Mittelbreitenzyklonen sind. Hinzu kommt sehr häufig Konvektion (wie bei den Tropischen Zyklonen), wenn kalte polare Luft über recht warmes Wasser strömt, wie es z. B. der Golfstrom bereit hält. Auch geographische Strukturen sind

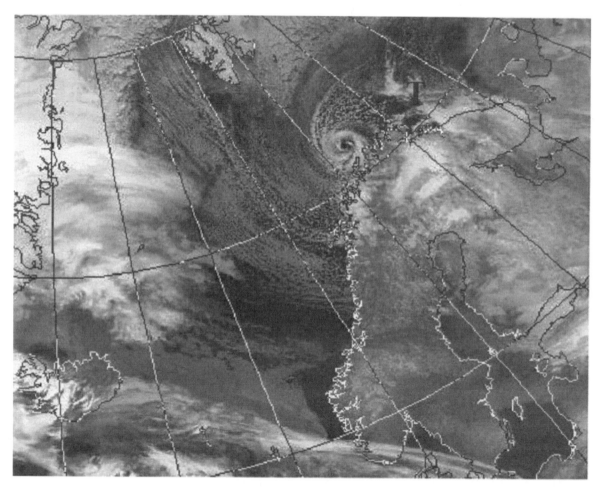

BILD 6.15. Polare Mesozyklone (Polar Low) am 27. 02. 1987 um 4.00 Uhr UTC, aufgenommen vom polumlaufenden Satelliten NOAA 9 im infraroten Spektralbereich. Das Polar Low vor der Küste Norwegens zeigt einen eng begrenzten Wolkenwirbel von etwa 300 km Durchmesser, der in die von Norden kommende Kaltluftströmung des Haupttiefs (sichtbar an den etwa in Strömungsrichtung verlaufenden Wolkenstraßen) eingebettet ist. Diese Mesozyklone besitzt sogar ein Auge wie eine Tropische Zyklone. Der Kern des tiefsten Druckes fällt mit dem Auge zusammen. Der Ort des tiefsten Luftdruckes des Haupttiefs ist durch ein **T** gekennzeichnet. Die Lebensdauer dieses Polar Low betrug nur wenig mehr als 12 Stunden. In ihm traten in der Nähe der Wasseroberfläche Winde bis zu einer Stärke von 35 m s^{-1} (d. i. Beaufort 12, Orkan) auf. Näheres zu seinem Lebenslauf und seiner Struktur kann man bei Shapiro et al. (1987) finden, s. auch Heinemann (1995). Copyright University of Dundee

hier von Bedeutung, wenn an ihnen spezielle Erscheinungen auftreten wie die kalten Fallwinde (katabatische Winde) an den engen Küs-
tentälern Grönlands. Ein Beispiel für eine Polare Mesozyklone am
Rande eines Zentraltiefs zeigt Bild 6.15. Auch die Polar Lows können
so stark werden, dass heftige Stürme mit ihnen verbunden sind.

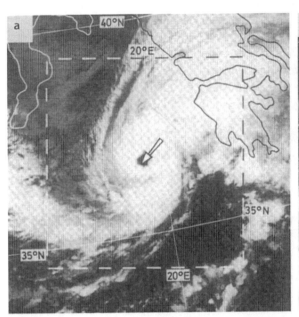

BILD 6.16.
Einem Hurrikan ähnelnde Mesozyklone im Mittelmeer,
aufgenommen von den polumlaufenden Satelliten NOAA 6
(Bild a) und NOAA 7 (b und c) im infraroten Spektralbereich. Hier werden drei Stadien des voll entwickelten
Tiefs gezeigt, a 26.01.1982, 06 Uhr UTC; b 26.01.1982,
12 Uhr UTC; c 28.01.1982, 01 Uhr UTC. Das *gestrichelt
eingefasste Gebiet* besitzt Seitenlängen von etwa 500 km.
Aus Billing et al. (1983)

Die Polar Lows sind also Randtiefs einer großen Zyklone. Sie liegen ganz in der Kaltluft hinter der Kaltfront. In den Isobaren der Bodenwetterkarte sind sie oft als ein zusätzlicher kleiner Kern des Haupttiefs zu erkennen. Sie besitzen ein eng begrenztes eigenes Zirkulations- und Wind- bzw. Sturmfeld und ein eigenes, den Wirbel zeigendes Wolkenfeld. Letzteres ist in Bild 6.15 deutlich sichtbar.

Die Vielzahl der Möglichkeiten des Auftretens von Mesozyklonen soll noch um ein weiteres Beispiel bereichert werden. Ein kleines Tief zog vom 22. bis zum 28. Januar 1982 durch das östliche Mittelmeer. Im Höhepunkt seiner Entwicklung (s. die Bilder 6.16) sah es aus wie ein Hurrikan: es besaß ein Auge und große spiralförmige Wolkenarme. Die höchste aus seinem Bereich gemeldete mittlere Windstärke betrug 50 kn (26 m s^{-1}, d. i. Beaufort 10). In Böen gab es sicher auch höhere Windstärken.

Die Gefahren aus den Rand- und Meso-Zyklonen werden in die allgemeine Darstellung des Abschnitts 6.4 mit einbezogen.

TABELLE 6.1. Die „teuersten" Mittelbreitenzyklonen 1970 bis 2001, geordnet nach versicherten Schäden (Spalte 1), zusammengestellt aus verschiedenen Quellen. Die versicherten Schäden und die Gesamtschäden (Spalte 2), die durch eine *einzige* Mittelbreitenzyklone verursacht wurden, sind in Milliarden US-$ zum Wert von 2002 angegeben. „Opfer" sind Tote und Vermisste. Unter „Ereignis" ist der Name der besonders starken Mittelbreitenzyklone aufgeführt, wenn es einen solchen Namen gab, unter „Land" die besonders betroffenen Gebiete. Man vergleiche die hier aufgeführten Gesamtschäden mit denen, die einzelne Tornados (s. Tabelle 4.2) und einzelne Hurrikane (s. Tabelle 5.4) in den USA verursacht haben

Versicherter Schaden	Gesamtschaden	Opfer	Datum	Ereignis	Land
6,4	10,0	95	25./26.01.1990	Sturm "Daria"	Europa
6,3	12,6	80	26.12.1999	Sturm "Lothar"	Frankreich, Süddeutschland
4,8	5,8	13	15./16.10.1987	Sturm und Überschwemmungen	Europa
3,6	4,6	64	25.–27.02.1990	Sturm "Vivian"	Europa
2,6	4,4	45	27./28.12.1999	Sturm "Martin"	Frankreich
2,2	6,5	246	13./14.03.1993	Blizzard, Tornados	USA
2,0	3,1	20	03./04.12.1999	Sturm "Anatol"	Nordeuropa
1,6	2,8	28	03./04.02.1990	Sturm "Herta"	Europa
1,3	3,3	100	02.–04.01.1976	Capella-Orkan	Europa
1,2	3,2	15	28.02./01.03.1990	Sturm "Wiebke"	Europa

6.4
GEFAHREN UND SCHÄDEN DURCH MITTELBREITENZYKLONEN

Sprechen wir vom Risiko oder den Gefahren, die von den Mittelbreitenzyklonen ausgehen, dann interessieren uns in erster Linie diejenigen Systeme, die sich zu kräftigen Zyklonen entwickeln, deren Windfelder Sturm- oder gar Orkanstärke erreichen, an deren Fronten sich heftige Gewitter und starke Niederschläge entwickeln oder deren Kaltluftvorstöße den Charakter von Blizzards besitzen und Schnee, Schneewehen und große Kälte bringen.

6.4.1
STÜRME

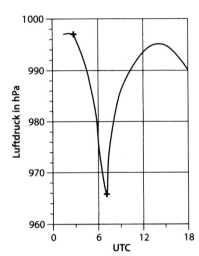

BILD 6.17.
Das Barogramm am Flughafen der Insel Jersey beim Durchzug des Kerns des Sturmes „Lothar" am 26.12.1999 gleicht dem beim Durchzug eines Hurrikans (vergleiche mit Bild 5.5). Vom Atlantik kommend, hatte der Sturm sich über der Bretagne und dem Ärmelkanal enorm vertieft. Zwischen den beiden Kreuzen im Bild (997,0 hPa kurz vor 3.00 Uhr UTC und 965,8 hPa kurz nach 7.00 Uhr UTC) liegt ein Druckfall von 31,2 hPa in genau 4,3 Stunden, eine bis dahin an dieser Station noch nie gemessene Druckfallrate. Auch der folgende Druckanstieg ist spektakulär. Nach Le Blancq und Searson (2000)

Die von einer *einzigen* Mittelbreitenzyklone verursachten Schäden können gewaltige Ausmaße annehmen, wie Tabelle 6.1 zeigt. In ihr sind auch Fälle enthalten, in denen die Schäden nicht nur durch hohe Windstärken, sondern auch durch aus hohen Niederschlägen resultierenden Überschwemmungen und durch Kälteeinwirkung entstanden sind. Wir haben ja bereits betont, dass eine Mittelbreitenzyklone viele Arten von Gefahren mit sich bringt, die miteinander verknüpft sind.

„Meteorologische Bilder" (das sind Wetterkarten und Satellitenaufnahmen) von Mittelbreitenzyklonen sind uns von den Bildern 6.10 bis 6.12 bereits vertraut. Um einen einzelnen Sturm noch besser zu verdeutlichen, zeigt Bild 6.17 den zeitlichen Verlauf des Luftdruckes am Flughafen der Kanal-Insel Jersey („Lothar" ist mit seinem Kern über diese Station hinweggezogen), Bild 6.18 das Druckfeld des Weihnachtssturmes „Lothar" etwa zur Zeit seiner stärksten Entwicklung und Bild 6.19 die größten auf der Bahn von „Lothar" gemessenen Spitzenböen. Eine Windregistrierung einer Wetterstation, über die der Sturm hinweg zog, zeigt Bild 2.8.

Die Gefahren und das Schadenpotential aus einem solchen Sturm lassen sich durch verschiedene Angaben charakterisieren. Diese sind die in verschiedenen Orten des Sturmgebietes erreichten Werte

- der 10 min-Mittel der Windstärke,
- der maximalen Windstärken in Böen,
- der Böenfrequenzen und
- der Sturmdauer.

Ferner ist die Größe des Sturmgebietes von Interesse.

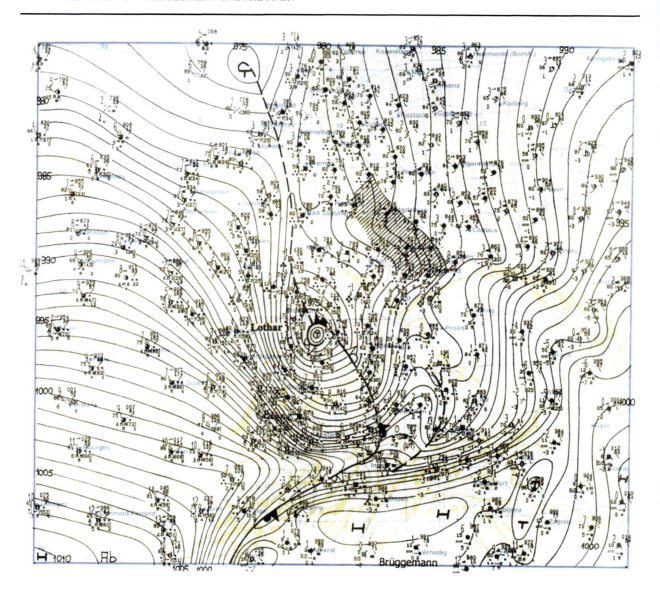

Felder der mittleren Windstärke erkennt man in den Darstellungen der Bilder 6.10 bis 6.12. Dort kann man auch sehen, wie groß die Flächen sind, in denen zu dem betreffenden Zeitpunkt, für den die jeweilige Darstellung gilt, z. B. Windstärke 8 (stürmischer Wind mit mittleren Windstärken von 17 bis 21 m s^{-1}; s. dazu Tabelle 2.2) geherrscht hat.

Die maximalen Windböen von Bild 6.19 zeigen, dass die Bahn des Sturmes „Lothar" zeitweise über 300 km breit war, wenn man die Böenstärke von 32 m s^{-1} = 115 km h^{-1} als Sturmkriterium zugrunde legt. Das Sturmgebiet zu diesen Zeiten besaß somit eine Fläche von

BILD 6.18.
Wetterlage über Mitteleuropa um 13 Uhr MEZ am 2. Weihnachtstag (26. 12.) 1999. An der Dichte der Isobaren wird die Gewalt des Sturmes deutlich. Der Isobarenabstand beträgt hier allerdings nur 1 hPa. Betreffs der Stationseintragungen s. die Legende zu Bild 6.13. Quelle: Berliner Wetterkarte

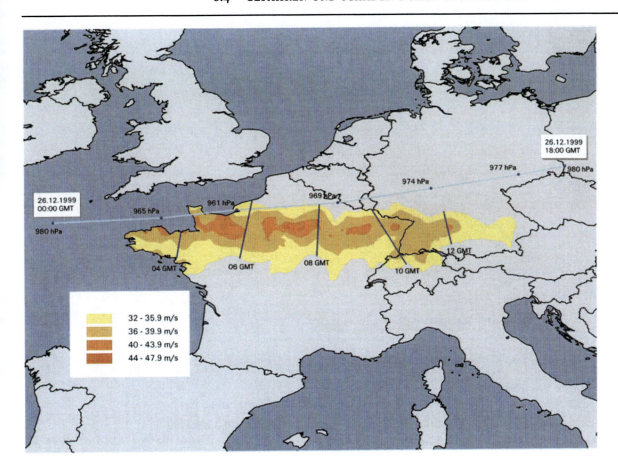

BILD 6.19.
Die größten auf der Bahn des Sturmes „Lothar" gemessenen Spitzenböen (Farbskala), Isolinien der Eintrittszeiten dieser Maximalwerte und Bahn des Tiefdruckkerns mit Luftdruckangaben in hPa. Bild: Swiss Re Germany

etwa 300 km × 300 km. Das Gesamtgebiet, in dem der Sturm gewütet hat, erstreckt sich von der Bretagne bis in den Osten Bayerns. Die Sturmdauer an der Station Lahr (Baden) kann man z. B. aus der analogen Registrierung der Windstärke in Bild 2.8 ablesen. Nimmt man als Sturmkriterium ein 10 min-Mittel der Windstärke von größer als 17 m s^{-1} entsprechend Beaufort-Grad 8 und mehr, dann kommt man auf die relativ kurze Sturmdauer von etwa 3 Stunden.

In Bild 6.20 ist ebenfalls der Verlauf des Sturmes „Lothar" in Lahr dargestellt, nun an Hand der bereits ausgewerteten *10 min-Mittel der Windstärke* und der im jeweiligen 10 min-Intervall aufgetretenen *stärksten Böen*. Lahr liegt an der Westseite des Schwarzwaldes im Oberrheingraben in 168 m über NN. Bild 6.20 zeigt auch, welche mittleren Windstärken und Böen auf der höchsten Erhebung des Schwarzwaldes, dem 1 493 m hohen Feldberg, gemessen wurden. Um bei den 10 min-Mitteln ablesen zu können, welchem Grad der Beaufort-Skala sie entsprechen, geben die dünnen Geraden an, bei welchen Windstärken die Beaufort-Grade 8, 9, 10, 11 und 12 beginnen. Man erkennt, dass der Sturm in Lahr

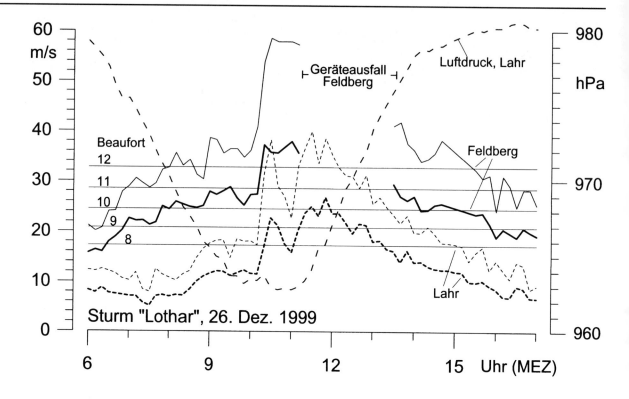

etwa 3 Stunden lang mit Windstärke 8 und mehr tobte, ja sogar Windstärke 10 erreichte. Auf dem Feldberg gab es Windstärke 9 und mehr fast in dem gesamten in Bild 6.20 dargestellten Zeitintervall. Wie lange an der Bergstation die Orkanstärke 12 anhielt, lässt sich nicht sagen, weil es sturmbedingt zu einem Ausfall der Messgeräte kam. Als stärkste Bö auf der Bergstation wurde der Wert von 58,5 m s^{-1} (= 211 km h^{-1}) gemessen. In Lahr waren die Böen deutlich schwächer als auf dem Feldberg, als Maximum wurden 37,9 m s^{-1} (= 136 km h^{-1}) erreicht Das mittlere Verhältnis von Böenstärke zu 10 min-Mittel beträgt für das in Bild 6.20 gewählte Zeitintervall 1,50 für Lahr und 1,38 für den Feldberg, das maximale Verhältnis 1,86 (Lahr) und 1,64 (Feldberg).

Den zeitlichen Verlauf des Sturmes „Daria" an drei verschiedenen Stationen in den Niederlanden zeigt Bild 6.21. Dargestellt sind sowohl die Zeitreihen der *Stundenmittel der Windstärke* (dick gezeichnet) als auch die der in den jeweiligen Stunden aufgetretenen *maximalen Böen* (dünn gezeichnet).

Wie bereits in Abschn. 2.5.6 erläutert, sind die bodennahen mittleren Windstärken über dem Meer und an den Küsten deutlich größer als über Land. Bild 6.21 zeigt, dass die mittlere Windstärke abnimmt, wenn die Entfernung zur Küste wächst. Für jede einzelne Station sind

Bild 6.20.
Verlauf der Windstärke auf dem Feldberg im Schwarzwald (1 493 m über NN; *ausgezogene Linien*) und in Lahr im Oberrheingraben (168 m über NN; *gestrichelt*) während des Sturmes „Lothar" am 26.12.1999. *Dick* gezeichnet sind die *10 min-Mittel der Windstärke,* dünn die in den jeweiligen 10 min-Intervallen aufgetretenen *stärksten Böen.* Das Bild zeigt auch noch den Verlauf des (*nicht auf NN reduzierten*) Luftdruckes in Lahr. Datenquelle: Deutscher Wetterdienst

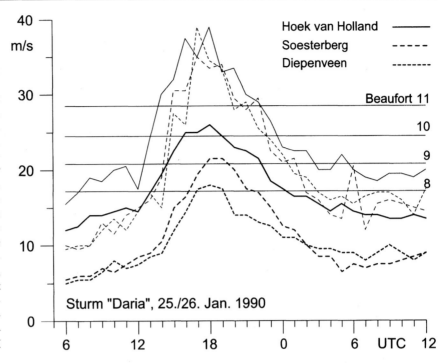

BILD 6.21.
Bodennahe (10 m Höhe) Werte der Windstärke im Sturm „Daria" in den Niederlanden an den drei Stationen Hoek van Holland (direkt an der Küste, *ausgezogene Linien*), Soesterberg (etwa 50 km von der Küste entfernt, *lang gestrichelt*) und Diepenveen (etwa 100 km von der Küste entfernt, *kurz gestrichelt*). Die dick gezeichneten Kurven zeigen *Stundenmittel der Windstärke*, die dünn gezeichneten die *stärksten Böen* in den betreffenden, in der Abszisse dargestellten Stunden. Man erkennt, dass die Stundenmittel umso kleiner ausfallen, je weiter die Station von der Küste entfernt liegt (s. dazu auch Bild 2.19), dass aber die maximalen Böen nicht in demselben Maße landeinwärts abnehmen. Das Bild erlaubt, die Sturmdauer nach unterschiedlichen Kriterien abzulesen. Datenquelle: KNMI

die maximalen Böen viel größer als die mittleren Windstärken (s. Abschn. 2.4). Bildet man das Verhältnis Böenstärke/Stundenmittel der Windstärke für den dargestellten Datensatz, so erhält man für die Landstation Diepenveen im Mittel den Wert 1,88; als Extremwert tritt 2,3 (am 25.01. um 15 Uhr) auf. Sehr deutlich wird hier, dass die mittlere Windstärke zwar mit wachsendem Abstand von der Küste generell abnimmt, dass aber zu bestimmten Zeiten an allen drei Stationen etwa gleich große Böenspitzen auftreten, die im Höhepunkt des Sturmes Werte von etwa $40 \ \mathrm{m \ s^{-1}} = 144 \ \mathrm{km \ h^{-1}}$ erreichen.

Bei den Windstärken von $17,2 \ \mathrm{m \ s^{-1}}$, $20,8 \ \mathrm{m \ s^{-1}}$, $24,5 \ \mathrm{m \ s^{-1}}$ und $28,5 \ \mathrm{m \ s^{-1}}$ sind Koordinatenlinien eingezeichnet, um besser zu erkennen, wann die einzelnen Kurven diese Windstärken überschreiten. Nominell sind dies die Windstärken, bei denen nach der Beaufort-Skala (s. Tabelle 2.2) die Grade 8, 9, 10 bzw. 11 erreicht sind. Nominell heißt, dass man hier die Beaufort-Skala nicht direkt anwenden sollte, da sich in ihr die Zuordnung der Windstärken zu den Beaufort-Graden streng genommen ja auf 10 min-Mittel der Windstärke bezieht (siehe dazu auch Anhang B). Man kann nun relativ leicht ablesen, wie lange bestimmte Windstärken überschritten wurden. Definiert man z. B. die Sturmdauer als die Zeit, in der das Stundenmittel der Windstärke über dem Wert von $17,2 \ \mathrm{m \ s^{-1}}$ lag, dann dauerte der

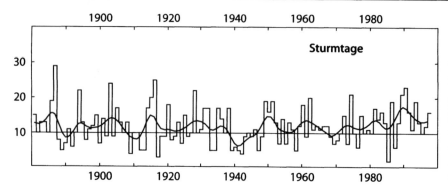

Sturm in Hoek van Holland 8, in Soesterberg 5, in Diepenveen aber nur etwas mehr als 3 Stunden. Böen stärker als „Windstärke 8" traten aber an der Küste während des gesamten gezeigten Zeitintervalls und an den beiden Landstationen über mehr als 12 Stunden auf.

Bilder vom Wüten eines Sturmes sind dem Leser aus den Medien hinreichend bekannt. Da sieht man total gefällte Wälder, umgestürzte Kirchtürme, dicke Bäume, die auf Autos oder Häuser gefallen sind, oder Sturmfluten, die mit gewaltigen Wellen und überschäumender Gischt gegen befestigte Küsten anrennen.

Eine viele interessierende Frage ist die, ob sich Anzahl und Intensität der Stürme in Verbindung mit Mittelbreitenzyklonen in den letzten 100 Jahren geändert haben. Dies zu beurteilen, ist äußerst schwierig, weil Beobachtungstechniken und -netze einem ständigen Wandel unterworfen waren. Eine Methode, einer Antwort nahe zu kommen, ist die Berechnung eines Sturmindex (Näheres dazu s. bei Jones et al. 1999), über den man zu Bild 6.22 gelangt. Die Darstellung lässt keinen signifikanten Trend einer Zunahme oder einer Abnahme der Sturmhäufigkeit oder Intensität erkennen, wohl aber Multidekadenschwankungen (wie bei der Hurrikan-Aktivität, s. Abschn. 5.3).

Eine Auswertung der Häufigkeit von oberflächennahen geostrophischen Winden über 10, 20 und 30 m s^{-1} in der Deutschen Bucht zwischen 1876 und 1989 durch Schmidt und von Storch (1993) zeigt auch keine Zunahme der Stürme in diesem Zeitintervall. In einer neueren Studie hat Schmidt (2002) das Intervall bis zum Jahre 2000 erweitert. Bild 6.23 zeigt das Ergebnis. Dargestellt sind zeitliche Verläufe der bodennahen geostrophischen Windstärke, die (s. Abschn. 2.5.2) streng proportional dem bodennahen Luftdruckgefälle ist. Man kann entsprechend Bild 2.19 die bodennahe geostrophische Windstärke in eine Windstärke in 10 m Höhe umrechnen, wobei über dem Wasser der Deutschen Bucht geostrophische Windstärken von z. B. 10, 20 und 30 m s^{-1} einer Windstärke in 10 m Höhe von 7, 13 und 18 m s^{-1} entsprechen.

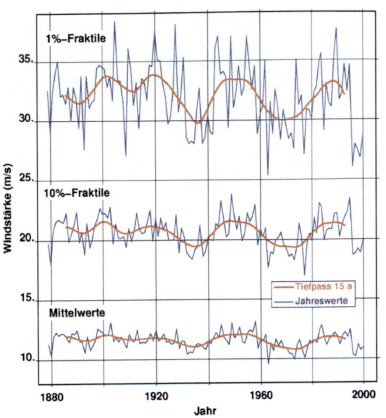

BILD 6.23.
Zeitreihen von jährlichen statistischen Werten der geostrophischen Windstärke in der Deutschen Bucht von 1879 bis 2000. Unten sind die jährlichen Mittelwerte dargestellt, darüber die 10 %- und die 1 %-Fraktile. Letztere geben die Windstärke an, die von 10 % bzw. 1 % aller Werte des betreffenden Jahres erreicht oder überschritten wurden. Die Teilbilder zeigen nicht nur die stark schwankenden Einzelwerte (blau gezeichnet) der betreffenden Größen für jedes Jahr, sondern auch geglättete Kurven (rot), die mit einem Tiefpassfilter (Grenzfrequenz 1/15 Jahre) berechnet wurden.
Quelle: DWD; aus Schmidt (2002)

Die Schwankungen in den drei Zeitreihen von Bild 6.23 verlaufen genau zeitgleich. Natürlich nehmen sie vom unteren zum oberen Teilbild zu. In den geglätteten Kurven erkennt man Maxima um 1920, um 1950 und um 1990, also typische Multidekadenschwankungen. Diese besitzen hier eine mittlere Periode von etwa 35 Jahren. Es gibt Studien, die den Anstieg der Windstärke nach 1970 einer Klimaänderung zuschreiben. In der Betrachtung des großen Zeitintervalles erweist sich dieser Anstieg nun als der ansteigende Ast eines Multidekadenzyklus. Nach den hohen Werten um 1990 gehören die letzten 5 Jahre der hier vorliegenden Reihe (also 1996 bis 2000) zu den windschwächsten des gesamten Zeitintervalles von 1879 bis 2000. Der gerechnete Trend der Jahresmittelwerte über das gesamte Zeitintervall ist mit $-0{,}4\ \mathrm{m\,s^{-1}}$ sehr klein und sogar negativ, also im Rahmen der großen Schwankungen als vernachlässigbar anzusehen. Die Darstellung offenbart also, dass die Intensität der Stürme in der Deutschen Bucht einer natürlichen Multidekadenschwankung unterliegt, aber in den letzten 120 Jahren keinerlei mit einer Klimaänderung zusammenhängenden Trend zeigt.

6.4.2
HOCHWASSER, ÜBERFLUTUNGEN

Hochwasser kleiner und großer Flüsse und Überflutungen weiter
Gebiete in deren Einzugsbereich gehören zu den Ereignissen, die fast
jeder selbst gesehen oder erlebt hat. Unvergessen bleiben die Überflutungen des Mississippi im August 1994, der Oder im Sommer 1997,
von Elbe und Donau im August 2002 oder die häufigen Hochwasser
von Mosel und Rhein. In höchstem Maße betroffen sind auch die Nebenflüsse im Oberlauf der genannten Ströme. Immer sind es die Niederschläge im Einzugsgebiet, die die Flüsse anschwellen lassen. Dies
wird deutlich in Bild 6.24.

Kleine Gerinne können durch einen Lokalen Sturm (s. Abschn. 4.2.3)
und dem mit diesem verbundenen räumlich eng begrenzten Stark-
regen über die Ufer treten. Bei großen Gewässern aber muss auch das
Niederschlagsfeld großräumiger sein, und das tritt in den mittleren
Breiten nur bei den großen Regengebieten der Mittelbreitenzyklonen,
vor allem bei der Aufeinanderfolge mehrerer Zyklonen, auf. Beim
Hochwasser der Elbe und ihrer Nebenflüsse (z. B. der Mulde und der
Weißeritz) im August 2002 war es ein Tief mit Kern über dem Golf
von Genua, das nach Polen und weiter nach Osten zog (sogenannte
Vb-Wetterlage). Unter anderem gab es erhebliche Niederschläge im
Erzgebirge, wo im Stau der NNW-Strömung in Zinnwald 313 mm Niederschlag in 24 Stunden (vom 12. 08. 7.00 Uhr bis 13. 08. 7.00 Uhr) fielen. Dies ist wohl die höchste Niederschlagsmenge, die je in Deutschland in 24 Stunden registriert wurde. Bisher galt als Rekord 260 mm,
gefallen am 07. 06. 1906 in Zeithain bei Riesa in Sachsen (Angaben aus
Berliner Wetterkarte). Diese hohen Niederschläge fielen großräumig,
so waren es z. B. in Dresden in demselben oben angegeben Zeitraum
am 12./13. 08. 158 mm. Das Hochwasser der Elbe und ihrer Nebenflüsse im Oberlauf wäre trotz dieser mit extremen Niederschlägen verbundenen Lage nicht so außergewöhnlich hoch ausgefallen, hätte es nicht
in den davor liegenden Tagen und Wochen in den entsprechenden Einzugsgebieten bereits reichlich geregnet.

Tauwetter kann die Situation erheblich verschärfen. Bild 6.25 zeigt
eine „historische" Aufnahme. Zum Hochwasser durch starke Regen-
fälle und Schneeschmelze kommt der Eisschub auf der vorher zuge-
frorenen Donau, die Gefahr erhöhend, hinzu.

Bild 6.26 will daran erinnern, welch verheerende Hochwasser es
auch in der Vergangenheit immer wieder gegeben hat.

Es gehört zur Natur aller Fließgewässer, dass ihre Abflussmengen
ständig großen Schwankungen unterworfen sind, die vor allem mit
den Niederschlägen in ihren Einzugsgebieten zusammenhängen.
Auch Ausuferungen gehören zur Regel; sie können mehrmals im Jahr

**Der aus dem Erzgebirge kommende
kleine Elbe-Zufluß Weißeritz suchte
sich im August 2002 wieder sein altes
Bett und überflutete den Dresdner
Hauptbahnhof. Im Jahre 1893 hatte
man sie umgeleitet und in ein zu
kleines künstliches Bett verlegt.**

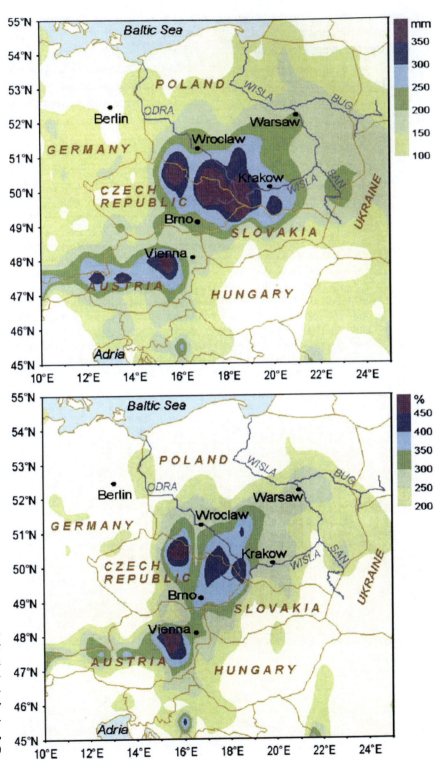

BILD 6.24.
Das Oder-Hochwasser im Sommer 1997. *Oben:* Niederschlagssumme in mm für den Monat Juli 1997 im Einzugsgebiet der Oder. *Unten:* Niederschlagsanomalie des Monats Juli 1997 in % der mittleren Niederschlagssumme von 1961 bis 1990. Quelle: DWD, aus Fuchs und Rudolf (2002)

auftreten. So gibt es auch immer wieder ein Hochwasser, das die maximalen Höhen von Deichen und Schutzmauern überschreitet, auch wenn das nur einmal in 100 Jahren passiert.

Zur Frage der Geschichte der Hochwasser und auch dazu, ob die Hochwasser immer schlimmer werden, sei im folgenden aus dem sehr informativen und hervorragend bebilderten Bericht „Spektrum Wasser 1: Hochwasser" des Bayerischen Landesamtes für Wasserwirtschaft aus dem Jahre 1998 ausführlicher zitiert:

Die Hochwasser im Dezember 1993 und Januar 1995 bezeichneten die Medien als Jahrhunderthochwasser. Allerdings wurden nur an ganz wenigen Orten Wasserstände erreicht, die zu den höchsten des Jahrhunderts zählten. Gestiegen – und zwar deutlich gestiegen – sind dagegen die Schadenshöhen. Immer mehr Geld muß aufgewendet werden, um die Hochwasserschäden auszugleichen. Das liegt aber nicht an steigenden Wasserständen, sondern an der gestiegenen Konzentration hochwertiger Güter in Gebieten, die schon immer von Hochwasser bedroht sind.

Am St. Magdalenentag (21. Juli) des Jahres 1342 wurde Mitteleuropa vom vermutlich größten Hochwasser dieses Jahrtausends heimgesucht. Nach längerer Trockenheit folgte ein „zwei Tage anhaltender außerordentlicher Wolkenbruch". Damals stand das Wasser des Mains in Würzburg bis nahe an den Dom. Aus der Rheinregion wird berichtet, daß im Mainzer Dom „das Wasser einem Mann bis zum Gürtel stand" und man in Köln in Booten über die Stadtmauer fahren konnte. In den Chroniken von Regensburg, Passau und Wien

BILD 6.25.
Hochwasser und Eisschub auf der Donau in Regensburg am 5. Februar 1893. Quelle: Bayerisches Landesamt für Wasserwirtschaft (1998)

BILD 6.26.
Hochwassermarken in Wasserburg
am Inn. Quelle: Bayerisches Landesamt für Wasserwirtschaft (1998)

wird das Magdalenenhochwasser als katastrophales Donauhochwasser beschrieben; ebenso an Mosel, Moldau, Elbe, Werra, Unstrut und Weser. Selbst
Kärnten und die Lombardei wurden von Hochwasser heimgesucht.

Seltene Regenereignisse kombiniert mit Eisstoß oder Schneeschmelze führen seit vielen hundert Jahren immer wieder zu Hochwassern, die den Menschen außergewöhnlich vorkommen. Will man die Frage beantworten, ob das
Wasser heute höher oder häufiger steigt als früher, sollte man sich zunächst
die höchsten Werte der Vergangenheit anschauen. Ab etwa 1000 n. Chr. berichten Hochwassermarken und alte Chroniken von großen Hochwassern und
deren Auswirkungen. Für einige Meßstellen in den heutigen Flüssen – sogenannte Pegel – konnten aus diesen alten Zeugnissen die Wasserstände und Abflüsse historischer Hochwasser rekonstruiert werden. Die Rekonstruktionen er-
gaben Anhaltspunkte für die höchsten Hochwasserstände unseres Jahrtausends.

Mit dem 19. Jahrhundert beginnen in Bayern die regelmäßigen Beobachtungen des Wasserstandes. Erst diese ermöglichen es, Höhe und Häufigkeit von
Hochwasserständen und deren Änderung über die Zeit zuverlässig anzuge-
ben. [...] Natürliche Erosion und Auflandung, aber auch Eingriffe des Menschen verändern im Laufe der Zeit Breite und Tiefe eines Flusses. Ein Hochwasser von früher könnte deshalb an gleicher Stelle heute ganz andere Wasserstände erreichen. Das muß beim Vergleich damaliger und heutiger Pegel-
stände beachtet werden.

Die höchsten Wasserstände und Abflüsse der letzten 200 Jahre an Main
und Donau traten im März 1845 auf. Nach einer mehrwöchigen Frostperiode
war der Boden tief gefroren. Es lag eine dünne Schneedecke. Binnen kurzer
Zeit fielen großräumig bis zu 50 cm Schnee. Anschließend regnete es intensiv
und anhaltend. Beide Phänomene zusammen – abtauender Schnee und ergiebiger Regen – ließen die Flüsse anschwellen. In unregelmäßigen Abständen –
manchmal nach wenigen Jahren, manchmal 20 oder 30 Jahre später – wie-
derholten sich derartige extreme Hochwasser. Das ist sowohl für das 19. wie
auch das 20. Jahrhundert belegt. So traten in Wasserburg am Inn die letzten
vier größten Hochwasser 1985, 1940, 1899 und 1853 auf. Dazwischen lagen jeweils über 40 Jahre, in denen kein Hochwasser auch nur annähernd diese Höhe
erreichte. Aber nur 2 Jahre vor 1853 war wieder ein höheres Hochwasser.

Am Pegel Würzburg erreichten im letzten Jahrhundert 3 Hochwasser einen Abfluß von mehr als 1500 m³s⁻¹. In diesem Jahrhundert waren es nur
zwei. 14 Fluten erreichten mehr als 1000 m³s⁻¹ im 19. Jahrhundert, zwischen
1900 und 1997 waren es nur 9. Die 7 Meter-Marke am Pegel wurde vor 1900
siebenmal, nachher dreimal überschritten.

Höhe und Trend, d. h. die Entwicklung der Hochwasser über die Zeit, werden durch Messungen und mathematische Berechnungen untersucht. In jedem Jahr notieren die Pegelstationen die höchsten Abflüsse an den bayerischen Flüssen. Wegen der starken jährlichen Schwankungen entsteht zunächst
ein unübersichtliches Bild. Mit Hilfe der sogenannten Trendgerade läßt sich
der mittlere zeitliche Verlauf darstellen. Eine langfristige Zunahme der Hoch-
wasserscheitel müßte sich dann in einem Anstieg der Trendgerade äußern. In
Bayern wurden für den Zeitraum von 1930 bis 1993 Trenduntersuchungen
durchgeführt. Nur an einem von 75 Pegeln läßt sich ein deutlicher Anstieg
beobachten, an einem anderen dagegen ein Rückgang der Scheitelhöhen. In
allen anderen Fällen ist keine Änderung im mittleren Verhalten zu erkennen.
Das bedeutet, daß nach den bisherigen Untersuchungen die Hochwasser nicht
höher eintreten als in früheren Jahren (s. dazu auch Bild 6.27).

Das „Magdalenenhochwasser" im Juli 1342 suchte ganz Mitteleuropa heim; die Ereignisse des August 2002 – als „Elbe-Donau-Hochwasser" bezeichnet – brachten große Schäden von Schottland bis zum Schwarzen Meer.

Naturereignisse wie Hochwasser können dort zu Katastrophen werden, wo sie Schäden verursachen. Für die Schäden sind die Menschen in großem Maße selbst verantwortlich. Die Besiedlung großer Überschwemmungsräume in Folge der wirtschaftlichen und bevölkerungspolitischen Entwicklung schaffte erst das Schadenspotential, das große Hochwasser zu Katastrophen macht. Die Schadensstatistiken der großen Versicherungen zeigen, daß Überschwemmungen in ihren Auswirkungen auf „Personen- und Sachschäden" weltweit bis Mitte der 80er Jahre mit einem Anteil von etwa 52 % weit vor anderen Naturereignissen, wie Erdbeben (17 %), Sturm (15 %), Dürre (7 %), Vulkanausbruch (3 %) und sonstigen Elementarereignissen (6 %) rangieren. Nach einer Zusammenstellung der Münchner Rückversicherung beliefen sich die (Gesamt-)Schäden durch Überschwemmungen in Deutschland im Januar 1995 und im April 1994 auf jeweils 500 Millionen DM.

Flußtäler waren seit jeher bedeutende Verkehrswege und damit Entwicklungsachsen. Dieser Infrastrukturvorteil hat dazu geführt, daß der Siedlungsdruck auf die Talräume sehr stark ist. Um Mobilität und Arbeitsplätze zu sichern, wurden Straßen angelegt und Bauland ausgewiesen. Selbst in Überschwemmungsgebieten wurden Verkehrswege, Wohn- und Gewerbegebiete errichtet. Steigt der Fluß nun über seine Ufer, verursacht er höhere Schäden pro Flächeneinheit. Wenn nach längerer hochwasserfreier Zeit das Wissen um die Gefahr in Vergessenheit geraten ist, entwickeln sich sehr schlecht angepaßte Nutzungen. Wird ein Gebiet durch Deiche geschützt, so nehmen die Bewohner häufig an, daß diese Gebiete absolut hochwassersicher seien. Sie müssen jedoch weiterhin als Überschwemmungsgebiete angesehen werden, da ihre Schutzanlagen nur auf einen beschränkten Abfluß bemessen sind. Bei einem Versagen des Hochwasserschutzes kommt es zu Schäden. Durch eine individuelle Vorsorge könnten solche Schäden wirksam begrenzt werden.

Die größten Schäden verursachen Hochwasser an privaten Wohngebäuden, öffentlichen Bauten und landwirtschaftlichen Betriebsgebäuden. Hinzu kommen Schäden an Infrastruktur, z. B. an Straßen und Brückenbauten, an nicht überbauten öffentlichen Flächen, wie Gärten und Parks, an landwirtschaftlich genutzten Flächen und an beweglichen Gütern.

Nach längerer Zeit ohne Extremereignisse geht mit dem Wissen um die Gefahr auch die Fähigkeit und Bereitschaft, sich ihr anzupassen, verloren.

BILD 6.27.
Die höchsten Abflüsse des Inn in Wasserburg in den 174 Jahren von 1827 bis 2000 und ihre Trendgerade. Diese zeigt nur einen ganz geringen, statistisch nicht signifikanten Anstieg, was bedeutet, dass hier keinerlei Änderung des mittleren Verhaltens des Hochwasserabflusses vorliegt. Datenquelle: Bayerisches Landesamt für Wasserwirtschaft

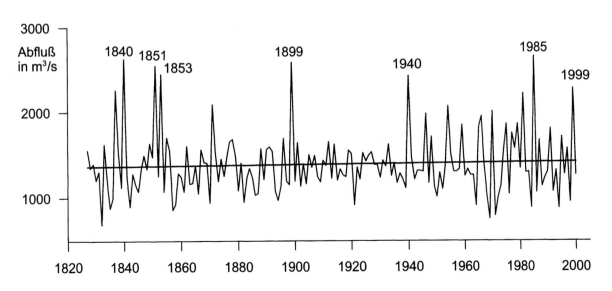

Die Schäden durch Hochwasser können gewaltige Ausmaße annehmen. So starben beim Oder-Hochwasser von 1997 100 Menschen. Der *gesamte materielle Schaden* belief sich auf etwa 5 Milliarden (Mrd.) Euro. Davon entstanden ~ 90 % in Polen und Tschechien. Auf Deutschland entfielen „nur" 330 Millionen (Mill.) Euro, worin die Kosten für die Hochwasserabwehr (z. B. Hilfskräfte wie die Bundeswehr) mit 150 Mill. Euro enthalten sind. Der *versicherte Schaden* in allen Ländern belief sich auf ~ 0,9 Mrd. Euro, in Deutschland auf 30 Mill. Euro. Die Hochwasserereignisse an Elbe und Donau mit allen Vor- und Nachbarereignissen im Sommer 2002 trafen vor allem Deutschland, Tschechien, Österreich, Ungarn und Italien mit 17 Todesopfern in Deutschland, 13 in Tschechien und 3 in Österreich. Der Gesamtschaden belief sich auf etwa 15 Mrd. Euro (davon Deutschland ~ 9, Tschechien ~ 3 und Österreich auch ~ 3 Mrd. Euro) bei einem versicherten Schaden von ~ 3 Mrd. Euro. Anhang D erlaubt es, diese Schäden in weltweitem Zusammenhang zu sehen.

Hochwasser gibt es auch in küstennahen Gebieten durch Sturmfluten. Das vom Wind gegen die Küste gedrückte Wasser staut sich bis zu vielen Metern über dem Normalstand auf, dringt in ungeschützten Gebieten ins Land ein oder zerstört die Deiche. Unvergessen ist die „Hamburger Sturmflutkatastrophe" von 1962. In der Nacht zum 17. Februar lag ein Sturmtief mit einem Kerndruck von 855 hPa über der mittleren Ostsee. Der dazugehörige Nordweststurm über der südlichen Nordsee und der Deutschen Bucht ließ das Wasser auf etwa 5 m über den Normalstand steigen. Die Elbdeiche brachen an vielen Stellen, 20 % des Hamburger Stadtgebietes wurden überflutet, 312 Menschen ertranken oder starben an Unterkühlung, 20 000 mussten evakuiert werden. Nach der Flut wurden die Deichanlagen mit einem enormen finanziellen Aufwand verstärkt, erhöht und teilweise ganz neu konzipiert.

6.4.3
BLIZZARDS

Als Blizzard bezeichnet man einen Schneesturm auf der Rückseite eines Mittelbreitentiefs, also im Zusammenhang mit der Kaltfront und der dahinter vordringenden Kaltluft. Er ist geprägt von tiefer Lufttemperatur und starkem Wind, wobei letzterer viel Schnee verfrachtet, der auch vom Boden aufgewirbelt sein kann. Der Wetterdienst der USA definiert

- als *Blizzard* eine Wettersituation mit tiefer Lufttemperatur, einer Windstärke von mindestens Bft. 7 und soviel Schnee in der Luft, dass die Sichtweite unter 150 m absinkt, und

- als *starken Blizzard* (severe blizzard) eine Situation mit einer Lufttemperatur unter –12 °C, einer Windstärke von mindestens Bft. 10 und einer durch Schnee verminderten Sichtweite, die gegen Null geht.

Bemerkt sei noch, dass das Wort Blizzard auch für die starken katabatischen Winde am Rande des Antarktischen Kontinents (kalte Fallwinde, die vom kalten antarktischen Plateau herunterstürzen) gebraucht wird. Bekannt ist das Buch von Sir Douglas Mawson (1915) mit dem Titel „Home of the Blizzard", in dem er seine Expedition in den Jahren 1911 bis 1914 beschreibt. An der festen Station dieses Unternehmens (Cape Denison, 67,9° S, 142,7° E) gab es in der 12-monatigen Messperiode von März 1912 bis Februar 1913 143 Tage mit einem Tagesmittel der Windstärke über 22,4 m s^{-1} und 63 Tage mit einem Tagesmittel von mehr als 26,8 m s^{-1}. Als höchstes Stundenmittel wurden 42,4 m s^{-1} gemessen. Diese von sehr häufigen und heftigen katabatischen Winden heimgesuchte Station ist wohl der stürmischste Ort der Erde.

Die Blizzards auf der Rückseite der Mittelbreitenzyklonen sind in Kanada und in den USA weitaus stärker als etwa in Europa. In Nordamerika kann sehr kalte polare Luft über die kalten Landmassen ungehindert durch Gebirge und nur wenig beeinflusst durch den Untergrund bis weit nach Süden vorstoßen. In Europa muss sie über den Golfstrom hinweg strömen und wird von unten erwärmt. So stammen auch die Berichte über intensive Blizzards vor allem aus Nordamerika.

Ein „Jahrhundert-Blizzard" suchte vom 12. bis 14. März 1993 den gesamten Osten der USA von Florida bis Maine heim (Forbes et al. 1993). Im Süden bildeten sich an der Kaltfront heftige Tornados. Im mittleren und nördlichen Teil fiel überall mehr als 30 cm Schnee, örtlich sogar mehr als 130 cm. Insgesamt waren (nach Forbes et al. 1993) mehr als 112 Tote zu beklagen, davon allein 26 in Florida durch Tornados und Überflutungen. Diesen Blizzard findet man auch in Tabelle 6.1, allerdings sind in der Quelle zu dieser Übersicht deutlich mehr Opfer angegeben als bei Forbes et al.

Wenn ein Blizzard abgezogen ist, bleiben die Verwüstungen, die Schneemassen und die eisige Kälte. Die Bilder 6.28a,b vermitteln einen Eindruck davon.

6.4.4
FRONTGEWITTER, GROSSE SCHNEEFÄLLE, RAUHFROST UND RAUHEIS

Die in den Abschnitten 6.4.1 bis 6.4.3 besprochenen, mit den Mittelbreitenzyklonen verbundenen Risiken Sturm, Hochwasser, Überflutungen und Blizzards sind noch um einige weitere zu ergänzen.

BILD 6.29.
Ein mit Schnee- und Eismassen belasteter Wald. Foto: H. Kraus

◄ **BILD 6.28.**
Nach einem Blizzard. **a** Nicht nur der Verkehr ist unterbrochen. Eis- und Schneemassen haben zu Bruch der Bäume in den Wäldern und zur Unterbrechung von Strom- und Telefonleitungen geführt. **b** Nach dem großen Blizzard vom 12. März 1888 im Osten der USA. Quelle: NOAA Photo Library *(www.photolib.noaa.gov)*

Frontgewitter. Vor allem die Kaltfronten – aber in manchen Fällen auch die Warmfronten – besitzen vielfach stark konvektiven Charakter. Das heißt, sie bestehen aus entlang der Front aufgereihten gewaltigen Konvektionszellen, von denen jede für sich einen Lokalen Sturm darstellt. Im Sinne von Abschn. 4.1.6 ist die betreffende Front ein Mesoskaliger Konvektiver Komplex (MCC), der als langgestrecktes Wolkenband ausgebildet erscheint. In solchen Fällen können alle die Gefahren auftreten, die wir in Kap. 4 über die Lokalen Stürme (Gewitter) besprochen haben. Wir erleben in Kaltfronten eingebettete Gewitter mit besonderer Stärke vor allem in der warmen Jahreszeit. Wintergewitter sind in Mitteleuropa nahezu immer an Kaltfronten gebunden.

Diese Lokalen Stürme innerhalb einer Front addieren sich zu dem großskaligen Sturmfeld der Mittelbreitenzyklone, in die die Front eingebettet ist. Ist der Sturm vor der Front bereits gewaltig, dann kann er mit der Front und insbesondere abhängig von den einzelnen konvektiven Zellen lokal noch weiter anwachsen. Dies war z. B. bei dem Wintersturm „Lothar" (s. Bild 6.17 und Tabelle 6.1) der Fall und wurde vor allem in der Schweiz beobachtet (Eidg. Forschungsanstalt WSL et al. 2001).

Große Schneefälle. In den Niederschlagsgebieten der Mittelbreitenzyklonen, also vor allem an den Fronten, kann es im Winter zu weiträumigen und intensiven Schneefällen kommen. Die mit diesen verbundenen Gefahren sind nicht nur Glätte und verminderte Sicht, die alle Arten von Verkehr behindern, sondern auch Lawinengefahr im Gebirge und Schneebruch in den Wäldern.

Rauhfrost und Rauheis. Zu Bruch von Ästen und Bäumen und übermäßiger Belastung von Freileitungen (z. B. Hochspannungsleitungen) kommt es, wenn sich große Mengen von Rauhfrost und Rauheis an Bäumen und Leitungen ablagern. Diese als Nebelfrost-Ablagerungen bekannten Erscheinungen entstehen durch Anwehen und sofortiges Gefrieren von Nebeltröpfchen an Hindernissen im Windfeld. Dabei bildet sich *Rauhfrost* als undurchsichtiges Eis von oft blättriger Struktur, wenn *kleine* Nebeltröpfchen angeweht werden. *Rauheis* ist halbdurchsichtig und entsteht, wenn die Tropfen größer sind. Die Belastung von Stromleitungen kann in Extremfällen 30 kg pro Meter Leitungslänge übersteigen. Bäume können unter den Eislasten zusammenbrechen. Die Gefahren wachsen noch, wenn starker Schneefall hinzukommt (Bild 6.29) und/oder der Winddruck eines Sturmes die Bäume dann mühelos bricht (Geiger 1961).

7

Risiken bei „friedlichem" Wetter

Der mit Rauch angereicherte Nebel, der die Hauptstadt (London) von Freitag, den 5. Dezember, bis Dienstag, den 9. Dezember 1952, einhüllte, brachte Tausenden von Menschen einen vorzeitigen Tod und Millionen Unbequemlichkeiten und Beschwerden. Es starben schätzungsweise 4000. Das Vieh in Smithfield – so berichtete die Presse – erstickte. Straßen-, Eisenbahn- und Luftverkehr kamen zu einem fast vollständigen Stillstand, und eine Aufführung des Sadler's Wells Theater mußte abgebrochen werden, als Nebel im Auditorium die Bedingungen für Zuschauer und Schauspieler untragbar machte.
(The Great Smog of 1952, Meteorological Office; *www.met-office.gov.uk*)

Nicht nur aus Stürmen und aus den mit ihnen eng verbundenen Erscheinungen erwachsen Gefahren. Auch wenn die Atmosphäre ganz friedlich erscheint, gibt es erhebliche Gefährdungen.

7.1
SCHWÜLE

Wie die Fische im Wasser, so leben wir in einem Ozean aus Luft. Alle Bestandteile der Luft beeinflussen unser Leben in irgendeiner Weise, nicht nur über die Atemwege. Der Wasserdampf, dessen Rolle im globalen Wasserhaushalt und Wasserkreislauf das Leben auf den Landmassen der Erde erst ermöglicht, besitzt auch einen direkten Einfluss auf das Wohlbefinden des Menschen, da dieser ja Teile seines Wärmehaushaltes über die Transpiration (Schwitzen) und die Verdunstung des transpirierten Wassers von der Körperoberfläche weg reguliert. Diese Verdunstung funktioniert umso besser, je größer das Wasserdampfgefälle zwischen der Körperoberfläche und der umgebenden Luft ist. Steigt nun der Wasserdampfgehalt der Luft stark an, dann verringert sich dieses Gefälle, und der Körper hat Schwierigkeiten mit der „Kühlmaschine Verdunstung": wir fühlen uns unwohl, weil wir auf diesem Wege die Wärme, die wir empfinden, nicht los werden. Wir sagen dann „es ist schwül". Schwüle wird in der Meteorologie über den in der Luft vorhandenen Wasserdampfdruck von 17 hPa (Hektopascal) bzw. dem damit eng verbundenem Taupunkt von 15 °C definiert. Bei diesen oder höheren Werten spricht man von *Schwüle*.

Im Vergleich mit den Riesenkräften, denen wir uns bei den verschiedenen Arten von Stürmen ausgesetzt sehen, erscheint die Schwüle als ein vernachlässigbares Problem. Ein gesunder und kräftiger Mensch mag das so empfinden, aber für viele bedeutet der Hitzestau im Körper eine deutliche Leistungsminderung, für Kranke sehr wohl auch eine ernsthafte Gefährdung. Schwüle ist eine regelmäßige Erscheinung in den Tropen und in tropennahen Gebieten, tritt aber auch in den Mittelbreiten auf, vor allem dann, wenn tropische oder subtropische maritime Luft dorthin transportiert wird.

7.2
GROSSE HITZE UND GROSSE KÄLTE

Der menschliche Körper mit seiner gleichmäßigen Temperatur von 37 °C (im gesunden Zustand) besitzt, wie auch alle Säugetiere, ein Thermoregulationssystem, um die Temperatur konstant zu halten. Er tut dies über den direkten Wärmeaustausch mit der umgebenden Luft, über Transpiration (Schwitzen) und Verdunstung des Wassers auf der Haut oder über eine Kontraktion bzw. Dilatation der Blutgefäße. Große Anforderungen an dieses System stellen natürlich sehr hohe oder sehr niedrige Lufttemperaturen und, wie oben schon erläutert, eine hohe Luftfeuchtigkeit. Die Wirkung von großer Hitze oder Kälte kann durch den Wind, der ja den Wärmeübergang zwischen der Umgebungsluft und dem Körper besorgt, verstärkt werden. Gefahren drohen immer dann, wenn man sich gegen diese äußeren Einflüsse nicht schützen kann (z. B. durch Kleidung oder eine entsprechende Behausung), wenn man dem Körper keinen „Brennstoff" (Nahrung) oder kein „Kühlmittel" (Flüssigkeit für die Transpiration) zuzuführen vermag oder wenn die Thermoregulation nicht richtig funktioniert (bei kranken oder alten Menschen).

Global gesehen treten die Gefahren durch große Hitze oder Kälte wieder in bestimmten Gebieten der Erde auf. Mit den Abkürzungen abs. Min. bzw. abs. Max. = absolute je erreichte tiefste oder höchste Lufttemperatur gilt die kurze Tabelle 7.1.

Gebiet/Ort	Monat der Extremwerte	Monatsmittel in °C	abs. Min. bzw. abs. Max. in °C
Antarktis, nahe dem Südpol	Juli	−68	−88
Sibirien, z. B. Werchojansk oder Oimjakon	Januar	−50	−70
Wüsten im Inneren Australiens	Januar	31	47
Wüste Sahara	Juli	36	55

TABELLE 7.1.
Tiefste und höchste Lufttemperaturen auf der Erde in 2 m Höhe über der Erdoberfläche

7.3
NEBEL

Eine andere aus dem Wasserdampf in der Atmosphäre resultierende Gefahr ist der Nebel: In der uns umgebenden Luft schweben auskondensierte winzige Tröpfchen oder Eiskristalle, so dass die horizontale Sichtweite unter 1 km fällt. Gefahren entstehen vor allem wegen der schlechten Sicht für das gesamte Verkehrswesen, also für Straßen-, Schienen-, Schiffs- und Flugverkehr.

Beim Nebel handelt es sich im Prinzip um die gleiche Erscheinung wie bei den Wolken, nämlich um eine Ansammlung von in der Luft schwebenden Wasser- und/oder Eisteilchen. Bei beiden Phänomenen ist Kondensation bzw. Sublimation des Wasserdampfes in dem Luftvolumen erfolgt, in dem wir die schlechte Sicht feststellen.

Von *Nebel* sprechen wir im Gegensatz zu Wolken, wenn diese Kondensation bzw. Sublimation in der Nähe der Erdoberfläche geschieht und dabei die horizontale Sichtweite unter 1 km absinkt. Sind es Eisteilchen, die diese geringe Sichtweite in Bodennähe bedingen, dann spricht man speziell von *Eisnebel*. Wird die Sicht durch Kondensationsprodukte (Wassertröpfchen oder Eisteilchen) herabgesetzt, bleibt aber dabei die Sichtweite größer als 1 km, dann spricht man von *feuchtem Dunst*. Sind es Staubteilchen, die die Sicht beschränken, dann spricht man von *trockenem Dunst*. Wenn wir im folgenden die verschiedenen Nebelarten besprechen, dann sehen wir, dass bei der Nebelbildung, also beim Kondensationsprozess in Bodennähe, immer spezielle Eigenschaften des Bodens (z. B. seine Temperatur, seine Energiebilanz, eine besondere Landschaftsform) mit im Spiel sind. Zum prinzipiellen Verständnis der Nebelbildung möge Bild 7.1 hilfreich sein. Drei grundlegende Prozesse führen zur Wasserdampfsättigung und folglich zur Kondensation:

I. *Abkühlung unter den Taupunkt* führt zu Bodennebel, Talnebel, Hochnebel, Warmluftnebel und Bergnebel,

II. *Wasserdampfanreicherung* führt zu Dampfnebel und Warmfrontnebel,

III. *Mischung* führt zu Mischungsnebel.

Die Legende zu Bild 7.1 gibt nähere Aufschlüsse.

I. Der Nebel entsteht durch Abkühlung

Bodennebel. Meist flache Nebelschichten, vielfach nicht höher als 1 bis 2 m, über ebenen Oberflächen wie Wiesen, Schneefeldern oder Talböden. Man beobachtet ihn bei windschwachem, wolkenarmem Wetter. Er entsteht oft schon bald nach Sonnenuntergang und löst sich

Nebeltröpfchen besitzen einen Durchmesser von 10 bis 20 μm. Ein dichter Nebel mit 100 m Sichtweite weist einen Wassergehalt von etwa 0,1 bis 0,2 g m^{-3} auf.

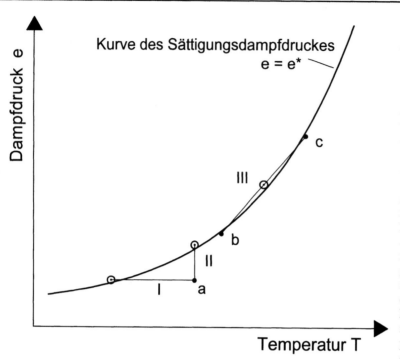

BILD 7.1.
Prinzipskizze zur Erläuterung der Nebelbildung. Das Diagramm erlaubt es, den Zustand eines Luftteilchens durch seine Feuchte e *(vertikale Achse)* und seine Temperatur T *(horizontale Achse)* zu kennzeichnen. Als Feuchtemaß wird hier der Dampfdruck e verwendet, das ist der Partialdruck (Anteil des Druckes), den der Wasserdampf zum Gesamtluftdruck beisteuert (s. auch Tabelle 2.1). Die dick ausgezogene Kurve gibt an, bei welcher Luftfeuchtigkeit (Dampfdruck) e in Abhängigkeit von der Temperatur Wasserdampfsättigung erreicht wird. Man nennt sie daher auch Kurve des Sättigungsdampfdrucks. Letzteren bezeichnet man mit e^*. Der Wasserdampfdruck kann also nicht über e^* hinaus ansteigen, wobei e^* eine exponentielle Abhängigkeit von der Temperatur aufweist. Zum Beispiel gilt $e^* = 6{,}11$ hPa bei $T = 0$ °C, $e^* = 12{,}3$ hPa bei $T = 10$ °C und $e^* = 23{,}4$ hPa bei $T = 20$ °C. Oberhalb der Kurve des Sättigungsdampfdrucks findet also Kondensation statt, falls ein Luftteilchen in diesen Bereich hinein gerät. Hier sind nun drei prinzipiell mögliche Prozesse (I, II und III) gekennzeichnet, wie Luftteilchen von einem Anfangszustand (dargestellt durch ●) unterhalb der Kurve des Sättigungsdampfdrucks zu dieser Kurve oder über sie hinaus (Endzustand dargestellt durch ⊙) kommen können. Das ist Prozess I durch Abkühlung vom Anfangszustand a aus, II durch Wasserdampfanreicherung vom Anfangszustand a aus und III durch Mischung der Luftteilchen b und c

nach Sonnenaufgang rasch auf. Dies zeigt seine enge Beziehung zur abendlichen und nächtlichen Abkühlung, wobei das Minimum der Temperatur direkt an der Erdoberfläche liegt und die Luftschichten in Bodennähe besonders stark betroffen sind. Da die Kühlung der Luft von unten hier die wesentliche Rolle spielt, entsteht Bodennebel prinzipiell über kaltem (im Vergleich zu der darüber liegenden Luft) Boden und so auch über schmelzenden Schneeflächen.

Talnebel. Täler sind bei windschwachem und wolkenarmem Wetter häufig bis zu einer bestimmten Höhe mit Nebel angefüllt, der bei größerer Dicke nicht immer am Talboden aufliegt. Hier führt die Abkühlung der Hänge durch die nächtliche langwellige Ausstrahlung zur Abkühlung der bodennächsten Luft, die damit kälter als die umgebende Luft in gleicher Höhe wird und nach unten zum Talboden hin fließt. Kalte Luft sammelt sich so am Boden der Hohlform, und bei entsprechender Abkühlung kommt es auch zur Kondensation. Die Luft des so entstehenden Kaltluftsees (Nebelsees) kann umso kälter werden, je schwächer der Wind weht und je mehr daher der turbulente Austausch mit der warmen Luft in der Höhe unterbunden ist. Um dieses Kapitel etwas zu illustrieren und um auch die faszinierenden, schönen Seiten des Phänomens Nebel zu zeigen, gewährt Bild 7.2 einen Blick auf den Talnebel, der am frühen Morgen ein Gebirgstal ausfüllt.

BILD 7.2.
Winterlicher Talnebel im Ötztal (Tirol,
Österreich). Der höchste Berg in der
Bildmitte ist die Ötztaler Wildspitze
(3704 m). Foto: H. Kraus

Hochnebel. Diese Nebelform tritt vor allem in winterlichen Hochdruckgebieten auf. Es handelt sich eigentlich um eine niedrige Schichtwolke (Stratus oder Stratocumulus), die aber hier mit aufgeführt wird, weil sie häufig ganz am Boden aufliegen kann oder bis unter Kirchturmhöhe hinunterreicht. Der Hochnebel kann bis über 1000 m dick werden, und es kann sogar Niederschlag aus ihm heraus fallen, meist in Form von Nieselregen oder Griesel; bei letzterem handelt es sich um ganz kleine Eiskörnchen. Im Hochnebel ist es kalt und feucht. Über dem Hochnebel herrscht warmes sonniges Wetter; das ist besonders eindrucksvoll im Gebirge, wenn man oberhalb von z. B. 1000 oder 1500 m warme Luft und strahlenden Sonnenschein genießen kann. Der Bildungsprozess ist äußerst komplex, die Abkühlung spielt aber die entscheidende Rolle.

Warmluftnebel. Nebel kann auch entstehen, wenn warme und feuchte Luft über einen kalten Untergrund strömt. Dies geschieht z. B. über Land nach einer winterlichen Kälteperiode, wenn warme Luft von Westen oder Südwesten einströmt, oder im Sommer über kalten Meeresgebieten. Im zweiten Fall bildet sich dann sehr dichter Seenebel. Auch der Neufundlandnebel entsteht auf diese Weise, wenn die warme und feuchte Luft vom Golfstrom über den kalten Labradorstrom weht.

Bergnebel. Das ist Nebel an Berghängen. Wir können auch sagen, es handelt sich um orographische Wolken (s. auch Abschn. 4.1.1), die den Erdboden berühren. Hier spielt die Abkühlung durch Druckerniedrigung beim dynamisch erzwungenen Aufsteigen der Luft an Hängen oder bei Hangauf- bzw. Talwinden die wesentliche Rolle. Dieser Effekt wurde bereits bei der Behandlung des adiabatischen Aufsteigens in den Abschnitten 2.6.2 und 2.6.3 erklärt.

II. Der Nebel entsteht durch Wasserdampfanreicherung

Dampfnebel. Man sieht häufig ein „Rauchen von Flüssen und Seen" im Winter. Im Sommer tritt der gleiche Effekt auch bei Seen nach dem Durchzug einer Kaltfront auf. Ebenso gibt es im Sommer ein „Rauchen der Wälder und Straßen" nach Niederschlägen. Der Boden bzw. die Wasseroberfläche sind dabei viel wärmer als die Luft darüber, so dass Abkühlung als Ursache ausscheidet. Der Nebel entsteht dadurch, dass die starke Verdunstung der vergleichsweise sehr warmen Flüsse, Seen, Wälder oder Straßen Wasserdampf in den unteren Luftschichten anreichert, der nach oben nicht weiter transportiert wird. Bei großen Seegebieten, deren Oberflächentemperatur deutlich höher ist als die der darüber hinweg wehenden Luft, kann diese Nebelart auch beachtliche Schichtdicken erreichen. Solch ein Nebel über einem großen Meeresgebiet gehört dann einer viel größeren Skala an als etwa der Dampfnebel über einem Fluss.

Warmfrontnebel. Bis sich beim Durchzug einer winterlichen Warmfront (warme Luft verdrängt kalte) die Warmluft in Bodennähe endgültig durchsetzt, dauert es bei kaltem Boden oft noch recht lange. Unter der in etwas höheren Luftschichten schon angekommenen recht feuchten und warmen Luft liegt dann ein Kaltluftrest, in den von oben durch turbulenten Austausch Wasserdampf hinein diffundiert und auch Niederschlag hinein fällt. Es findet so eine Anreicherung von Wasserdampf statt.

III. Der Nebel entsteht durch Mischung

Mischungsnebel. Es mischen sich verschieden temperierte Luftmassen, die beide relativ feucht, also schon nahe beim Sättigungszustand sind. Wie der Prozess III in Bild 7.1 zeigt, ist dies nur möglich, weil die Kurve des Sättigungsdampfdruckes eine positive Krümmung auf-

> Nebelgebiete besitzen vielfach sehr scharfe Grenzen: Der Autofahrer fährt oft ganz plötzlich wie durch eine Wand in ein Gebiet mit sehr geringer Sichtweite.

weist. Mischungsnebel in einer ganz kleinen Skala bildet sich auch in feuchten warmen Räumen (z. B. Bädern), wenn man die Fenster öffnet, so dass von draußen feuchte und viel kältere Luft einströmt und sich mit der warmen, fast gesättigten Luft des Raumes mischt.

Advektionsnebel. Dies ist eine weitere Art von Nebel. Er entsteht nicht, wo man ihn beobachtet, sondern wird durch eine Luftströmung in das Gebiet tranportiert, in dem er zur Gefahr wird. Es gibt viele Beispiele. So werden dicke Nebelbänke, die anderenorts entstehen, über Autobahnen adveiert, oder Seenebel wird aufs Land getrieben. Spektakulär kann der Einbruch von Nebel, der sich auf einem viele Kilometer entfernten Gelände bildet, auf einem Flughafen sein, wo er den Flugbetrieb stört.

Bei den Schäden, die unmittelbar mit dem Nebel zusammenhängen, fallen einem sofort die Massenkarambolagen auf den Autobahnen ein. Dabei sind oft weit mehr als 100 Fahrzeuge betroffen. Es gibt Tote und viele Schwerverletzte. Die Autobahn gleicht einem großen Trümmerfeld. Der Sachschaden, die Kosten für die Räumarbeiten und der Aufwand der Schadensregulierung summieren sich zu vielen Millionen Euro. Sicherheitsmaßnahmen haben dazu geführt, dass die Zahl der schweren Unfälle bei Nebel deutlich zurückgegangen ist. Waren (nach ADAC-Angaben) in Deutschland 1991 noch knapp 100 Verkehrstote auf schlechte Sichtverhältnisse zurückzuführen, zählen die Statistiken aus dem Jahre 2000 insgesamt 810 Verletzte und 28 Getötete.

7.4
GLÄTTE

Ein glatter Boden gefährdet die Fortbewegung, gleich ob zu Fuß oder mit Fahrzeugen, und führt zu Schäden, wenn die Bodenhaftung überschätzt wurde. Glatter Boden tritt besonders im Winter auf, wenn Schnee und Eis ihn wetterbedingt bedecken. Außer den Fußgängern leidet vor allem der Straßenverkehr, man spricht von Straßenglätte. Aber auch die Flughäfen haben ihre Nöte mit vereisten Start- und Landebahnen.
Man kann nicht alle *Formen von Glätte* über einen Kamm scheren. Sie sind unterschiedlich in ihrer Entstehung und auch in der Gefährdung, die von ihnen ausgeht. Deshalb werden sie hier erklärt und sollten auch im täglichen Umgang richtig auseinander gehalten werden.

Glatteis entsteht dadurch, dass Wassertröpfchen, die als Niederschlag aus der Atmosphäre heraus fallen, beim Auftreffen auf den Boden sofort gefrieren. Haben die Tröpfchen eine Temperatur von über 0 °C, dann muss die Temperatur der Bodenoberfläche unter 0 °C liegen.

Sind die Tropfen unterkühlt, so kann das Glatteis auch dann entstehen, wenn die Bodenoberflächentemperatur ursprünglich wenig über 0 °C liegt. Glatteis ist deshalb so gefährlich, weil sich auf der Fahrbahn ein gleichmäßiger, ununterbrochener, glatter Überzug bildet. Glatteis setzt stets Niederschlag in Form von Regen, Nieseln oder nässendem Nebel voraus.

Eisglätte entsteht dadurch, dass Wasser, das irgendwie auf den Boden gelangt ist, dort nicht sofort, sondern erst später gefriert. Es kann sich dabei z. B. um Regenwasserpfützen, verschüttetes Wasser, Tropfwasser von Dächern oder Dachrinnen, auf der Fahrbahn stehendes Wasser oder von der Seite zufließendes Schmelzwasser, anderes von der Seite kommendes Wasser (z. B. Überflutung) oder um Tau oder Beschlag handeln. Eisglätte kann genau so gefährlich wie Glatteis sein. Häufig ist die Gefahr aber geringer, da der Eisüberzug wegen seiner heterogenen Entstehung nicht so gleichmäßig ist, ja oft auch mit rauhen Stellen abwechselt.

Schneeglätte entsteht dadurch, dass Schnee festgefahren oder festgetreten wird. Ist dies noch nicht in hohem Maße der Fall, kann eine Schneedecke recht griffig sein. Ist sie aber stark komprimiert oder sogar etwas angetaut und dann wieder gefroren, dann kann Schneeglätte zu einer argen Behinderung werden.

Reifglätte entsteht durch Sublimation von Wasserdampf unmittelbar an der Oberfläche, wenn diese kälter als 0 °C ist. An der Oberfläche beobachtet man dann Reif, Reifbeschlag oder Rauhreif. Die Glätte nimmt in dem Maße zu, wie die Sublimationsprodukte festgetreten oder festgefahren werden.

7.5
Luftverunreinigungen, Smog

In Abschn. 2.1 war von der Zusammensetzung der Luft die Rede und auch davon, dass die Atmosphäre auch vom Boden aufgewirbelten Staub und auch feste und flüssige Teilchen sowie Gase, die aus Industrieprozessen stammen, enthält. Das Problem der Luftverunreinigung durch menschliche Aktivitäten betrifft nicht nur die Emission, sondern auch die Ausbreitung in der Atmospäre und die Wirkung auf Mensch, Tier- und Pflanzenwelt. Die Atmosphäre und somit das Wetter spielen hier den Mittler zwischen den Emittenten und den Geschädigten. Die Gefahr entsteht primär durch industrielle Prozesse, bei denen Gase und feste und flüssige Teilchen in die Atmosphäre gelangen. Dieses Thema ist extrem umfangreich. Es gehört direkt zu „Risiko Wetter", soll aber hier nicht vertieft werden. Das gilt auch für die Gase und Teilchen, die radioaktive Strahlung aussenden und von denen eine radioaktive Gefährdung ausgeht.

Wir wollen hier dennoch etwas ausführlicher auf den *Smog* eingehen. In diesem Begriff sind die beiden englischen Wörter „smoke" (Rauch) und „fog" (Nebel) zusammengezogen. Beim Smog handelt es sich um eine Lufttrübung, die nicht allein – wie beim Nebel oder dem feuchten Dunst (s. Abschn. 7.3) – durch kleine Wassertröpfchen bewirkt wird, sondern auch durch Rauch- und andere Schwebeteilchen unterschiedlicher, aber meist industrieller Herkunft. Eine Smogwetterlage ist eine spezielle Situation, in der die industriellen Luftverunreinigungen zwar in Bodennähe gut verteilt werden, aber nicht nach oben entweichen können, weil über bodennaher neutral geschichteter Luft (s. Abschn. 2.7) eine abgehobene Inversion (das ist eine Luftschicht, in der die Lufttemperatur mit der Höhe zunimmt, s. Abschn. 2.6.4) liegt. Eine solche Inversion bedeutet immer, dass in ihr die Schichtung absolut stabil ist und dass Luftteilchen weder von oben nach unten noch von unten nach oben durch sie hindurch ausgetauscht werden können. Liegt z. B. die Inversionsuntergrenze bei 500 m über dem Erdboden, dann bleiben alle Gase und Teilchen, die von Kraftfahrzeugen, Heizungsanlagen und Industriebetrieben emittiert werden, in dieser flachen Luftschicht gefangen und können nicht nach oben weg diffundieren. Selbst die hohen Schornsteine, deren Zweck es ist, die industriellen Luftverunreinigungen hoch über unseren Köpfen der Atmosphäre zur raschen Verteilung und Verdünnung zu überantworten, ragen nicht aus dieser Schicht heraus.

Da Smogwetterlagen typisch sind für stabile winterliche Hochdruckgebiete und so vielfach tagelang anhalten, sammeln sich große Mengen von Luftverunreinigungen in der bodennächsten Luft an. Einatmen dieser Luft bedeutet ein gesundheitliches Risiko. Erst aufkommender Wind sorgt wieder für eine hinreichende Durchmischung der Atmosphäre. In die verunreinigte Bodenluft wird dann von oben saubere Luft eingemischt und die ganze verunreinigte Luftmasse abtransportiert. In starken Smogsituationen sind selbst Stürme höchst willkommene Retter.

Gefährlich sind auch sommerliche Smogwetterlagen, die ebenfalls in windschwachen Hochdruckgebieten auftreten. Hier handelt es sich vor allem um *photochemischen Smog.* Dieser entsteht, wenn Stickoxyde, Kohlenmonoxyd und Kohlenwasserstoffe (z. B. aus den Abgasen des Straßenverkehrs) intensiver Sonneneinstrahlung ausgesetzt sind. Dabei bilden sich stark oxydierende Substanzen, besonders Ozon, und auch Schwebeteilchen, die die Luft trüben. Wie groß bei solchen Smogwetterlagen die gesundheitlichen Gefahren und Schäden sind, haben viele Situationen in der Vergangenheit gezeigt. Die

Smog tritt bei stabilen Hochdruckwetterlagen in der vielfach gut durchmischten Atmosphärischen Grenzschicht auf, wenn über dieser das „Dach" einer abgehobenen Inversion liegt.

heftigen Diskussionen, die in der warmen Jahreszeit bei uns um den Sommersmog und die damit verbundene Ozonbelastung geführt werden, zeigen, dass das Problem noch nicht gelöst ist.

Als besonders belastet durch Wintersmog galten seit Beginn der Industrialisierung die großen Industriestädte auf den Britischen Inseln, wobei natürlich auch die große Neigung zum Auftreten von Nebel dort eine Rolle spielt. Der Londoner Smog galt als ein besonderes Attribut dieser Stadt. Hier trat dann auch im Dezember 1952 der 5 Tage andauernde „große Smog von 1952" auf, auf den das Motto zu Kap. 7 schon hinweist. Die dabei geschätzten mehr als 4 000 Toten und die nicht bezifferbaren gesundheitlichen Schäden der gesamten Bevölkerung gaben dann Anlass zu einer strengen Gesetzgebung zur Vermeidung von Luftverunreinigungen (Clear Air Acts von 1954, 1956 und 1968). Solche Gesetze beinhalten aber immer lange Übergangsfristen. So entwickelte sich im Jahre 1962 wieder eine ähnlich kritische Smoglage mit 750 Toten. Dass sich die Situation in London bis heute deutlich verbessert hat, zeigt eine andere Zahl: bis zum Anfang des 1960er Jahrzehnts lag die Sonnenscheindauer im Winter in den stark belasteten Distrikten Londons um 30 % niedriger als in den die Stadt umgebenden ländlichen Gebieten; heute gibt es nur noch geringe Unterschiede.

 Der Atmosphäre innewohnende Energien

A.1
DEFINITIONEN, EINHEITEN UND UMRECHNUNGEN

Eine physikalische *Größe* bezeichnen wir durch ein Symbol (z. B. eine Geschwindigkeit durch $\bar{v}$ oder den Druck durch p). Quantitativ wird sie durch das Produkt *Zahlenwert × Einheit* angegeben (z. B. der Betrag der Geschwindigkeit $v = 10$ m s⁻¹ oder $p = 980$ hPa). Es gilt also generell:

Größe = Zahlenwert × Einheit

Bei den Einheiten hat man sich im Système International d'Unités (SI) auf bestimmte *Basiseinheiten* festgelegt. Dazu gehört z. B. das Meter (abgekürzt m) für die Länge, das Kilogramm (kg) für die Masse und die Sekunde (s) für die Zeit.

Kraft ist das Produkt *Masse × Beschleunigung*.
Krafteinheit im SI-System: kg m s⁻² = N. Der Buchstabe N steht für Newton.

Energie, auch mit Arbeit bezeichnet, ist das Produkt *Kraft × Weg*.
Energieeinheit im SI-System: kg m s⁻² m = Nm = J. Der Buchstabe J steht für Joule.
Hinter dieser Definition steht, dass Arbeit oder Energie aufgewendet wird, wenn eine Kraft über einen Weg wirkt.

Leistung ist *Energie/Zeit*.
Leistungseinheit im SI-System: J s⁻¹ = W. Der Buchstabe W steht für **W**att.

Energieflussdichte ist die Energie, die pro Zeiteinheit durch die Flächeneinheit fließt.
Einheit der Energieflussdichte im SI-System: J m⁻² s⁻¹ = W m⁻².

$$1\,\text{J} = 1\,\text{kg m}^2\,\text{s}^{-2} = 10^7\,\text{erg} = 0{,}2388\,\text{cal} = 1\,\text{Ws} = 2{,}7778 \cdot 10^{-4}\,\text{Wh}$$

$$1\,\text{cal} = 4{,}1868\,\text{J}$$

$$1\,\text{kWh} = 3{,}6 \cdot 10^6\,\text{Ws} = 3{,}6 \cdot 10^6\,\text{J} = 0{,}8598 \cdot 10^6\,\text{cal}$$

$1 \text{ t SKE} = 7 \cdot 10^9 \text{ cal} = 29{,}3076 \cdot 10^9 \text{ J}$ (die „Tonne Steinkohleneinheit" ist über einen Heizwert von Steinkohle von genau 7 000 kcal kg^{-1} definiert)

$1 \text{ W} = 1 \text{ J s}^{-1} = 1{,}3596 \cdot 10^{-3} \text{ PS}$ (die Leistungs-Einheit PS = „Pferdestärke" ist über $1 \text{ PS} = 75 \text{ m kp s}^{-1} = 735{,}49875 \text{ W}$ definiert)

$1 \text{ W m}^{-2} = 1{,}4331 \cdot 10^{-3} \text{ cal cm}^{-2} \text{ min}^{-1}$

$1 \text{ cal cm}^{-2} \text{ min}^{-1} = 697{,}80 \text{ W m}^{-2}$

Die Einheiten cal (Kalorie) und erg sind alte Nicht-SI-Einheiten.

A.2
LEISTUNG

Hier werden einige Beispiele aufgeführt, um ein Gefühl für die Größenordnung der Leistung in unterschiedlichen Prozessen zu vermitteln ($1 \text{ Megawatt} = 1 \text{ MW} = 10^6 \text{ W}$, $1 \text{ Terawatt} = 1 \text{ TW} = 10^{12} \text{ W}$):

Singvogel im Steigflug	1	W	
Energiesparlampe	10	W	
Glühlampe	60	W	
Wärmeabgabe eines Menschen	100	W	
elektrischer Heizofen	2	kW	
Heizungsanlage Einfamilienhaus	40	kW	
Mittelklassewagen	80	kW	(≈ 110 PS)
Hochleistungs-Elektrolok	6	MW	($\approx 8\,000$ PS)
startendes Großflugzeug (350 t)	50	MW	($\approx 70\,000$ PS)
einzelner Windkonverter	0,1–1,5	MW	
Solarenergiekraftwerk	10	MW	(größtes in Planung 50 MW)
Kohle- oder Kernkraftwerk	1 000	MW	
ges. installierte Windkonverterleistung BRD	9 000	MW	(installiert bis 31. 12. 2001)

Die hier angegebene „installierte" Windkonverterleistung wird nur bei optimalen Windverhältnissen erreicht. Wegen der vielen Zeiten mit Flauten oder schwächeren Winden ergibt sich als mittlere Leistung über eine längere Zeit nur etwa 20 % der installierten Leistung. Bei Kernkraftwerken, die ja die Grundlast bewältigen, ergibt sich als mittlere Leistung etwa 90 % der installierten Leistung. Die gesamte mittlere Leistung (über eine längere Zeit) sämtlicher bisher installierten Windkonverter ist also etwa so groß wie die von zwei Kernkraftwerken.

Primärenergieverbrauch 1998:	BRD	0,5 TW
	USA	3 TW
	Welt	14 TW

Jahresmittel des gesamten durch Atmosphäre und Ozean geleisteten Transportes von in den Tropen an-
fallender Überschussenergie nach Norden durch einen Breitenwall bei 35° N, das ist die über die gesamte
Breitenzone zwischen Äquator und dieser Breite integrierte extraterrestrische Strahlungsbilanz (s. dazu
auch Bild 3.4): $5{,}6 \cdot 10^{15}$ W = 5 600 TW

Transportleistung einer großen Mittelbreitenzyklone: 500 TW

A.3
ENERGIE

Heizwert von 1 kg Steinkohle = 7 000 kcal =	8,1 kWh	(= $2{,}9 \cdot 10^7$ J)
Heizwert (Brennwert) von 1 l Benzin:	12 kWh	(= $4{,}3 \cdot 10^7$ J)
Jährl. Verbrauch, Strom, Einfamilienhaus:	3 500 kWh	(= $1{,}3 \cdot 10^{10}$ J)
Jährl. Verbrauch, Heizung + Warmwasser, Einfamilienhaus:	25 000 kWh	(= $9{,}0 \cdot 10^{10}$ J)
Jährl. Verbrauch Kfz (jährl. Fahrstrecke 15 000 km):	15 000 kWh	(= $5{,}4 \cdot 10^{10}$ J)

A.4
ENERGIEFLUSSDICHTEN

Gesamtausstrahlung der Sonne: $4\pi R_\odot^2 \sigma T_\odot^4 = 3{,}86 \cdot 10^{26}$ W mit
  $R_\odot$ = Radius der Sonne = $6{,}96 \cdot 10^8$ m,
  σ = Stefan-Boltzmann-Konstante,
  $T_\odot$ = effektive Strahlungstemperatur der Sonne = 5 783 K.

Davon kommen an der Erde extraterrestrisch $I_K \pi R_{\text{Erde}}^2 = 1{,}75 \cdot 10^{17}$ W an mit
  R_{Erde} = mittlerer Erdradius = $6{,}371 \cdot 10^6$ m,
  I_K = Solarkonstante = 1 373 W m^{-2}.

Ausstrahlung der Sonne = $\sigma T_\odot^4 = 6{,}34 \cdot 10^7$ W m^{-2}

Langzeitliche und globale Mittelwerte:
Solarkonstante I_K =	1 373 W m^{-2}
extraterrestrisch ankommende solare Strahlung = $I_K/4$ =	343 W m^{-2}
extraterrestrische solare Strahlungsbilanz = $0{,}7 I_K/4$ =	240 W m^{-2}
Strahlungsbilanz an der Erdoberfläche:	96 W m^{-2}
Dissipation kinetischer Energie in der Atmosphäre:	2 W m^{-2}

Jahresmittelwerte der Globalstrahlung (= gesamte solare Strahlung von oben) am Erdboden:
global gemittelt:	168 W m^{-2}
in Mitteleuropa:	130 W m^{-2}
in Spanien:	200 W m^{-2}
in der Sahara:	280 W m^{-2}

A.5
IN DER ATMOSPHÄRE ENTHALTENE ENERGIEN (GROBE ABSCHÄTZUNGEN)

Mit

V = Windstärke,
ρ = Luftdichte,
q = spezifische Feuchte der Luft,
c_p = spezifische Wärme der Luft bei konstantem Druck = $1\,004\,\mathrm{J\,kg^{-1}\,K^{-1}}$,
L = Verdampfungswärme des Wassers = $2{,}5 \cdot 10^6\,\mathrm{J\,kg^{-1}}$,
ΔT = Temperaturdifferenz

gilt:

Kinetische Energie pro Volumeinheit bei $V = 10\,\mathrm{m\,s^{-1}}$:

$$\rho V^2/2 = 1\,\mathrm{kg\,m^{-3}} \cdot 50\,\mathrm{m^2\,s^{-2}} = 50\,\mathrm{J\,m^{-3}}$$

Latente Wärme des Wasserdampfes bei $q = 10 \cdot 10^{-3}$:

$$\rho L q = 2{,}5 \cdot 10^4\,\mathrm{J\,m^{-3}}$$

Fühlbare Wärme pro Volumeinheit pro 10 °C Erwärmung:

$$\rho c_p \Delta T = 1{,}0 \cdot 10^4\,\mathrm{J\,m^{-3}}$$

Kinetische Energie pro Flächeneinheit für die gesamte Troposphäre mit einer Normhöhe $H = 10$ km bei $V = 10\,\mathrm{m\,s^{-1}}$ und einer mittleren Dichte von $0{,}7\,\mathrm{kg\,m^{-3}}$:

$$\rho V^2/2H = 3{,}5 \cdot 10^5\,\mathrm{J\,m^{-2}}$$

Die Energie eines großen Gewitters (engl.: severe local storm) mit einem Durchmesser von z. B. 25 km und somit einer horizontalen Fläche $F = 5 \cdot 10^8\,\mathrm{m^2}$ sei hier über die dominierende Rolle der latenten Wärme des Wasserdampfes abgeschätzt: Da es bei weitem nicht überall auf dieser großen Fläche regnet, nehmen wir an, dass die Niederschlagsintensität N auf 1/10 der Fläche $N = 10\,\mathrm{mm\,h^{-1}} = 10\,\mathrm{l\,m^{-2}\,h^{-1}}$ $\hat{=} 10\,\mathrm{kg\,m^{-2}\,h^{-1}}$ beträgt. Dies führt zu einer *Leistung* (des Gewitters) von

$$LNF/10 = 2{,}5 \cdot 10^6 \cdot 10 \cdot 5 \cdot 10^7\,\mathrm{J\,h^{-1}} = 1{,}25 \cdot 10^{15}\,\mathrm{J\,h^{-1}} = \mathbf{3{,}5 \cdot 10^{11}\,W}$$

Dauert dieser Gewitterprozess 1 h (10 h) an, wobei der „Sturm" meist weiterzieht, so errechnet sich eine insgesamt umgesetzte **Energie** von $1{,}25 \cdot 10^{15}\,\mathrm{J}$ ($1{,}25 \cdot 10^{16}\,\mathrm{J}$).

Bei der Entwicklung eines Sturmes wird verfügbare potentielle Energie, die letzten Endes durch die Strahlung bereitgestellt wird, in kinetische Energie der mittleren und der turbulenten Strömung umgewandelt. Zudem spielt die frei werdende Kondensationswärme eine dominierende Rolle. Dies ist ein Prozess, den man – wie beim Gewitter – besser durch die „Leistung" des Sturmes (also in W) als durch einen „Energieinhalt" (in J) ausdrückt.

Die in der Atmosphäre enthaltenen Energien werden häufig mit der bei der Explosion einer herkömmlichen oder einer atomaren Bombe frei werdenden Energie verglichen. Dazu werden dann „Energiemaße" wie „t TNT" = „Tonnen Trinitrotoluol" oder „Nominalbombe" verwendet. Diese sind wie folgt definiert: Die vollständige Spaltung eines kg Uran-235 liefert $20 \cdot 10^9$ kcal. Wird diese Menge Uran in einer Bombe effektiv gespalten, so spricht man von einer Nominalbombe. Sie entspricht der Energiemenge, die bei der Explosion von 20 000 t TNT frei wird. Es gilt also:

$$1 \text{ Nominalbombe} \; \hat{=} \; 20\,000 \text{ t TNT} \; \hat{=} \; 20 \cdot 10^9 \text{ kcal} = 8{,}3736 \cdot 10^{13} \text{ J}$$
$$1 \text{ t TNT} \; \hat{=} \; 1 \cdot 10^6 \text{ kcal} = 4{,}1868 \cdot 10^9 \text{ J}$$
$$1 \text{ Wasserstoffbombe} \; \hat{=} \; 1 \cdot 10^8 \text{ t TNT} \; \hat{=} \; 5\,000 \text{ Nominalbomben} \; \hat{=} \; 4 \cdot 10^{17} \text{ J}$$

Die oben abgeschätzte Energie des 10 h andauernden wandernden Gewitterprozesses von etwa $1 \cdot 10^{16}$ J entspricht also etwa 100 Nominalbomben.

Der „Inhalt" an kinetischer Energie einer Zyklone mit einem Durchmesser von 2 000 km (Fläche $F = 3 \cdot 10^{12}$ m^2) beträgt mit obigem Wert von $3{,}5 \cdot 10^5$ J m^{-2} (bei dem überall eine Windgeschwindigkeit von „nur" 10 m s^{-1} angenommen wurde) etwa $1 \cdot 10^{18}$ J. Der „Inhalt" an latenter Wärme des Wasserdampfes ist um mehrere Zehnerpotenzen größer. Der Energieinhalt (oder besser die Energieumsätze in einem solchen Sturm im Laufe seiner Lebensdauer) sind also sehr groß selbst im Vergleich mit einer Wasserstoffbombe. Allerdings darf man nie vergessen, dass diese verschiedenen Energien auf sehr unterschiedlichen Raum- und Zeitskalen frei werden. Deshalb ist bei vielen atmosphärischen Betrachtungen eine Angabe der Leistung in J s^{-1} = W oder der Leistungsdichte = Energieflussdichte in W m^{-2} oder der Energiedichte in J m^{-2} besser als eine Angabe der Energie in J.

B Unterschiedliche Angabe von Windstärken

Die Angabe von Windstärken z. B. in der Wettervorhersage oder in Medienberichten erfolgt auf sehr unterschiedliche Weise, was oftmals verwirrend ist. In der Beaufort-Skala werden 10 min-Mittel der Windstärke den einzelnen Beaufort-Graden zugeordnet, siehe dazu Tabelle 2.2. So enthalten auch die Stationseintragungen in der Bodenwetterkarte die beobachteten 10 min-Mittel. Innerhalb dieser 10 min lassen sich auch 1 min-Mittel bilden, wobei das größte 1 min-Mittel innerhalb des betreffenden 10 min-Intervalles bei böigem Wind immer größer als das 10 min-Mittel ist. In Kap. 5 über die Tropischen Zyklonen werden meist die größten 1 min-Mittel angegeben. Betrachtet man innerhalb des 10 min-Intervalles die Windstärke in einer noch

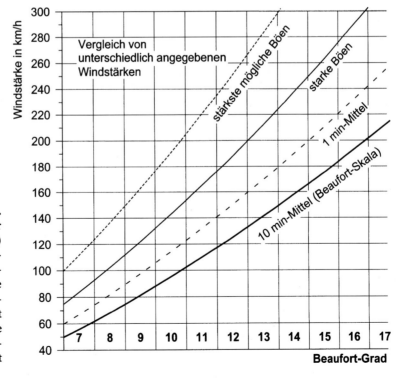

BILD B.1.
Vergleich von in unterschiedlicher Weise (unterschiedliche Zeitskala) angegebenen Windstärken in Abhängigkeit vom Beaufort-Grad. Die Kurve „10 min-Mittel" repräsentiert die Beaufort-Skala, die 10 min-Mittelwerte v_{Bft} angibt. Als „1 min-Mittel" ist hier eine Kurve für 1,2 v_{Bft}, als „starke Böen" 1,5 v_{Bft} und als „stärkste mögliche Böen" 2 v_{Bft} gezeichnet

kleineren Zeitskala, dann kommt man zu den kurzzeitigen Windstößen, den Böen. Diese sind noch größer als das größte 1 min-Mittel innerhalb des betreffenden Intervalls.

Natürlich hängen die Verhältnisse, um wieviel das größte 1 min-
Mittel das 10 min-Mittel oder um wieviel die stärkste Bö das größte
1 min-Mittel übersteigt, sehr davon ab, wie böig der Wind, d. h., wie
turbulent die Strömung ist oder wieviel Turbulenz-Energie in der
Strömung erzeugt wird. Deshalb können wir hier nur ganz grobe
Angaben machen, und wir tun dies über drei einfache Faktoren. Ein
bestimmter Beaufort-Grad ist einem bestimmten Bereich des 10 min-
Mittels der Windstärke (wir bezeichnen diese Windstärke mit v_{Bft})
zugeordnet. Diese Zuordnung zeigt Tabelle 2.2. Als größtes 1 min-
Mittel kann man dann mit Werten von $1{,}2\,v_{Bft}$ rechnen; es sind starke
Böen von $1{,}5\,v_{Bft}$ möglich, und es kann maximale Böen von $2\,v_{Bft}$ ge-
ben. Diese einfachen Zusammenhänge sind in Bild B.1 dargestellt.

Bei einer exakten Angabe müssen nun auch noch die Raumskalen
beachtet werden. Ein Sturm wütet nicht überall gleich stark, zudem
sind die Windstärken im Flachland durchwegs geringer als auf Berg-
stationen. Beispiel: Bei einem Sturmtief über der Nordsee erreicht das
10 min-Mittel der Windstärke über der Nordsee Bft 11 (orkanartiger
Sturm), über dem Festland nahe der Küste Bft 10 (schwerer Sturm)
und weiter landeinwärts Bft 9 (Sturm). Bei Bft 9 im Landesinneren –
das bedeutet 10 min-Mittel bis fast 90 km h^{-1} – gibt es aber eine Reihe „starker Böen" bis 130 km h^{-1} und als „stärkste mögliche Bö" auch
Werte bis fast 180 km h^{-1}. Gibt man bei diesem Sturm, um diesen zu
kennzeichnen, nur die stärksten Böen an (eventuell sogar die auf
Mittelgebirgs-Gipfeln beobachteten) und rechnet diese Zahlenanga-
be mit der Beaufort-Skala auf einen Beaufort-Grad um, so verletzt dieses Vorgehen die Definition der Beaufort-Skala. Damit würde auch
jeder Sturm zum Orkan.

Hochwasserschäden weltweit von 1993 bis 2002

In vielen Teilen der Erde führen räumlich weit ausgedehnte flutartige Niederschläge zu Hochwasser der Flüsse und zu gewaltigen Überschwemmungen. Die zu beklagenden Opfer und Schäden sind oft groß. In Tabelle C.1 sind alle Hochwasserereignisse weltweit zusammengestellt, die in den Jahren 1993 bis 2002 volkswirtschaftliche Schäden von 0,5 Milliarden US-$ und mehr verursacht haben.

Flutschäden durch Tropische Zyklonen sind in dieser Auflistung nicht enthalten, weil diese vielfach bei den Schäden mitbetrachtet werden, die der betreffende Sturm insgesamt verursacht.

In Tabelle C.1 werden teilweise recht große Zeiträume für ein Ereignis angegeben. Das liegt daran, dass es in vielen Fällen eine länger anhaltende Wetterlage gibt, die weiträumige starke Niederschläge mit sich bringt. Die einzelnen Niederschlagsgebiete lassen sich über Wege von mehr als 1 000 km verfolgen. Zeitlich gesehen sorgen oft die zuerst fallenden Niederschläge für eine Auffüllung der Reservoirs in Boden, Flüssen und Seen als Voraussetzung dafür, dass die später fallenden die Gewässer über die Ufer treten lassen. Eine Aufteilung in mehrere verschiedene Ereignisse ist aus diesen Gründen schwierig. Die Ereignisse vom Sommer 2002 – als Elbe-Donau Hochwasser bezeichnet, weil im Bereich dieser beiden Ströme die größten Schäden auftraten – brachte Schäden in großen Teilen Europas, so auch in Schottland, Spanien und am Schwarzen Meer. Von den 106 in der Tabelle genannten Toten starben 50 Menschen am Schwarzen Meer bei gewaltigen Gewitter-Niederschlägen, die dort im Zusammenhang mit der gleichen Zyklone auftraten, die am 12./13. 08. den Regen in den Einzugsgebieten von Elbe und Donau verursachte. Das Ereignis vom 31. 07. bis 26. 08. 2002 umfaßte so nicht nur einen großen Zeitraum, sondern auch ein großes Gebiet.

Die in der Tabelle genannten Schadensummen sind Schätzwerte. Sie können je nach Schätzer stark variieren, oft um mehrere 100 Millionen US-$. In allen Fällen ist die Zahl der Opfer und der Gesamtschaden des oft weite Gebiete und mehrere Länder umfassenden Ereignisses angegeben.

TABELLE C.1. Hochwasser (weltweit von 1993 bis 2002), die volkswirtschaftliche Schäden von 0,5 Milliarden US-$ (nicht inflationsbereinigt) und mehr verursacht haben. Flutschäden durch Tropische Zyklonen sind in der Auflistung nicht enthalten. Die Spalte „Schaden" enthält die gesamten bei dem betreffenden, u. U. länderübergreifenden Ereignis entstandenen volkswirtschaftlichen Schäden. Quelle: Swiss Re

Zeitraum		Schaden in Mrd. US-$	Länder	Regionen/Flüsse	Tote
1993	25.02.–28.02.	1	Iran		500
	01.05.–11.05.	0,5	Argentinien	Buenos Aires	–
	01.06.–10.08.	12	USA	Mississippi	45
	01.06.–31.08.	6,1	China		1 000
	11.09.–15.09.	0,5	Indien	Uttar Pradesh, Bengalen	260
	22.09.–25.09.	0,7	I, CH, F	Genua, Brig, Marseille	18
	10.12.–31.12.	0,9	F, D, NL, B	Rhein, Maas	10
1994	07.01.–12.01.	1,9	UK, F, D, I, CH		9
	16.06.–24.06.	4	China		750
	21.07.–23.07.	1,8	China, Hongkong		100
	04.11.–07.11.	9,3	I, F, E		73
1995	21.01.–02.02.	3	B, D, F, CH, NL, PL	Rhein	37
	31.07.–18.08.	15	Nordkorea		68
1996	13.06.–02.07.	1,2	Jemen		338
	30.06.–26.07.	11,3	China	Jangtse	1 500
	18.07.–25.07.	0,7	Kanada	Quebec	10
	26.07.–29.07.	2,2	Korea		260
	01.08.–14.08.	6,3	China	Hwangho, Jangtse	1 200
	20.12.–22.12.	0,6	Spanien	Andalusien	–
	26.12.–31.12.	1,5	USA	WA, OR, NV	28
1997	04.03.–06.03.	0,5	USA	Ohio	31
	17.04.–07.05.	1,2	USA, Kanada	Red River	3
	30.06.–01.08.	1,3	China		420
	04.07.–09.08.	5	PL, CZ, D	Oder	100
1998	11.04.–08.05.	3,2	Argentinien, Peru		370
	01.07.–30.08.	30	China	Jangtse	3 700
	04.07.–25.08.	4,7	Indien		3 000
	12.09.–14.09.	0,5	B, NL		1
	20.09.–19.10.	0,5	Indien	Andhra Pradesh, Hyderabad	230
1999	11.05.–30.06.	0,8	CH, D, A	Alpen	6
	16.06.–21.07.	3,4	China	Jangtse	725
	15.12.–19.12.	10	Venezuela		20 000
2000	06.02.–28.03.	0,5	Mosambik		919
	29.08.–11.10.	0,6	Indien	Bengalen, Bihar	1 200
	10.09.–17.09.	7,4	Japan	Nagoya	18
	14.10.–23.10.	5,4	I, CH, F	Po	37
	29.10.–10.11.	4,5	UK, IRE, F, B		16
	17.11.–22.11.	0,6	Australien	New South Wales	–
2002	09.06.–27.06.	3,1	China		453
	30.06.–07.07.	1	USA		9
	31.07.–26.08.	15	D, CZ, A	Elbe, Donau	106
	05.08.–20.08.	2,2	China		108

D „Wetterversicherungen"

In der Einleitung wird das Wort „Risiko" erläutert und seine Bedeutung im Sinne von „Gefahr" hervorgehoben. So ist in diesem Buch mit dem Titel „Risiko Wetter" durchwegs die Rede von gefährlichem Wetter oder von atmosphärischen Gefahren vor allem durch extreme Ereignisse wie gewaltige Stürme, flutartige Niederschläge, grimmige Kälte oder große Hitze. Aber das Wetter birgt allein durch seine Variabilität weit unterhalb extremer Schwankungen Risiken im Sinne von Verlustmöglichkeiten oder Erfolgsunsicherheiten. Zum Beispiel schmälert ein etwas zu kühler Sommer den Erfolg der Getränkeindustrie, eine Serie verregneter Wochenenden die Geschäfte der Ausflugslokale, ein zu warmer Winter den Absatz der Energiekonzerne und ein schneearmer Winter den Umsatz des alpinen Fremdenverkehrs. Die natürlichen Schwankungen von Wetter und Witterung stellen so Risiken im Sinne geschäftlicher Unsicherheiten vieler Wirtschaftszweige dar. Diese Risiken liegen allerdings in einer viel größeren Zeitskala als die Gefahren der extremen Wettererscheinungen, die in den Kapiteln 4 bis 6 beschrieben wurden. Sie erstrecken sich über eine ganze Jahreszeit, während z. B. eine Gewitterbö oder ein Tornado in einer Zeitskala von Minuten, eine Mittelbreitensturmzyklone in einer Skala von Stunden bis Tagen große Schäden verursachen kann.

Es gibt eine Reihe von Gesellschaften (vor allem Banken und große Versicherungskonzerne; im folgenden nennen wir diese einfach Bank), bei denen man solche Risiken der größeren Zeitskala (also z. B. zu warme oder zu kalte Winter) durch den Abschluss von „Wetterversicherungen", in der Fachsprache Wetterderivate genannt, absichern kann. Das sind Verträge zwischen der Bank und dem Kunden, die wettersensiblen Branchen eine wetterunabhängige Ergebnisstabilisierung ermöglichen. Kunden sind vielfach große Firmen (z. B. Energieversorger), bei denen es um sehr viel Geld geht.

Das Wort Derivat stellt die Verbindung zu den Finanzderivaten her, die auf handelbaren Werten wie Aktienkursen, Aktienindizes oder Wechselkursen basieren. Finanzderivate dienen der Absicherung dieser Werte. Wetterderivate basieren auf Wetterdaten, die Wetterzustände, Wetterentwicklungen und Wetterereignisse widerspiegeln. Sie dienen der Absicherung von geschäftlichen Risiken, die sich aus aktuellen Abweichungen dieser Daten von Erwartungswerten (Mittelwerten) oder auch anderen im Vertrag festzulegenden Schwellenwerten ergeben. Die Gewinne der Bank bzw. die an den Kunden zu zahlenden Geldbeträge von Finanzderivaten hängen von der zeitlichen Entwicklung der oben genannten Werte (Aktienkurse, Devisenkurse etc.) ab, die von Wetterderivaten von der Wetterentwicklung. Bei den Wetterderivaten wird also nicht ein bestimmter festzustellender Schaden (wie z. B. bei der Sturm- oder Hagelversicherung), sondern die Entwicklung im Wettergeschehen abgesichert, wobei es unerheblich ist, ob ein Schaden eintritt oder nicht.

Wetterderivate sind also keine Versicherungen im üblichen Sinne. Deshalb steht das Wort in der Überschrift zu diesem Kapitel auch in Anführungszeichen. Eine Versicherung verlangt, dass ein Schaden vorgewiesen wird, der dann vom Versicherer entsprechend der Art des abgeschlossenen Vertrages auszugleichen ist.

Ein Wetterderivat ist ein Vertrag zwischen zwei Partnern (z. B. Bank und Kunde), der einen Zahlungsaustausch zwischen ihnen festlegt, welcher von den Wetterbedingungen in der Vertragsperiode abhängt. Dieser Vertrag dient üblicherweise dem Schutz des Kunden gegen Unsicherheiten des Wetters, kann aber auch, wie Finanzderivate, zu Spekulationszwecken eingesetzt werden.

Es gibt 3 Arten von Wetterderivaten, in der Fachsprache der Finanzwelt *Call*, *Put* und *Swap* genannt (Zeng 2000).

1. *Call:*

Der Kunde zahlt eine Prämie P, um das Risiko, dass ein **Wetter**element W (z. B. Lufttemperatur, Windgeschwindigkeit oder Niederschlag) in einem bestimmten Zeitintervall (das ist die Vertragsperiode) einen bestimmten Schwellenwert S, *Strike* genannt, **über**schreitet, abzusichern. Zum Beispiel will der Kunde das Risiko absichern, dass es in der Vertragsperiode, z. B. in den Monaten Juni, Juli, August, überdurchschnittlich viel Niederschlag gibt. Dann wäre W die aktuelle Niederschlagssumme in dieser Zeit und S ihr langjähriger Mittelwert oder ein anderer festzulegender Vergleichswert. Wenn in der Vertragsperiode $W > S$ ist, zahlt die Bank dem Kunden eine Leistung $L = k(W - S)$. Der Faktor k, *Tick* genannt, ist eine bei Vertragsabschluss zu vereinbarende Größe. In unserem Beispiel sagt sie aus, wieviel Euro oder Dollar pro mm Niederschlagsüberschuss der Kunde erhält. Es gibt auch die Möglichkeit, dass der Vertrag eine feste Leistung L_0 vorsieht, wenn $W > S$ ist.

2. *Put:*

Diese Art eines Wetterderivats ist im Prinzip genauso definiert wie der Call, nur wird hierbei das **Unter**schreiten eines Schwellenwertes abgesichert. Zum Beispiel kann der Kunde das Risiko absichern, dass in der Vertragsperiode, z. B. Dezember, Januar, Februar, unterdurchschnittlich wenig Schnee liegt und somit der Ertrag aus der Skisaison beeinträchtigt wird. Dann wäre W die aktuelle mittlere Schneehöhe in dieser Zeit und S ihr langjähriger Mittelwert oder ein anderer festzulegender Vergleichswert. Wenn in der Vertragsperiode $W < S$ ist, zahlt die Bank dem Kunden eine Leistung $L = k(S - W)$. Auch hier gibt es die Möglichkeit, dass der Vertrag eine feste Leistung L_0 vorsieht, wenn $W < S$ ist.

3. *Swap:*

Eine dritte Art ist die, dass von vornherein keine Prämie gezahlt wird, dass aber nach der Vertragsperiode, wenn man weiß, wie das Wetterelement W sich gestaltet hat, entweder der Kunde einen der Differenz zwischen W und S proportionalen Betrag von der Bank erhält oder aber der Kunde einen solchen Betrag an die Bank zahlen muss. (Was bei den Wetterderivaten *Swap* genannt wird, heißt bei den Finanzderivaten *Future* oder *Forward*).

Der Schwellenwert oder *Strike S* muss, wie oben bereits angedeutet, nicht ein bestimmter Mittelwert der betreffenden Wettergröße sein. Im Prinzip kann S von den Vertragspartnern im Rahmen des Sinnvollen beliebig festgelegt werden. So besteht die Möglichkeit, dass sich ein Kunde z. B. auch gegen das Überschreiten einer besonders hohen Lufttemperatur, die weit über dem Mittelwert liegt, absichert. Die Wahrscheinlichkeit, dass diese hohe Temperatur überschritten wird, ist vielleicht sehr gering; dadurch fällt dann aber die zu zahlende Prämie entsprechend niedrig aus.

Folgende Parameter müssen bei Vertragsabschluss eines Wetterderivats spezifiziert werden:

1. Die Art des Vertrages,
2. die Vertragsperiode,
3. das Wetterelement, das dem Vertrag zugrunde liegt,
4. eine Wetterstation (oder mehrere), deren Daten zur Berechnung von W (und eventuell S) herangezogen werden,
5. der Schwellenwert *(Strike) S*,
6. der *Tick k* oder die konstante Leistung L_0,
7. die Prämie P.

Ein großes Problem hierbei ist die Festsetzung der Prämie P. Ihre Höhe wird über Modelle ermittelt, in die die ganze Komplexität und vor allem Variabilität des Wettergeschehens eingeht (siehe z. B. Stern 2001). An dieser Stelle kommt die Meteorologie ins Spiel.

Der Markt für Wetterderivate entstand erst Mitte 1997 in den USA in Folge der Liberalisierung des Energiesektors (Müller und Grandi 1999). Zu kalte oder zu warme Sommer oder Winter spielen dabei die Hauptrolle. Es geht dabei um sehr viel Geld (viele Milliarden US-$), vor allem, weil die Energieversorger wichtige Kunden sind.

Literaturverzeichnis

IM TEXT ZITIERTE WERKE

American Meteorological Society (2000) Glossary of meteorology, 2nd edn. Boston, MA

Anthes RA (1982) Tropical cyclones, their evolution, structure and effects. Meteorological Monographs, Vol. 19, No. 41. American Meteorological Society, Boston, MA

Asnani GC (1993) Tropical Meteorology, vol 1 and 2. Indian Institute of Tropical Meteorology, Pune

Bayerisches Landesamt für Wasserwirtschaft (1998) SpektrumWasser 1, Hochwasser

Betts NL (2000) Severe thunderstorm development over Northern Ireland, 25/26 July 1985. Weather 55:262–271

Billing H, Haupt I, Tonn W (1983) Evolution of a hurricane-like cyclone in the Mediterranean Sea. Beitr Phys Atmosph 56:508–510

Bissoli P, Göring L, Lefebvre C (2002) Extreme Wetter- und Witterungsereignisse im 20. Jahrhundert. Klimastatusbericht 2001, S 20–31. Deutscher Wetterdienst, Offenbach/Main

Bluestein HB (1999) Tornado alley – Monster storms of the Great Plains. Oxford University Press, New York

Bradbury DL, Palmén E (1953) On the existence of a polar-front zone at the 500-mb level. Bulletin of the American Meteorological Society 34:56–62

Brooks HE, Doswell III CA (2001) Normalized damage from major tornadoes in the United States: 1890–1999. Weather and Forecasting 16:168–176

Browning KA, Fankhauser JC, Chalon J-P, Eccles PJ, Strauch RG, Merrem FH, Musil DJ, May EL, Sand WR (1976) Structure of an evolving hailstorm, part V: Synthesis and implications for hail growth and hail suppression. Monthly Weather Review 104:603–610

Changnon SA (1999) Factors affecting temporal fluctuations in damaging storm activity in the United States based on insurance loss data. Meteorological Applications 6:1–10

Chisholm AJ, Renick JH (1972) The kinematics of multicell and supercell Alberta hail-storms. Alberta Hail Studies. Research Council of Alberta Hail Studies, Report 72-2

Church C, Burgess D, Doswell C, Davies-Jones R (eds) (1993) The tornado: Its structure, dynamics, prediction, and hazards. Geophysical Monograph 79. American Geophysical Union, Washington DC

Conrad J (1968) Taifun. Reclam, Stuttgart

Davies-Jones R, Trapp RJ, Bluestein HB (2001) Tornadoes and tornadic storms. In: Doswell III CA (ed) Severe convective storms, pp 167–221

Doswell III CA (ed) (2001) Severe convective storms. Meteorological Monographs Vol. 28, No. 50. American Meteorological Society, Boston

Eidg. Forschungsanstalt WSL und Bundesamt für Umwelt, Wald und Landschaft BUWAL (Hrsg) (2001) Lothar: Der Orkan 1999 – Ereignisanalyse. Birmensdorf, Bern

Folland CK, Karl TR, Salinger MJ (2002) Observed climate variability and change. Weather 57:269–278

Forbes GS, Blackall RM, Taylor PL (1993) „Blizzard of the Century" – The storm of 12–14 March 1993 over the Eastern United States. The Meteorological Magazine 122:153–162

Frank WM (1977) The structure and energetics of the tropical cyclone: I. Storm structure; II. Dynamics and energetics. Monthly Weather Review 105:1119–1150

Fuchs T, Rudolf B (2002) Niederschlagsanalyse zum Weichselhochwasser im Juli 2001 mit Vergleich zum Oderhochwasser 1997. Klimastatusbericht 2001, S 268–272. Deutscher Wetterdienst, Offenbach/Main

Fujita TT (1973) Tornadoes around the world. Weatherwise 26:56–62 and 78–83

Fujita TT (1976) Spearhead echo and downburst near the approach end of a John F. Kennedy Airport runway, New York City. SMRP Research Paper 137

Fujita TT (1985) The downburst – Microburst and macroburst. University of Chicago Press

Fujita TT, Smith BE (1993) Aerial survey and photography of tornado and microburst damage. In: Church C et al. (eds) The tornado: Its structure, dynamics, prediction, and hazards, pp 479–493

Fujita TT, Bradbury DL, Van Thullenar CF (1970) Palm Sunday tornadoes of April 11, 1965. Monthly Weather Review 98:29–69

Gedzelman SD (1980) The science and wonders of the atmosphere. Wiley, New York

Geiger R (1961) Das Klima der bodennahen Luftschicht, 4. Aufl. Vieweg, Braunschweig

Geiger R (1961) Das Wetter in der Bildersprache Shakespeares. Verlag der Bayer. Akademie der Wissenschaften, München

Gray WM (1975) Tropical cyclone genesis. Atmospheric Science Paper No. 234. Department of Atmospheric Science, Colorado State University, Fort Collins, Colorado

Gray WM (1978) Hurricanes: Their formation, structure and likely role in the tropical circulation. In: Shaw DB (ed) Meteorology over the tropical oceans, pp 155–218. Royal Meteorological Society, Bracknell, UK

Gross P (1997) Untersuchung der steuernden Prozesse bei der Niederschlagsbildung an Fronten. Dissertation, Meteorologisches Institut der Universität Bonn

Heimann D, Kurz M (1985) The Munich hailstorm of July 12, 1984: A discussion of the synoptic situation. Beitr Phys Atmosph 58:528–544

Heinemann G (1995) TOVS retrievals obtained with the 3I-algorithm – A study of a meso-scale cyclone over the Barents Sea. Tellus 47A:324–330

Hinzpeter H (1976) Der Beitrag des Forschungsschiffes „Planet". Promet 1/76:7–9. Deutscher Wetterdienst, Offenbach

Höller H, Reinhardt ME (1986) The Munich hailstorm of July 12, 1984: Convective development and preliminary hailstone analysis. Beitr Phys Atmosph 59:1–12

Holland GJ (ed) (2000) Global guide to tropical cyclone forecasting. Bureau of Meteorology Research Centre, Commonwealth of Australia.
Webpages: *www.bom.gov.au/bmrc/pubs/tcguide*

Holliday CR (1973) Record 12- and 24-hour deepening rates in a tropical cyclone. Monthly Weather Review 101:112–114

Holt MA, Hardaker RJ, McLelland GP (2001) A lightning climatology for Europe and the UK, 1990–99. Weather 56:290–296

IPCC (1996) Climate change 1995: The Science of climate change. Contribution of Working Group I to the Second Assessment Report of the Intergovernmental Panel of Climate Change. Cambridge University Press, Cambridge

IPCC (2001) Climate change 2001: The scientific basis. Contribution of Working Group I to the Third Assessment Report of the Intergovernmental Panel on Climate Change. Cambridge University Press, Cambridge

Jones PD, Horton EB, Folland CK, Hulme M, Parker DE, Basnett TA (1999) The use of indices to identify changes in climatic extremes. Climatic Change 42: 131–149

Kalney E, Kanamitsu M, Kistler R, Collins W, Deaven D, Gandin L, Iredell M, Saha S, White G, Woollen J, Zhu Y, Chelliah M, Ebisuzaki W, Higgins W, Janowiak J, Mo KC, Ropelewski C, Wang J, Leetmaa A, Reynolds R, Jenne R, Joseph D (1996) The NCEP/NCAR 40-year reanalysis project. Bulletin of the American Meteorological Society 77:437–471

Karl TR, Easterling DR (1999) Climate extremes: Selected review and future research directions. Climatic Change 42:309–325

Kelly DL, Schaefer JT, McNulty RP, Doswell III CA, Abbey Jr. RF (1978) An augmented tornado climatology. Monthly Weather Review 106:1172–1183

Kratzer PA (1937) Das Stadtklima. Vieweg, Braunschweig

Kraus H (2001) Die Atmosphäre der Erde – Eine Einführung in die Meteorologie, 2. Aufl. Springer, Berlin

Kraus H, Hacker JM, Hartmann J (1990) An observational aircraft-based study of sea-breeze frontogenesis. Boundary-Layer Meteorology 53:223–265

Landsea CW, Pielke Jr. RA, Mestas-Nunez AM, Knaff JA (1999) Atlantic Basin hurricanes: Indices of climatic change. Climatic Change 42:89–129

Larson E (1999) Isaac's storm. Crown Publishers, New York

Le Blancq FW, Searson JA (2000) The 1999 Boxing Day low – Some remarkable pressure tendencies. Weather 55:250–251

Marshall TP (1993) Lessons learned from analyzing tornado damage. In: Church C et al. (eds) The tornado: Its structure, dynamics, prediction, and hazards, pp 495–499

Mawson D (1915) Home of the blizzard. Heinemann, London

Müller A, Grandi M (1999) Wetterderivate zur Absicherung von Wetterrisiken. Zeitschrift für Versicherungswesen 21:674–681

Münchener Rückversicherungs-Gesellschaft (1999) Naturkatastrophen in Deutschland. Schadenerfahrungen und Schadenpotentiale

Nicholls N, Gruza GV, Jouzel J, Karl TR, Ogallo LA, Parker DE (1996) Observed climate variability and change. In: IPCC (ed) Climate change 1995: The Science of climate change, pp 133–192

Palmén E (1931) Die Beziehung zwischen troposphärischen und stratosphärischen Temperatur- und Luftdruckschwankungen. Beiträge zur Physik der freien Atmosphäre 17:102–116

Pielke RA (1990) The hurricane. Routledge, New York

Pielke Jr. RA, Landsea CW (1998) Normalized hurricane damages in the United States: 1925–95. Weather and Forecasting 13:621–631

Riehl H (1979) Climate and weather in the tropics. Academic Press, London

Saucier WJ (1959) Principles of meteorological analysis, 2nd imp. University of Chicago Press, Chicago

Schaefer JT, Kelly DL, Doswell III CA, Galway JG, Williams RJ, McNulty RP, Lemon LR, Lambert BD (1980) Tornadoes – When, where and how often? Weatherwise 33:52–59

Schmidt H (2002) Die Entwicklung der Sturmhäufigkeit in der Deutschen Bucht zwischen 1879 und 2000. Klimastatusbericht 2001, S 199–205. Deutscher Wetterdienst, Offenbach/Main

Schmidt H, von Storch H (1993) German bight storms analysed. Nature 365:791

Scorer R (1972) Clouds of the world – A complete colour encyclopedia. David & Charles, Newton Abbot, Devon, UK

Shapiro MA, Fedor LS, Hampel T (1987) Research aircraft measurements of a polar low over the Norwegian Sea. Tellus 39A:272–306

Shaw N (1932) Manual of meteorology, Vol I: Meteorology in history. Cambridge University Press, London

Simpson RH, Riehl H (1981) The hurricane and its impact. Basil Blackwell, Oxford

Stern H (2001) The application of weather derivatives to mitigate the financial risk of climate variability and extreme weather events. Australian Meteorological Magazine 50:171–182

Steward GR (1950) Sturm. Verlag des Druckhauses Tempelhof, Berlin

Tannehill IR (1952) Hurricanes. Princeton University Press, Princeton

Zeng L (2000) Weather derivatives and weather insurance: Concept, application, and analysis. Bulletin of the American Meteorological Society 81:2075–2082

EINIGE LITERATURANGABEN ZUR VERTIEFUNG

Atkinson BW (1981) Meso-scale atmospheric circulations. Academic Press, London

Bayerische Akademie der Wissenschaften (Hrsg) (2002) Katastrophe oder Chance? Hochwasser und Ökologie. Rundgespräche der Kommission für Ökologie, Bd 24. Verlag Pfeil, München

Bluestein HB (1993) Synoptic-dynamic meteorology in midlatitudes, vol II: Observations and theory of weather systems. Oxford University Press, New York

Cotton WR (1990) Storms. Geophysical Science Series Vol. 1. ASTeR Press, Fort Collins

Cotton WR, Anthes RA (1989) Storm and cloud dynamics. International Geophysics Series, Vol. 44. Academic Press, San Diego

Doswell III CA, Burgess DW (1993) Tornadoes and tornadic storms: A review of conceptual models. In: Church C et al. (eds) The tornado: Its structure, dynamics, prediction, and hazards, pp 161–172

Geiger R (1965) Atmosphärische Gefahren (Karte Nr. 12 des globalen Klima-Atlas „Die Atmosphäre der Erde"). Wandkarte im Maßstab 1:30 Mill., Format 90 cm × 130 cm. Justus Perthes, Darmstadt

Holton JR (1992) An introduction to dynamic meteorology, 3rd edn. Academic Press, San Diego

Houghton DD (ed) (1985) Handbook of applied meteorology. Wiley, New York

Kessler E (ed) (1986) Thunderstorm morphology and dynamics, 2nd edn. University of Oklahoma Press, Norman

Kocin PJ, Uccellini LW (1990) Snowstorms along the Northeastern coast of the United States: 1955–1985. Meteorological Monographs Vol. 22, No. 44. American Meteorological Society, Boston

Kurz M (1990) Synoptische Meteorologie, 2. Aufl. Leitfäden für die Ausbildung im Deutschen Wetterdienst 8. Deutscher Wetterdienst, Offenbach

Münchener Rückversicherungs-Gesellschaft (1998) Weltkarte der Naturgefahren, 3. Aufl.

Pfister C (Hrsg) (2002) Am Tag danach – Zur Bewältigung von Naturkatastrophen in der Schweiz 1500–2000. Haupt Verlag, Bern

Rotunno R (1993) Supercell thunderstorm modeling and theory. In: Church C et al. (eds) The tornado: Its structure, dynamics, prediction, and hazards, pp 57–73

Sachwortverzeichnis

Solutions beyond the obvious. www.swissre.com

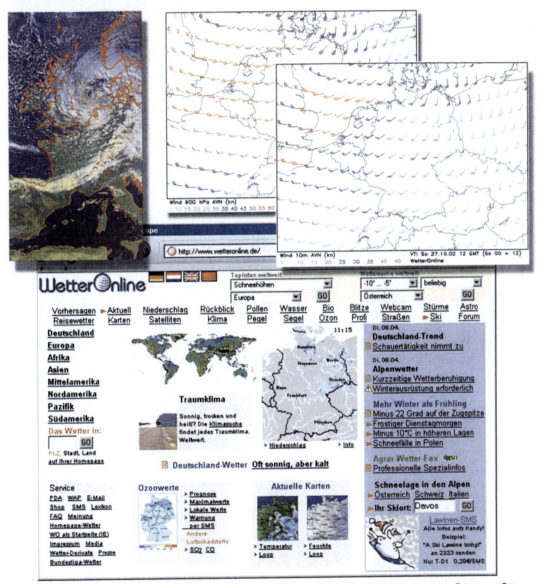

Printed by Books on Demand, Germany